U0283486

现代
窗帘设计教程

曾大　子今　万蕴智　著

特别指导：

苏　明（Ted su）　潘　功

顾问团成员：

钱　静　陈埰广　章译文　孙　铭　刘文群　林　琪　陈月英　马海燕　方　蔚　张　颐
林　启　孙　平　王　炬　孙耀龙　徐新奎　唐小凡　杨　帆　曹雅洁　黄本色　蔡东升
胡　喆　薛维训　徐一支　曹晓清　吴明霞　王艳华　高　伟　杜海明　朱永虹　王　萍
平　凡　莫百民　李金秋　萧　涛　冯国磊　姚　兵　贾　瑜　徐　勇　房俊海　方典祥
程　钟　郭　波　俞宏泉　应文婉　乐　观　高云耕　陈　宏　周　阳　林诗云　郁　苹
王　英　钱勤芬　褚如明　姚云松　吕勤峰　夏华标　吴梓岚　王洪乾　郑叶华　吕如琳

江苏凤凰科学技术出版社 · 南京

图书在版编目（CIP）数据

现代窗帘设计教程 / 曾大，子今，万蕴智著．-- 南京：江苏凤凰科学技术出版社，2021.10
ISBN 978-7-5713-2171-0

Ⅰ．①现… Ⅱ．①曾… ②子… ③万… Ⅲ．①窗帘－室内装饰设计 Ⅳ．①TU238.2

中国版本图书馆 CIP 数据核字 (2021) 第 158983 号

现代窗帘设计教程

著　　者　曾 大　子 今　万蕴智
项目策划　凤凰空间 / 刘立颖
责任编辑　赵 研　刘屹立
特约编辑　刘立颖

出版发行　江苏凤凰科学技术出版社
出版社地址　南京市湖南路 1 号 A 楼，邮编：210009
出版社网址　http://www.pspress.cn
总 经 销　天津凤凰空间文化传媒有限公司
总经销网址　http://www.ifengspace.cn
印　　刷　北京博海升彩色印刷有限公司

开　　本　889 mm × 1194 mm 1/16
印　　张　21
字　　数　336 000
版　　次　2021 年 10 月第 1 版
印　　次　2021 年 10 月第 1 次印刷

标准书号　ISBN 978-7-5713-2171-0
定　　价　328.00 元（精）

前 言

我接触窗帘纯属偶然。2006 年，我受人之邀进入这个行业，那时，窗帘还停留在以叫卖为主的销售时代。我开始关注并研究窗帘设计后发现，这个行业不是缺设计，而是几乎没有人会设计。

首先，关于窗帘设计的理论描述几乎很少，更谈不上方法的规范运用，这是这个行业的致命缺陷；其次，关于窗帘款式的介绍很多，但大都是外国的，很多款式不适合中国（建筑特点），却被人拿来误用。

为此，我开始收集国内外的各种窗帘资讯，进行了长达十多年的研究。我认为：窗帘设计，首先要突破理论的瓶颈；然后是方法的系统性归纳，删除过时的东西；最后是对具体对象的研究。这个具体研究对象，就是窗户窗型。而窗户窗型，又是建筑的一部分。因此我总结出一条窗帘设计的思路：要设计好窗帘，先要武装头脑（正确理念的引导）、读懂建筑结构、读懂窗户窗型结构、读懂窗帘的设计内涵，再运用正确的方式方法，才能有准确无误的窗帘设计。

另外，我还发现一个现象：由于没有理论或理念的引导与方法的归纳，窗帘设计手法五花八门，大量的繁杂古怪的款式蜂拥进入我们的现代建筑，偏离了基本的美学价值观念。

因此，我提出“现代窗帘设计”这一概念。准确地说，“现代窗帘设计”这个概念的实践，国外早已有之，只是没有形成文字归纳与描述。通过对 40 多个国家和地区的窗帘设计案例的研究和自己的亲身实践，我提出了窗帘设计的三个发展阶段论述，即饰窗阶段、功能阶段、窗饰阶段。“饰窗”是纯粹装饰阶段，设计就是为了好看；“功能”是为了满足使用需求；“窗饰”是既为好用，又为好看。今天的窗帘设计，是窗饰时代的设计，是现代的窗帘设计。复古的时代已经过去，我们回不到那个时代，窗帘设计要向复古告别，向繁杂告别，迎接并开启窗饰时代。

有了理念的引领，方法不难生出。对于现代窗帘设计方法，我细细归纳出 40 多种。这些方法，并不是我的发明，而是这个行业的累积成果。我的微薄贡献在于：将它们形成文字描述并加以系统归纳，便于后来者学习、继承、发展、完善。

曾大

目 录

第 1 章 窗帘设计行业现状

中国窗帘史，不像中国的建筑史（或服装史）那么源远流长。窗帘是外来的装饰文化，西式（泛指欧美，下同）窗帘有比较完整的设计体系，今天中国的窗帘设计，主要以借鉴、学习西式窗帘而慢慢起步的。自改革开放以来，中国的窗帘行业发展迅猛，但窗帘设计却大大滞后，还处在摸索阶段。

略观近三四十年国内窗帘发展的历程，窗帘设计从无到有，筚路蓝缕，蹒跚而行。这是因为早期的经营者大多是小作坊主，起点低，不专业，模仿是其主要的学习方式。今天，当产业发展到了千亿元级以上规模的时候，窗帘设计行业受到前所未有的重视。而窗帘设计中出现的众多问题，需要我们去重视并正视。细细反思，列举以下种种缪思误作，谨以此为戒。

1. 西，即西化

窗帘设计款式，基本上以西式窗帘为主。

西式窗帘经历了 300 多年的发展，已经形成完整的设计体系：从建筑形态到设计风格，从面料图案到帘幔款式，从窗帘边缀配饰到罗马杆的艺术表达，几百年来西式窗帘文化一直影响着世界，影响着我们的过去和今天。

中国改革开放之初，以引进国外技术为主，设计也不例外。我们的窗帘设计师以全面学习的姿态，学习西式教科书里的窗帘样式。

如果把从西式教科书里学到的东西看成标准的设计，就会出现问题。国人住宅设计中的欧美装饰风格，是窗帘设计不成熟的表现。很多设计师往往把设计责任推给业主，说这是业主喜欢的样式（西式风格窗帘），但他们恰恰忘了，设计师是可以影响人们的生活方式的。

西式窗帘，其设计语言、设计风格，乃至审美理念都带有欧美的思考方式。而中西建筑由于形态不同、居住者生活方式不同、审美观念不同，会大大地影响窗帘的设计，所以若不加甄别、不加改造地将西式窗帘复制到中国，是不可取的。

构建中国特色窗帘设计体系，是中国窗帘行业必须面对的挑战。中国的窗帘设计不可能永远走西化之路，好比长跑比赛，运动员往往会采取跟跑战术。跟跑的最终目的是超越，现在是时候了。

西式窗帘

2. 古，即复古

复古，复西式之古，把西式古董窗帘不合时宜地用于现代建筑。

留心观察窗帘店的店堂陈设，你就会发现，西式复古窗帘已然成为一种常见的陈设场景。使用这些复古窗帘款式，若是为了提升店面形象，招徕生意，则无可厚非。然而，如果把几百年前的西式宫廷窗帘款式推荐给客户，并搬进中国的现代住宅，则脱离了现实环境，与现代生活方式背道而驰。

窗帘设计的复古矫饰之风，已然成为普遍的现象。国内布艺展上充斥着新奇猎艳的复古窗帘。复古风气蔓延多年，毫无收迹之象，布艺展商在其中起到了推波助澜的作用。窗帘设计热衷复古风格，究其主要原因，大致有几点：

首先，窗帘设计模仿西式设计的结果。由于东西方审美理念的差异，以及建筑形态与环境的不同，很多西式窗帘款式不能拿来就用。即便能用的帘幔款式，也需要做些设计改良。其次，受重装饰主义的影响。一味地强调装饰性，款式越做越复杂。再次，受畸形消费观念的影响。设计追求富贵荣华之气，用西式古董设计装扮门面。最后，受装饰风格的影响。形式为上，复制西式复古款式是最快捷最廉价的设计手法。其实，当今欧美国家的窗帘设计款式复古的样式并不多见，反而简单的设计居多。

西式复古窗帘

3. 盲，即盲目

对风格认知不全，一知半解，盲目理解，盲目运用。首先，对风格理解符号化、表象化，形式取代内在。其次，认为风格无所不能，适合任何想要表达的地方，适合任何想要的人。不考虑对象，不考虑环境的差异性。

这个美式风格窗帘设计形式没问题，但恰恰忘了美式窗帘最重要的空间留白理念，上部窗户需要通风采光，不可有幔

在一个现代风格的建筑里，主体结构性软装饰偏离了建筑的风格环境。窗帘设计硬生生地演绎成欧式古典风格。窗帘在配合灯饰、家具时与它们一起犯错

4. 繁，即繁杂

造型繁复，多层设计。主要由以下原因组成：

首先，设计师、业主向往欧式的古典之美，想把中国的住宅装饰得像欧洲的宫殿一般，这是典型的“土豪”心态。其次，设计师的心态不正，认为不复杂显示不出设计水平。再次，窗帘商家出于商业利益考量，窗帘的复杂程度与商业利益成正比。

窗帘设计造型复杂

5. 俗，即俗气

布帘和纱帘同时采用巨型花色图，色调浓重，格调沉闷。

俗气的窗帘设计

6. 臃，即臃肿

多层的设计，加上厚重的面料，造成了过多的堆砌。特别是窗墙的两侧与转角地带、高窗的顶端部位，常常出现“堆布”的现象。已然没有了窗帘的轻灵美感，反而大大压缩了室内窗墙空间。

臃肿的窗帘设计

7. 满，即满占

求大喜高，拼命追求窗帘形态的大型化。不懂得如何将大窗户划小规划去分段、分片设计窗帘，也不懂得高窗需留白而适当地降低高度。在大幅窗帘遮盖之下，窗帘似乎成了整个家居空间的唯一主角。

窗帘对立面空间的无节制占用

8. 蛮，即野蛮遮盖

不考虑立面装饰效果，窗帘设计一味地遮盖立面装饰。最典型的是对墙面（木饰面或大理石面等）的野蛮遮盖。

野蛮遮盖立面装饰

9. 赘，即多余

在层高本来就低的空间里，过多的幔饰与边缀设计带来的不是美感，而是空间的压抑感、拥堵感，降低了空间的舒适度。

不必要的古典式边缀与幔的设计，与时代脱节

10. 僵，即僵化

不管空间的特征差异，永远是千篇一律的布纱加幔的设计样式。

设计师用对称的窗帘设计应对偏移中心位的窗，用“正”的手法去解决“歪”的立面问题，思维何其僵化

11. 偏，即偏离设计方向

窗帘设计“重装饰轻实用”的问题，其实是设计理念的问题。现代窗帘设计的一个核心价值理念，就是强调设计首先是为人而做（功能需求）的设计，其次才是为建筑而做（装饰表达）的设计。

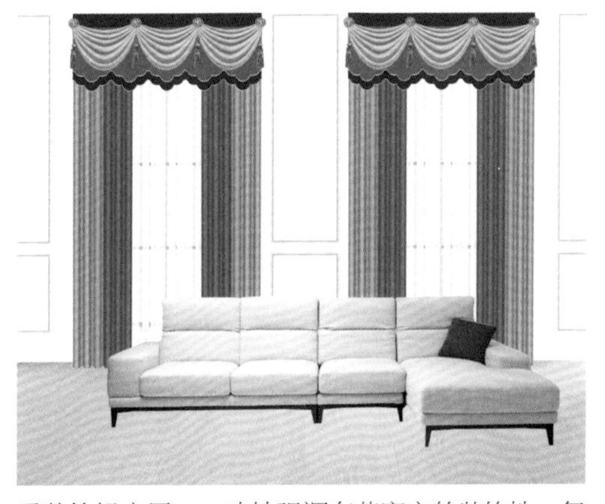

重装饰轻实用。一味地强调布艺窗帘的装饰性，忽略了窗帘的实际功能需求

12. 误，即误解、误导

设计师把对中式窗帘的误解传达给客户。

设计师自认为这是中式风格的窗帘设计，殊不知，幔与帘合一的窗帘体系，永远是西式窗帘的体系。这是伪中式窗帘设计。另外，此窗帘还采用了美式拼接设计（中式窗帘无需拼接），纯属画蛇添足

13. 我，即自我

以窗帘为表达中心，没有整体软装的概念，更别说是整体装饰的概念。

窗帘设计，游离于整体装饰，除了窗帘不搭，其他都搭。这种思维，往往是卖布思维，为卖而“设计”

14. 接，即拼接

窗帘设计技法多达几十种，何止拼接这一种。拼接设计，有其变化多端的优点，也有其档次不高的缺点，不必死盯着这一招不放。

窗帘的拼接设计作为一种技法本无可厚非，但为拼接而拼接，拼接设计泛滥，极不正常

精要提炼

窗帘设计行业，要走一条健康、成熟发展之路，需要在以下几个方面得到改进：

①思想上，要与时俱进，摒弃以欧式古典美感为主的观念；要有现代的设计意识和思维，建立为现代建筑服务的现代窗帘设计的概念。

②风格上，要向现代简约看齐，向实用靠拢；不要过于注重其形的模仿，而要重点关注窗帘内在艺术气质的设计表达。

③款式上，要去古、去繁、去多、去杂、去满、去重，以简约的直线和弧线表达为主；而不是靠复杂的、过时的装饰造型取胜。

④空间上，要放弃大遮大掩、大幅大色、铺天盖地的野蛮作业；要有空间留白的设计概念，懂得少即多，无即有，满则损的空间美学理念。

⑤方法上，要跳出为设计窗帘而设计的窠臼。窗帘作为软装的八大要素之一，只是整体装饰的一项，必须在整体软装的规划指导下，设计出符合整体装饰理念的现代窗帘。

第 2 章

现代窗帘设计理念认识与分析

什么是现代窗帘设计？要弄清楚这个概念，应做到以下几点：

首先，必须了解窗帘设计的发展过程，即三阶段论：饰窗阶段，好看；功能阶段，好用；窗饰阶段，好用又好看。

其次，必须了解现代窗帘设计的研究对象：现代建筑、现代人、现代生活方式。

最后，现代窗帘设计是好用又好看的设计，要符合现代建筑的特点，要适合现代居住者的生活方式。

2.1 现代窗帘设计研究对象与发展阶段

现代窗帘设计的研究对象，一个是物，一个是人。物，就是建筑，是现代建筑而不是古代建筑。人，就是居住者，是现代居住者而不是古代居住者。现代窗帘设计经历了三个发展阶段：饰窗阶段、功能阶段、窗饰阶段。

饰窗阶段的特征是“饰”，以装饰为主。早期的窗帘，作为一种奢华织物装饰品，不是拿来用的，而是拿来看的。所以，“饰”是其主要的作用和设计特征。

功能阶段的特征是“用”，就是使用性，实用为先。现代技术的进步，特别是遮阳窗帘的出现，大大提升了窗帘的实用性。时至今日，即便是普通布艺窗帘，其功能作用也是今非昔比。

窗饰阶段的特征是“饰用”。“窗饰”二字的内涵就是将“装饰”和“功能”结合起来，既可用，又好看。现代窗帘设计是为现代建筑和现代居住者设计出好用又好看的窗帘。

窗帘设计这三个发展阶段，分别代表了三种不同的设计思潮、设计理念和设计方式，分别代表了窗帘设计的三个不同时代。

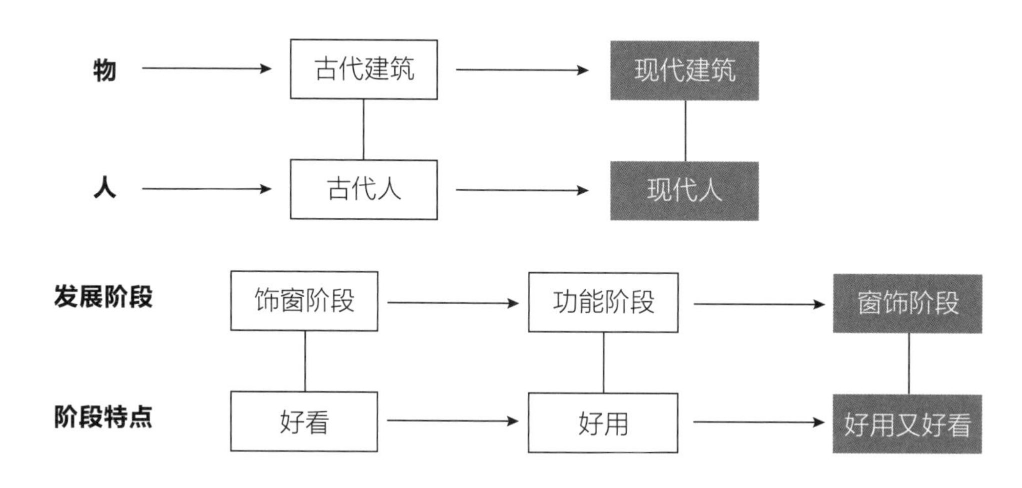

现代窗帘设计研究对象与发展阶段图解

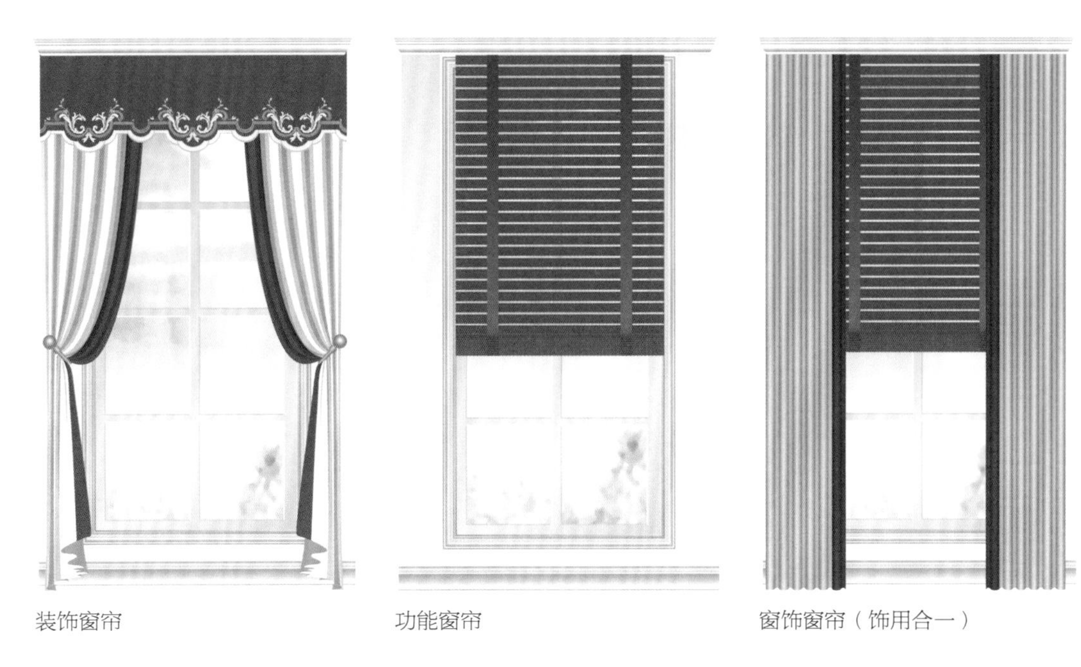

装饰窗帘　　功能窗帘　　窗饰窗帘（饰用合一）

三个发展阶段（时代）的窗帘设计主要表现形式

2.2 窗帘设计发展三个阶段分析

1. 饰窗阶段

所谓饰窗，就是把窗帘装饰做到极致，并以此作为窗户装饰的最高目标。

饰窗阶段，窗帘设计关注的是空间环境装饰，强调表现窗墙空间的华美、富丽、浪漫、豪华氛围。窗帘装饰因而成为一种对建筑的大粉饰，成为室内空间多种装饰中的重要一环。

饰窗阶段，窗帘设计表现出这样的特点：

烦琐多样的帘幔造型，多层叠加的组合结构，精致的边缀装饰，优雅的弧线设计，厚重的帘材表达。

这种装饰性太强的窗帘，几乎没有什么实用性，故称之为装饰窗帘。装饰窗帘是饰窗阶段的主要表达形式，它作为一种奢华装饰织物，早期的服务对象是宫廷贵族阶层。

随着新兴中产阶层的出现，社会需求、审美理念都较以往有了很大改变，窗帘装饰设计不再单纯地为贵族上层人士服务。装饰窗帘无论是在表现形式上还是在设计理念上都有了很大的改变，表现在：

由华丽趋于平实，由繁复趋于简约，由纯装饰为主趋于实用的考量，由单一布艺为主趋于非布艺多种帘材的结合，这是欧美窗帘设计观念的成熟、消费理念的成熟。

2. 功能阶段

功能阶段，窗帘设计功能优先，强调窗帘的实用性和修饰性，通过运用现代技术手段，赋予窗帘多种保护人或物的功能（如隔热保温、光线调控、吸声降噪、阻隔有害紫外线、抗菌防霉等）。

18 世纪前后，工业革命的兴起，现代建筑的发展，新型材料的出现，钢铁、水泥、玻璃的大量运用，带来了全新的窗户构造，给窗帘的设计带来了新的设计课题和新型的表达形式。窗帘设计的功能诉求不断被强化。功能窗帘开始以新的技术面貌出现在世人的面前，时至今日，功能窗帘种类已经形成完整的系列。

饰窗阶段与功能阶段窗帘设计特征比较

饰窗阶段	功能阶段
建筑的时代。针对建筑的设计	人的时代。针对人的设计
装饰的时代。为美装而美饰	安康的时代。强调人的健康与安全
精神的时代。强调视觉美感和精神享受，满足情感要求	品质的时代。满足人的生理舒适度要求

总结这两个阶段，前者重装饰，轻功能；后者轻装饰，重功能。装饰窗帘与功能窗帘，各自有最出色的一面，但同时都有缺失的一面，都不完美。

3. 窗饰阶段

窗饰阶段，窗帘设计具有双重性，中性、兼和，具有两面性，没有偏重。好用与好看齐观，高雅与低调同生，高贵与内敛同存，简约与精致同在，是为人的设计也为建筑的美而努力。

窗饰阶段的窗帘设计，首先是为人的设计。人受到空前关注，先求好用，然后才是好看，功能诉求被大大前置。其次才是为美的设计，布艺的美饰趋于简洁，但依然不失风采。装饰性得到理性的表达，装饰性和功能性趋于平衡。

窗饰阶段窗帘设计可以总结为：

完整的功能性 + 完美的装饰性。 窗帘设计现在所处的发展阶段，就是窗饰阶段。现代窗帘设计的理念，是基于对这一阶段的认知而形成的。

窗饰窗帘设计的主要表现形式

功能内帘 + 装饰帘幔

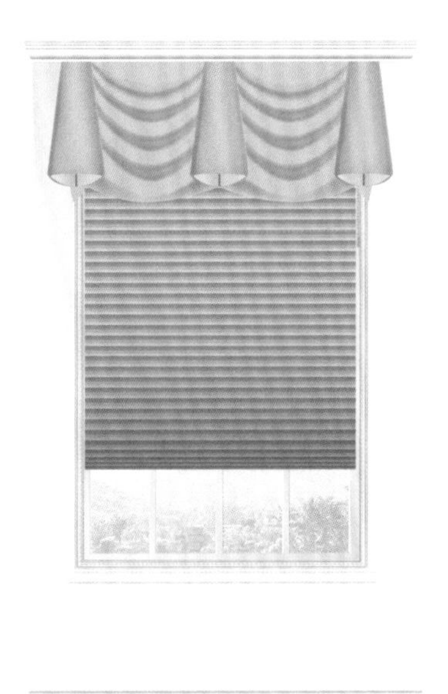

装饰幔 + 功能内帘

拼接细节精致，线条更简练

2.3 现代窗帘设计理念表述与特征分析

1. 现代窗帘设计理念的内涵

现代窗帘设计要与现代建筑的形态相匹配。

现代建筑是现代人生活方式的表现形态之一。现代窗帘设计要面对的设计主体是以钢铁、水泥、玻璃为主的建筑构成。

现代建筑的窗户构造具有以下特点：

①框架式结构；

②线条简单；

③金属质感、刚性、冷酷、机械；

④柔美感相对较弱。

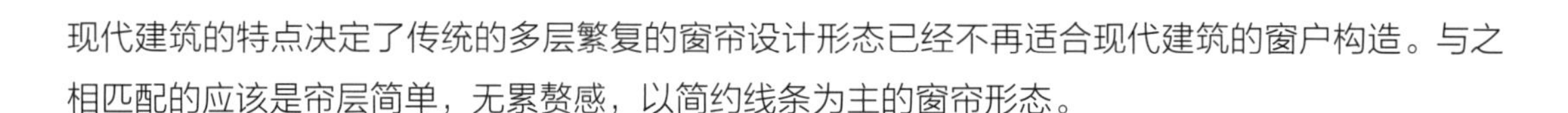

现代建筑的特点决定了传统的多层繁复的窗帘设计形态已经不再适合现代建筑的窗户构造。与之相匹配的应该是帘层简单，无累赘感，以简约线条为主的窗帘形态。

现代窗帘设计要与现代居住者的生活方式相适应。

简约、便捷、舒适、安全、健康是大部分现代居住者的生活诉求。设计者要用纯粹的形式、优良的材质、精简的手法来表现有深度内涵和高雅格调的窗帘设计作品。

现代窗帘设计要把装饰性和功能性结合起来。

在许多欧美国家，人们习惯把“好用”放在“好看”前面，设计强调功能性。好的设计首先是好用，然后才是好看，所以欧美的窗帘设计相对要简单。而我们有些窗帘设计存在重饰轻用的情况，要改变这种现状，先要改变设计观念，让设计观引导消费观，消费才会不盲从。

现代窗帘设计提倡装饰性的适度表达。

产品的功能性和装饰性是不可分割的。不能使用的设计，是没有价值的设计；只有功能性，好用不好看的产品，也是不被看好的。现代窗帘设计不是削弱装饰性，而是要改变其复杂的表现形式，使之更符合现代社会审美理念的时代性。何为时代性？就窗帘设计而言，就是不要把几百年前的复古的、繁杂的古典窗帘，不合时宜地搬到现代建筑中来。

2. 现代窗帘设计特征分析

款式造型，以简约单层为主，多层组合为辅。

家居窗帘设计，无论帘款还是幔款，都以简约单层为主。单色、单花色的基本款，或加简单拼接的形款，占据窗帘设计的半壁江山。多层叠褶的复杂款式不再作为家居窗帘的主要形式，但可以在商业空间或其他特殊场所有所表现。

帘幔结构，以单帘装饰为主，帘幔合饰为辅。

帘幔合一的设计，源于欧式古典风格窗帘。在现代居室受层高空间的限制而被大大缩小了使用范围。所以，单帘无幔设计成为现代建筑窗帘的主要陈设形态。幔饰只有在个别欧（美）式古典风格的装饰空间，或遮饰（即遮幔）需求之下才会使用。这与目前国内“无幔不成帘”的设计现状，在理念上有较大差距。

帘材属性，以轻薄帘材为主，厚重帘材为辅。

现代窗帘设计强调材质的质感表现力，更看重帘材的艺术感染力。轻薄帘材，富有灵动性、时尚感，足以适配现代建筑的现代性。厚重帘材，沉闷、沉重、肃穆，不具轻灵特性，与现代建筑有距离感，应适度选用。

形态美感，以直线表达为主，弧线表达为辅。

弧线帘和直线帘是窗帘设计最基本的线条形式。现代直线帘设计在窗饰时代处于主导地位，窗帘的线条美感更符合现代建筑的形态与结构。现代直线帘是现代窗帘的主要表现形式。欧式古典弧线帘（幔）设计，在欧式风格和部分美式风格中运用得更多些。

帘种构成，以布艺帘材为主，非布艺类帘材为辅。

布艺帘材仍然是现代窗帘设计不可替代的元素。但随着技术的不断进步，金属、竹木植物、PVC 化纤材料等非布艺类帘材逐步被大众接受，使用占比在不断上升。现代窗帘设计不排斥非布艺帘材，除了功能的考量之外，在质感和格调上，非布艺类帘材与现代建筑特别吻合。

设计手法，以修饰手法为主，美饰手法为辅。

过去的窗帘装饰设计以造型美饰为主要表现手段。现代的窗制结构美观度不高，刚直有余，柔美不足。因此在设计手法上修饰性手法要多于美饰性手法。在现代窗帘设计 30 多种常用手法中，修饰手法占了 1/3，大大提升了现代窗帘的陈设表现力。

设计风格，以现代风格为主，现代欧式风格为辅。

现代窗帘设计主要吸取自两类风格：现代风格和现代欧式风格。前者以现代直线帘为主要表现特征，后者以现代弧线帘为主要表现特征。现代中式窗帘归为现代风格，现代美式窗帘兼有现代与现代欧式两种风格。

设计内涵，以整体装饰为主，单一饰窗为辅。

现代窗帘设计，不再是单一的窗户装饰，而是整体空间的装饰。设计层面从窗户延及墙面、门道、过道、院落、庭柱、区间隔断等室内外空间，是整体装饰概念下的窗帘设计。现代窗帘设计必须服从于整体的装饰规划，包括软硬材质、色彩、风格的统一搭配。

现代窗帘以简约单层、简单的线条为主

烦琐复杂的多层设计退出现代窗帘的设计舞台

现代直线帘

现代弧线帘

精要提炼

① 现代窗帘设计已经进入窗饰时代，设计者在关心装饰的基础上更要强调以人为本。

② 现代窗帘设计，要符合三个“相”：相匹配，相适应，相结合。

- 要与现代建筑形态相匹配；
- 要与现代生活方式相适应；
- 装饰性和功能性相互结合，装饰适度，实用优先。

③ 对于现代窗帘特征要把握以下几点：

- 在窗帘款式上，简约式的单层或少层为主，多层繁复的款式要受到限制。
- 在结构组合上，以单帘装饰为主，帘幔合一为辅，反对“无幔不成帘”的设计观念。
- 在形态表现上，直线表达为主，弧形表达为辅。
- 在设计手法上，修饰为主，美饰为辅，美饰要被严格限制。
- 在设计风格上，以现代风格为主，现代欧式风格为辅。
- 在设计内涵上，整体装饰思维代替单一饰窗思维。
- 在帘材选择上，提倡时尚、轻灵、动感、多样性。

第 3 章

建筑、窗户、窗帘的一般论述
——读懂建筑

窗帘设计，与窗有关，窗是整个建筑的一部分。学习窗帘设计，必须从认识建筑与空间开始。

3.1 平面空间功能区域分析

当今，设计师学习窗帘设计的方法已趋多样化，但是了解建筑平面结构图仍然是一项必备的基本功。通过读懂户型的一般结构，了解硬装设计的基本意图，理出清晰的设计思路。

平面空间的分析内容包括以下几个方面：窗户窗型分析、区域功能分析、设计节点分析、设计思路架构、效果示意图。

案例分析 1：单户型公寓平面分析

原始平面图分析

这是一个普通的单户型公寓：一个带阳台的主卧，一个带飘窗的次卧；一个可兼作书房的卧室；一个公卫，一个私卫；大客厅、餐厅、厨房相连。

户型平面图

窗型及区域功能分析

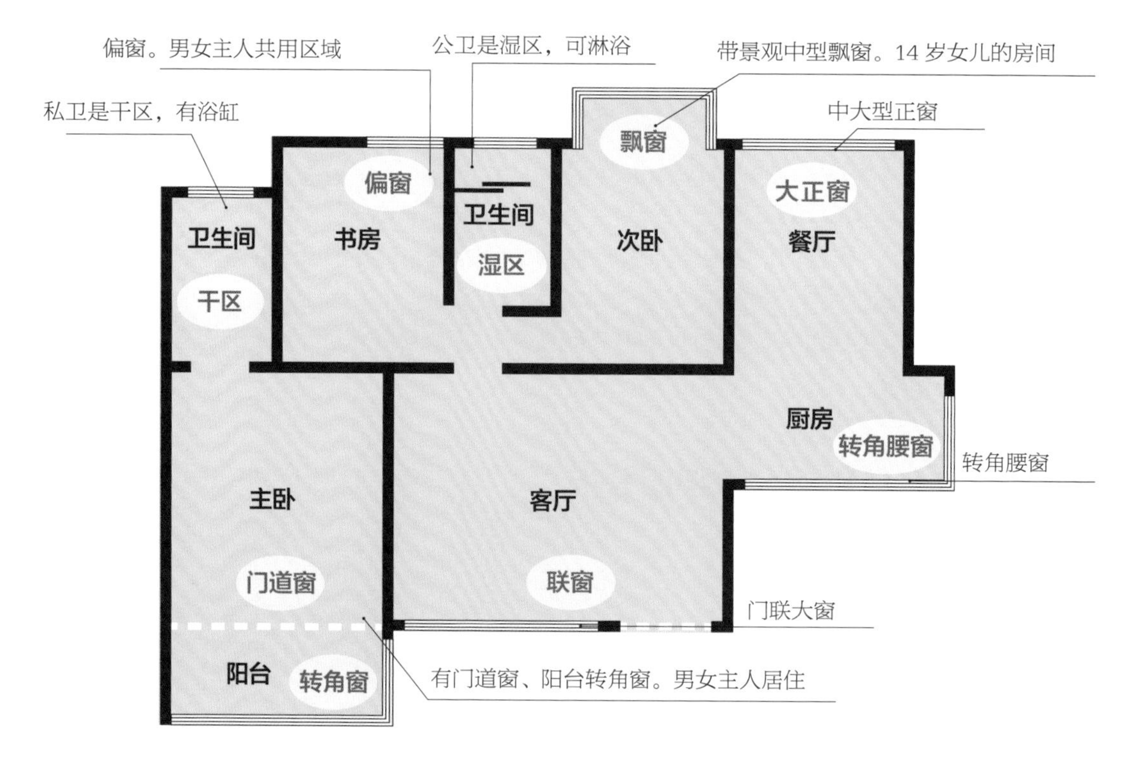

窗型及区域分析图

设计节点分析

核心节点：客厅联窗、主卧门道窗。这两个窗是设计窗帘时最容易犯错误的地方。 客厅联窗比较复杂，不但窗大，而且连着门，是一个“门联窗”的结构，设计时要避免简单化双开布局。至于主卧的门道窗，许多窗帘设计师喜欢在此处做一些不恰当的窗幔装饰。

重要节点：书房偏窗、次卧飘窗，这两个窗不仅窗型小，且位置偏，如果设计好了，会很有设计感。

一般节点：正常思路设计。

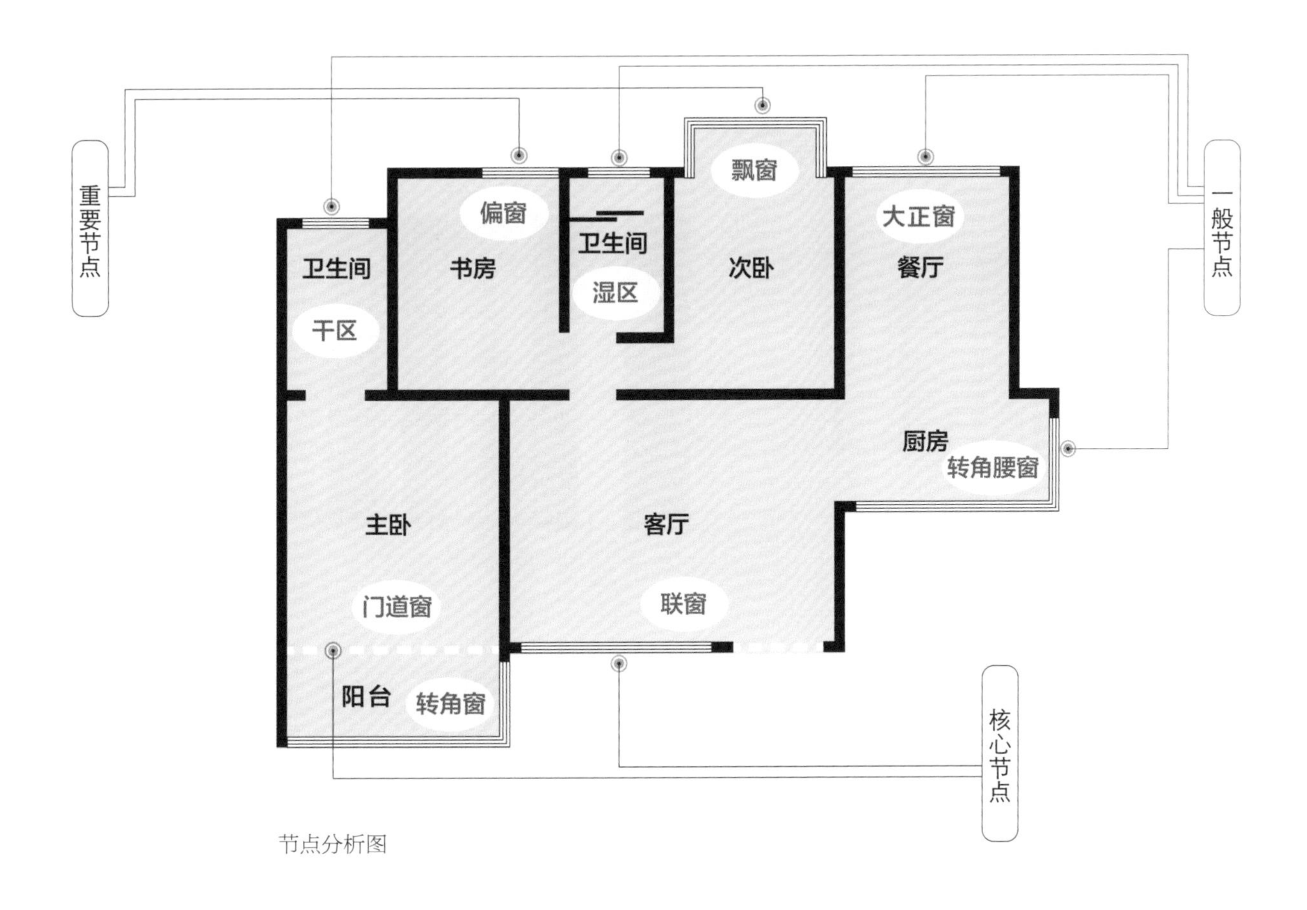

节点分析图

设计思路架构

客厅联窗：需要分段设计，建议四帘为好，一窗两帘，两窗四帘。

主卧门道窗和阳台转角窗：门道窗，布加纱组合，无幔；阳台为晾晒等工作区，建议选用单层纱、遮阳帘或不做。

书房偏窗：要选用单帘，不用双帘；单边做不对称陈设，不要采用对称设计。

次卧飘窗：由于夏季比较热，应选用内窗隔热布帘加纱帘，无幔；外窗用遮光布帘。

卫生间窗户：两个卫生间功能不一样，要选用不同的帘材。干区选用成品百叶，湿区选用防水帘。

餐厅窗户：大正窗，窗型比较规整，按一窗两帘、无幔设计，材质选用布纱组合，单色和拼接均可。

厨房窗户：窗户狭小，要保持适度的采光，可以不用窗帘。

效果示意图

客厅联窗示意图：联窗没有采用常规的双开陈设，而是分成均匀的四帘陈设，整个立面空间分布合理，未出现挤压式堆帘现象。

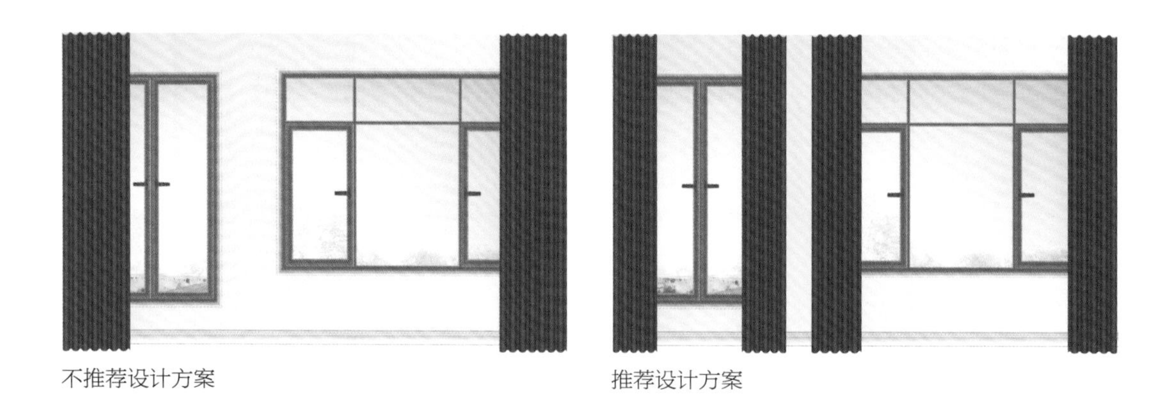

不推荐设计方案　　推荐设计方案

案例分析 2：联排型别墅一楼局部平面分析

设计节点分析

核心节点：餐厅、客厅。这两块区域，窗大且位置偏，有一定的设计难度。另外设计风格一旦定型，还会连带影响休闲区的窗帘设计风格。

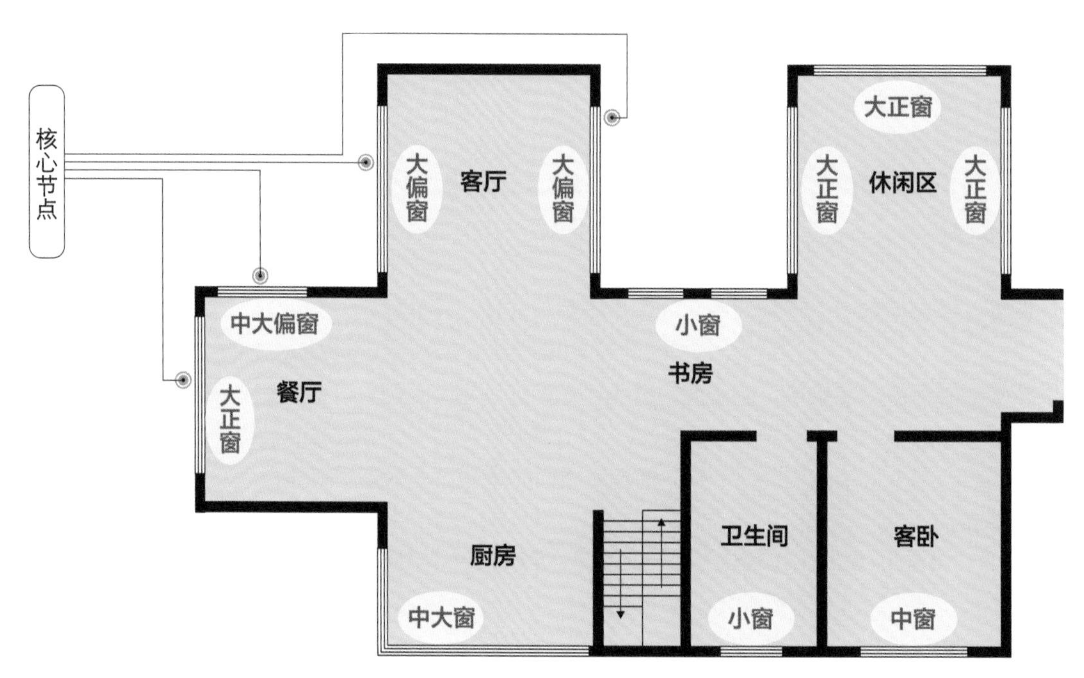

平面分析图

餐厅一正一偏的两窗构成直角关系，必须统一设计，不可分割开来。

客厅的两个大窗都是偏窗，立面空间左右不平衡，不能选用对称的陈设设计手法。

设计思路架构

餐厅：正面窗为一窗两帘（纱），无帘带绑定，无幔；侧面窗为一窗一帘（纱），靠右陈设，无帘带绑定，无幔。

客厅：以窗为宽幅，按一窗两帘格式设计，布帘靠右陈设，不要对称陈设。

效果示意图

餐厅正面窗示意图：正窗需规则陈设，无可变性；餐厅为侧面窗，有可变性（偏窗可不规则设计）。

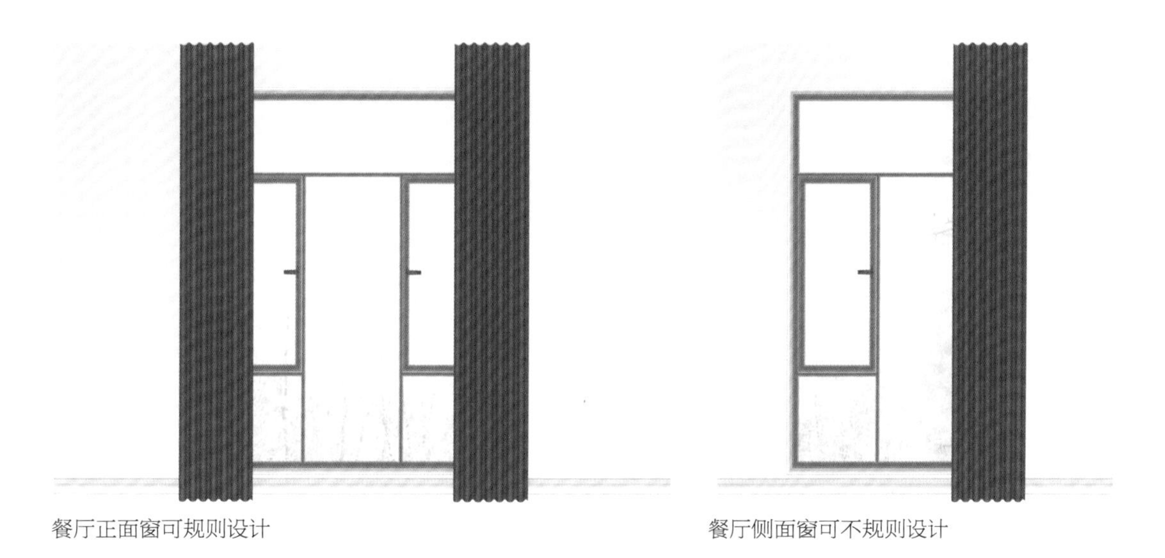

餐厅正面窗可规则设计　　餐厅侧面窗可不规则设计

客厅窗示意图：双帘设计，平日按照双帘单边不对称陈设，窗帘推拉到留白最大的墙面。

客厅窗帘设计的基本思路

装饰陈设是客厅窗帘设计的关键，以不对称陈设为主，对称陈设为辅。窗帘的陈设风格若是动态的、自由的，舒适感就会特别强。休闲区也可使用此种陈设风格。

客厅大偏窗常规双帘陈设

客厅大偏窗的正确做法是不对称陈设

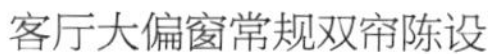

案例分析 3：单户型公寓局部平面分析

一叶知秋，窥一斑可见全豹。我们可以从一张平面图中，迅速抓住全屋窗型结构的特点，一举确立整个设计的框架思路。

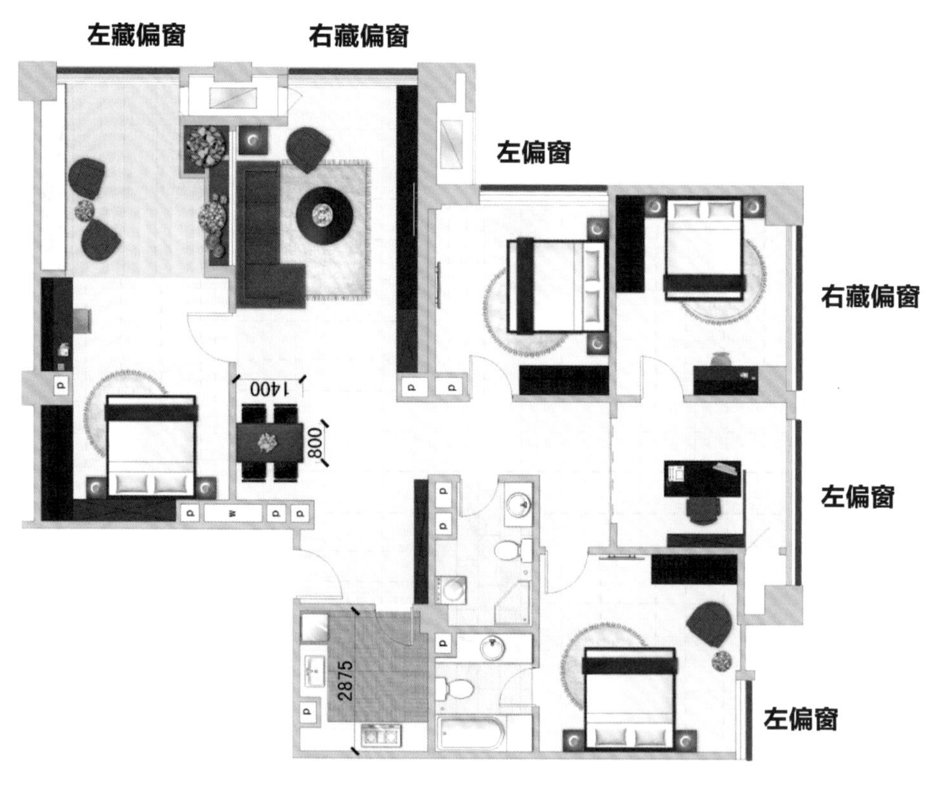

平面分析图

平面图上的窗户位置用红线做了警示标注，细心的读者看出了什么名堂？所有的窗户都是偏的，甚至有些是暗藏式的。这就告诉设计师们：所有的窗帘不能用“正”的陈设方法来设计，也就是说不能采用对称的规则陈设。

未来窗帘的陈设状态是：没有帘带绑定，没有固定的位置，是动态的、飘移不定的，窗帘就像女孩的长发，在风中飘逸。这是什么样的状态，什么样的设计表达？这就是现代窗帘所倡导的，舒适而自由自在的生活方式的表达。

效果示意图

精要提炼

“纸上谈兵”，纸上自有韬略。

| 解读 |

平面图窗型分析是窗帘设计的基础，也是灵感来源所在。

3.2 立面空间装饰效果分析

对窗帘设计影响最大的立面装饰有：木饰面、壁纸（布）饰面、木饰面结合壁纸（布）饰面、大理石饰面等。

窗帘设计如何处理与这些立面装饰的关系？要谨记：饰面墙，不可占！

在做设计时，如果遇到这样的立面装饰，请避开这些硬装饰，不要直接覆盖。轻易遮盖立面装饰是一种非常严重的设计错误。窗帘设计要尊重硬装设计。

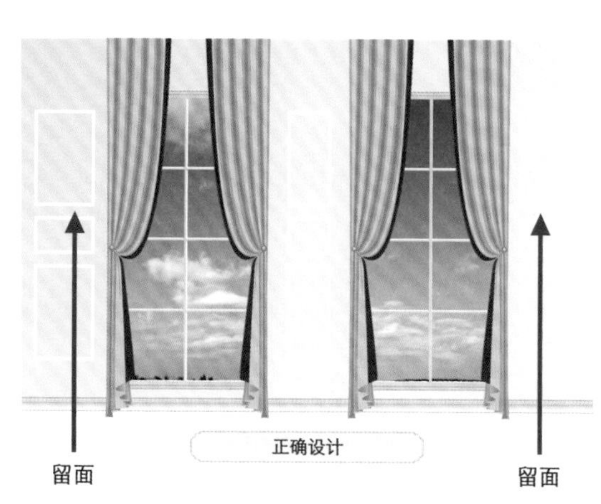

传统欧式建筑中的复框窗户设计（夹层设计），为确保饰面装饰的完整性，没有遮盖硬装的线条。窗帘被严格压缩在窗的内侧，窗帘与饰面装饰完全隔离，面饰与窗饰各显风骚。

窗帘内嵌

窗帘暗藏

现代窗帘设计在处理饰面装饰上已经没有那么严格，窗帘可以紧贴在窗的边侧，比较自由。但窗帘也仅仅留驻在窗框的边侧，没有占取更多墙面。

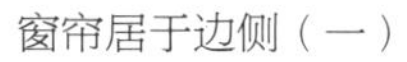

窗帘居于边侧（一）

窗帘居于边侧（二）

精要提炼

不占为上，侧占为下（即压边设计）。

| 解读 | 不占饰面墙是窗帘设计必须遵守的法则；如果空间实在局促，可以在边侧谨慎占少量空间。

3.3 窗墙立面中的窗邻概念

窗邻的概念描述与软装要素

窗邻即在窗墙的立面中，窗户的前面、左面和右面的三块区域。窗户的前面即窗前；窗户的两侧即窗侧；窗户与墙之间的转角地带即窗角。窗邻区是软装的必争之地。

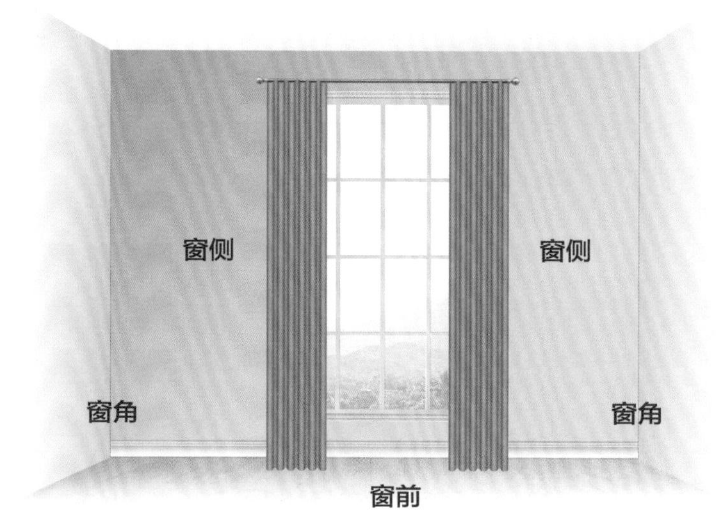

窗邻区效果示意图

窗邻区涉及的软饰品有窗帘、沙发、躺椅、中低柜、椅子、边几、书桌、壁灯、立灯、植栽、挂画、挂钟、屏风等。其中占用空间最大的要数窗帘、沙发等大体量物品。窗帘身高体大，耗占空间，因此在设计规划之前，要充分考虑它们与空间的摆放位置。

窗前

窗前摆放最多的是以桌、沙发等家具类为主的饰用品。这些装饰物若被放置在窗前，窗帘的设计一般会出现两种情况：

情况一：窗帘被压缩在窗户的内框，窗帘可动也可不动，略具实用性，比如遮阳百叶帘。

情况二：窗帘起装饰作用，实用性减弱，称为静态装饰帘。

传统静态装饰帘　　　　现代背景装饰帘

窗侧

窗侧摆放的装饰物主要有挂画、饰品、壁灯和中型立柜等。窗帘设计要有整体软装的思维。窗帘不要过度占取窗侧空间地带，要给其他立面饰品留出摆放的空间。

窗侧效果示意图

窗角

窗墙转角地带的装饰物一般为体量较大的立柜、躺椅（沙发）、钢琴、花植、屏风等。很多沙发、躺椅常按 45° 角摆放，占位更大，空间冲突更为激烈。所以窗帘设计要多关注空间的合理分配，对空间做精细规划。

窗角效果示意图

精要提炼

窗前：窗前有物，窗帘为静。

| 解读 |

若窗前有摆设物品，则窗帘以静态陈设为主，实际应用性较小。

窗侧：严守窗框，不占侧墙。

| 解读 |

窗帘设计尽量不占用窗的两侧地带，把宝贵的墙面空间留给挂画等立面饰品。

窗角：空间合理分配。

| 解读 |

窗帘设计要以空间的合理布局为重，多考虑使用的方便性。

窗邻谨守自己家门，不占他饰领地。

| 解读 |

窗墙立面不是窗帘的独家领地，窗帘设计须有整体软装思维，把握全局，合理分配空间，这样各个单项设计才能完美呈现。

3.4 建筑形态与窗帘形态关系分析

1. 建筑形态概念理解

从窗帘设计的角度来分析，建筑的形态包含了两层含义：

①建筑的线框结构形态，包括窗、门、立柱、饰立面、天顶、地面等所有线条框架构成形状。

②建筑的图纹结构形态，包括内外空间所有装饰物面上的图案纹样构成形状。

2. 窗帘形态概念理解

①窗帘的线条结构形态，包括窗帘的褶皱线条、色彩线条、拼接线条、缀饰线条构成形状。

②窗帘的图纹结构形态，包括窗帘帘幔表面上的装饰图案纹样构成形状。

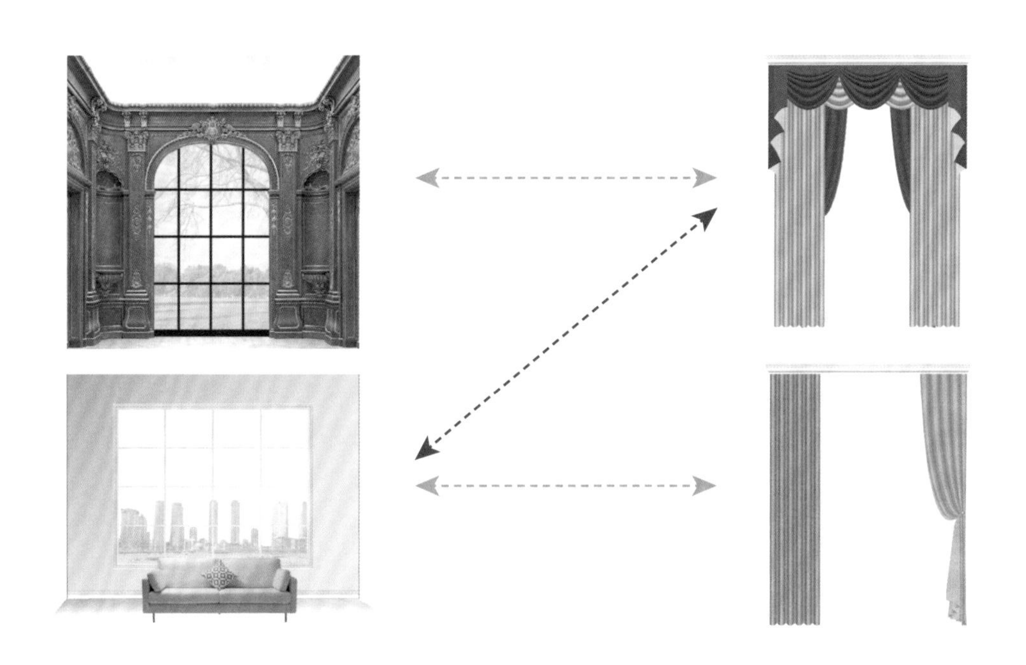

形态不匹配，窗帘设计常犯的错误。

形态匹配，正确窗帘设计。

在窗帘架构设计中，先要考虑整体框架形体的匹配性，即形态匹配。

窗帘形态与建筑形态的关系需谨遵下列原则：

窗帘的形态要与建筑的形态相匹配，建筑的形态决定窗帘的形态。

为什么要把形态单独拿出来做分析，而不是材质、色彩或其他元素？有两个原因：

①形态是建筑（也是窗帘）的“身材”“体态”，是大的框架与轮廓线。

②形态是空间中影响力最大的设计元素，其他元素也很重要，但影响力较形态次之。

3. 案例演示

中式风格装饰，错误地采用弧线帘幔设计，与整体线条形态不搭

应去掉过多弧线幔饰，将弧线改为直线陈设

精要提炼

窗帘设计，讲究“门当户对”。

| 解读 |

窗帘形态与建筑形态应相匹配。

3.5 硬装饰与软装饰（主指窗帘）主副关系分析

窗帘设计是整体装饰设计的一部分，甚至是一小部分；窗帘设计，必须服从于整体装饰的规划。把窗帘这个单一装饰元素置于建筑的整体装饰设计范畴来思考，是正确的设计路线和方向。离开了这一大环境，窗帘设计将无的放矢。

1. 窗帘与硬装饰关系表述

硬装饰、家具、窗帘、灯具可视为软硬装饰中的四大主体。硬装有空间容量，家具有体量，窗帘和灯具有高度，窗帘还有面的宽度（即面的展示），四者是室内空间影响力最大的四大设计考量。

窗帘作为四大主体之一，扮演着配角的角色。主体未必是主题，主题未必是主体，道理很简单，设计的主体元素有多个时，设计主题只能有一个。窗帘设计不必事事抢戏，绿叶的角色多于红花。

硬装饰奠定了软装饰的设计基调，其中也包括窗帘在内。窗帘设计，要学会尊重硬装饰，学会欣赏硬装饰的设计美感。有道是：无窗帘，硬装饰也可精彩；有窗帘，则为硬装饰锦上添花。

窗帘虽为主体要素之一，往往以“弱”“藏”的手法来表达。硬装强，窗帘要弱；硬装弱（装饰一般，甚至有某些设计缺陷），窗帘也不必强。不必以鹤立鸡群的姿态，反衬其他装饰的普通。

有时候，窗框、罗马杆也是装饰设计表达的主题，窗帘反而变得次要了

窗帘虽然面宽体大，但只是作为背景装饰，起到衬托的作用

2. 案例演示

设计师要表达的主题很明显，硬装饰，即窗框的设计表达

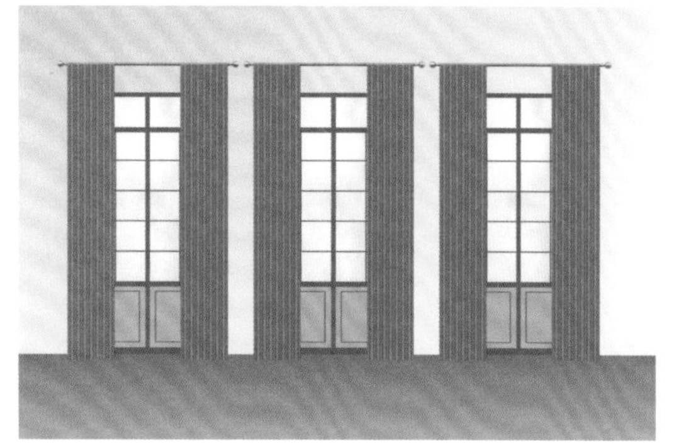

常规双帘设计掩盖了部分窗框，增加了柔软性，但硬装（窗框）美感失分

合理的设计是将绷纱帘固定在窗框上，窗帘最大限度地节省占面，软硬装饰相得益彰

精要提炼

窗帘设计，谨遵不抢戏原则。

| 解读 |

整体装饰与窗帘有主副关系，窗帘设计需摆正自身位置，不能每每都成主角；窗帘在自身体系中，也有主副关系，有时也会帘弱他强（如帘杆、幔、边缀等）。

第 4 章

建筑、窗户、窗帘的一般论述——读懂窗户

窗户，是阳光、空气进入家中的入口，是户外景物的观览口。窗户既是一个为人服务的功能性区块，又是一个需要被装饰美化的特殊立面空间。

“窗户”的概念，涵盖了“窗”与“门”。有些“门”既是门又是窗，即门窗。对窗户的认识可以从窗户的概念、窗户的形态、窗户之间的相互关系、窗户的分类、窗户的构造特点等方面做深入了解。

4.1 窗户形态

1. 窗户形态分类

常见的窗户形态分为四类：方型、长窄型、扁平型、异型。

方型：这是现代建筑窗户的主要形态。它的结构呈正方形或接近于正方形，宽高比例协调，给人以庄重、大气的感觉

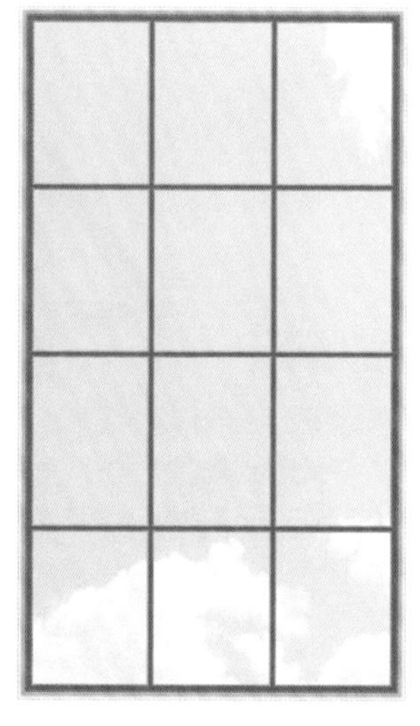

长窄型：欧美建筑多有此类型窗户。它的结构呈瘦窄形，是视觉形象最佳的窗型，比较符合人们的审美理念

异型：它的结构呈不规则状，由圆、角、线等几何形结构组合而成，视觉形象比较生动、活泼、不呆板，可以给室内空间增加新鲜感

扁平型：一个需要修饰的窗型。它的结构呈扁平形状，宽高比例不够协调，视觉美感度比较低

2. 窗户的美感比较

窗户的美感会影响窗帘设计的美感。窗户的美感度高，窗帘可以做各种美饰造型设计；窗户的美感度低，窗帘只能做修饰性遮掩设计。

线条结构比较：弧线结构窗户与直线结构窗户比较，前者的美感度要高于后者

构成材质比较：木质结构窗户与金属结构窗户比较，前者的美感度要高于后者

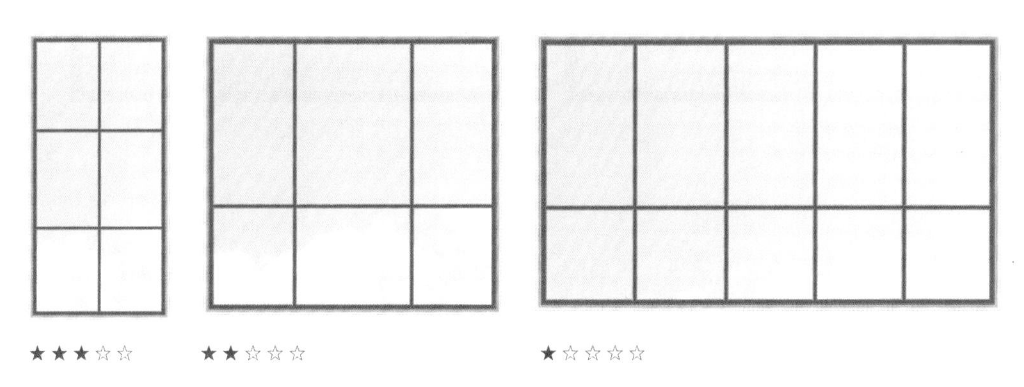

窗户形态比较：长窄型窗户美感度要高于方型窗户，方型窗户美感度要高于扁平型窗户

4.2 窗户关系

研究窗户关系要从窗户所处的立面空间位置开始。窗户的位置影响窗帘的设计，包括窗帘的定位、窗帘的技术配置、窗帘在立面的平衡关系、窗帘的设计手法运用以及帘材的选择等。

1. 窗户与墙立面的关系

正窗（窗户位于墙的正中或略下位置）

左偏窗或右偏窗（窗户位于墙的左侧或右侧，但上下距离相差不大或位于略下位置）

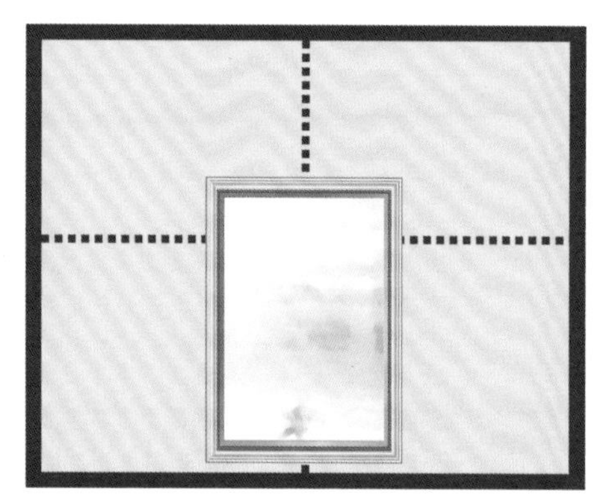

下偏窗（窗户位于墙的下方，但左右距离相差不大）

左下偏窗或右下偏窗（窗户位于墙的下方并向左或向右偏移）

弄清楚窗户与墙立面的关系，对窗帘设计的意义在于：

①正窗可以正常设计并可以做各种美饰造型，这是其他窗型所难以做到的；

②左、右偏窗要做空间的平衡性修饰设计；

③下偏窗、左下偏窗和右下偏窗，只能做遮饰性背景设计。

2. 窗户与窗户的关系

规则型并联关系

窗的大小形态都相同，呈水平排列。这种关系的两个窗可以合二为一，作为一个窗来考虑，也可以分别设计。

规则型并联关系

不规则型并联关系

窗的大小形态不相同，等高不等宽，呈水平排列。这种类型，更多地考虑两窗之间在立面的平衡关系与协调性。

不规则型并联关系

规则型叠加关系

窗的大小形态都相同，呈垂直排列，这类窗属于高窗的类型。采光及垂直空间的留白，是此类窗户窗帘设计的一个重要考量内容。

规则型叠加关系

不规则型叠加关系

窗的大小形态不相同，等宽不等高，呈垂直排列。这类窗的上部窗户以采光为主要功能，窗帘设计通常会避开这片区域或者做局部留白处理。

不规则型叠加关系

规则型并联式叠加关系

窗的大小形态都相同，呈水平和垂直排列。这类窗是叠式和联排式窗的组合类型，属于设计难度较高的复合型窗户。

规则型并联式叠加关系

不规则型并联式叠加关系

窗的大小形态不相同，上下等宽不等高，左右也不等宽，呈水平和垂直排列。这类窗不仅是叠式和联排式窗户的复式组合窗，而且存在主副关系。

不规则型并联式叠加关系

不规则主副关系

通常以三窗或四窗组合的形式出现，一大两小或两大两小，呈水平排列。这类窗有主次关系，中间窗为主窗，两侧窗为副窗。窗帘设计可以有轻重之分，主窗可重，副窗可轻，甚至可以略去。

不规则主副关系

不规则错位关系

窗在同一个立面，窗的形态、大小可能相同也可能不同，但处于不同的水平位置。这类窗通常为修饰性窗，窗帘设计需要从整个立面考虑，不可分饰。

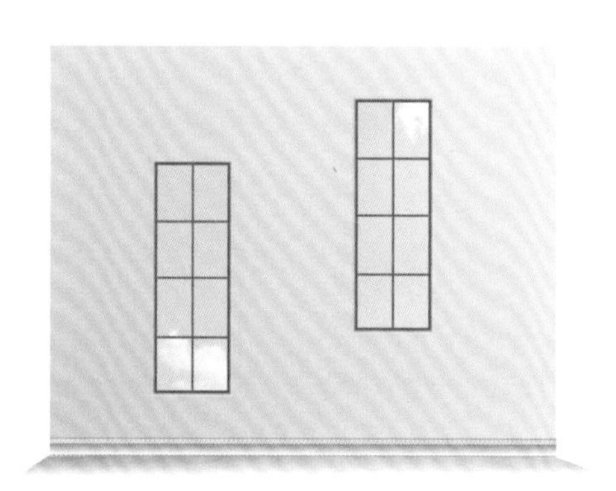

不规则错位关系

4.3 窗户分类

窗户根据不同的特征，可以做如下分类：

体量特征
小窗（边长小于 1000 mm）
中窗（边长为 1000 ~ 2000 mm）
大窗（边长大于 2000 mm）

数量特征
单窗（在一个独立空间里只有一个窗）
对窗（在一个独立空间里有两个窗）
多窗（在一个独立空间里至少有三个窗）

形态特征
叠窗（在垂直方向叠加的窗）
高窗（层高超过 4000 mm 的窗）
偏窗（偏离墙中心距离的窗）
飘窗（窗户向墙体外凸的窗）
窄窗（高宽比超过 4 倍的窗）
圆拱窗（窗顶框呈圆拱形的窗）
内开窗（窗门向室内方向开启的窗）
转角窗（窗墙立面成转角的窗）
八角窗（窗户呈八字形排列的窗）
弧形窗（窗户呈弧线形排列的窗）

环境特征
景观窗（能够观赏窗外景观的窗）
隐私窗（能被窥探隐私的窗）
阳光窗（窗墙比接近于 1 ： 1，光照面大的窗）
天窗（位于房间顶立面的窗）

装饰特征
饰框窗（窗框经装饰的窗）
无饰框窗（窗框未经装饰的裸框窗）
复饰框窗（窗框外再加装饰夹层的窗）

关系特征
联窗（门与窗的组合结构窗）
错位窗（窗户不在同一水平线的窗）
主副窗（具有从属关系的窗）

内区特征
门道窗（位于两个空间之间的交界隔断门道的窗）
楼道窗（位于楼道边侧的窗）
廊道窗（位于室内廊道边侧的窗）

时代特征
现代窗（以现代金属结构特征为主的窗）
复古窗（以传统砖木雕刻特征为主的窗）

4.4 窗户构造

窗户的基本构造分为窗体、窗框、窗帘箱、窗台壁四大部分。其中任何一部分的变动都会对窗帘设计产生很大的影响。

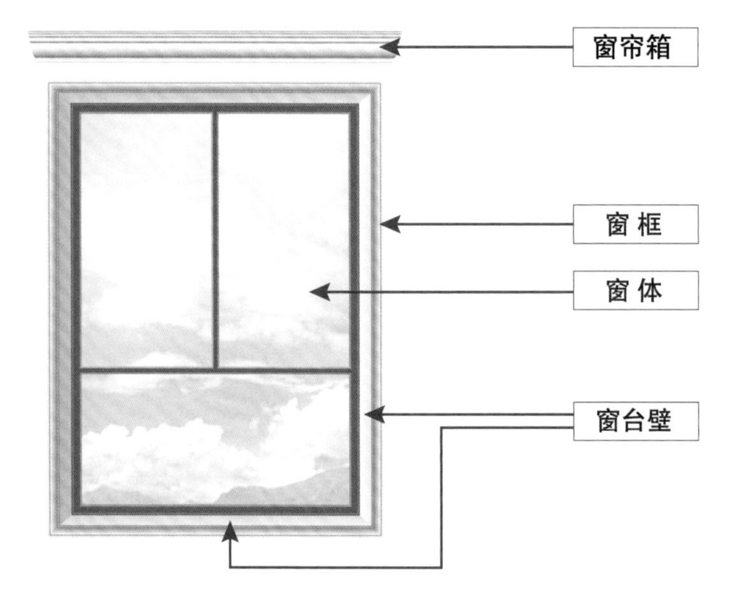

窗户构造图

1. 窗体

满足人对窗户的功能需求

窗体可以使光线或空气进入室内，起到保温隔热、吸声降噪、展示窗外景色、保护隐私的作用，满足人对窗户的功能需求。

窗体效果示意图

有效利用窗体的内格空间

窗户的内格是一个封闭系统，无论窗帘是升降或是水平运行，内格空间都不会受外界干扰，也不会与其他装饰物发生空间冲突。如果内格空间有宽裕的内壁厚度，可以加以有效利用（详见关于窗台壁的论述）。

内格空间效果示意图

利用窗帘修饰窗体，提升窗户的美感度

现代窗户总体上是一个需要遮饰的空间区块。现代建筑的窗体构架多选用金属、塑钢等材质，以横、直、方正的线条为主，给人一种简单、刚性、冷酷、粗糙、低端的感觉。这类窗户的美观性较传统木质窗相对差些，在风格搭配上仅适用于现代风格。窗体结构简陋，成为当下民居建筑的一块短板，所以，窗帘设计承担了修饰窗户的使命。

纱帘是优秀的遮饰材料

纱帘遮饰弱化窗体视觉效果

容易犯的错误

原始窗户

错误设计

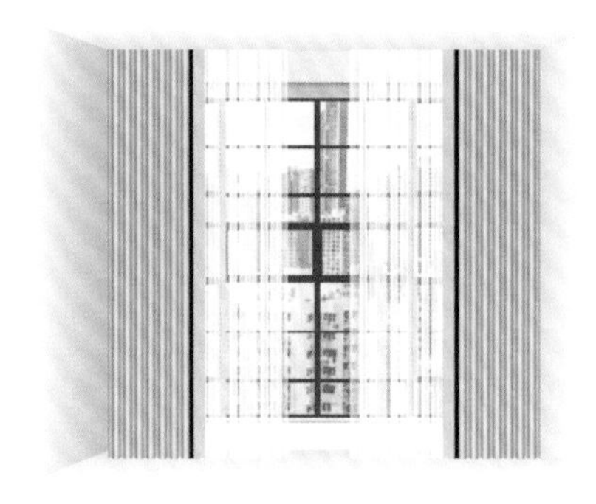
正确设计

当窗体结构凌乱，形象不够美观时，窗帘设计在窗体外围做了不必要的美饰造型，乱中添乱。

原始窗户

错误设计

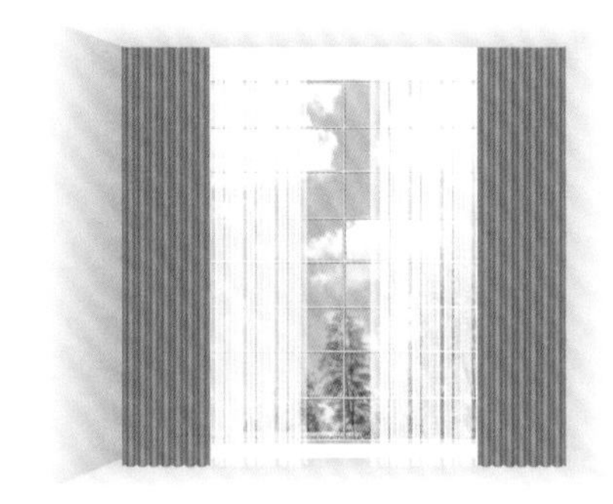
正确设计

当窗体足够美观时，做了无关的美饰设计，喧宾夺主，主次不分。

2. 窗框

窗框，也叫窗护套，是窗体的围边，也是硬装的构成部分。经装饰的窗框称为饰框。

饰框有两个重要作用：一是保护窗体，二是用来装饰。

需要注意的问题

①精致的饰框是硬装饰的重要设计表达，窗帘不可轻易遮盖。

②窗帘入框设计，被窗框围夹的状态体现了一种围合之美，是硬装与软装的完美融合与展示。

窗框效果示意图

容易犯的错误

内饰与外饰不分，不当占用饰框空间。

原始窗户

不正确设计：饰框被占

正确设计

正确设计

3. 窗帘箱

窗帘箱是指专为窗帘定制的装饰盒或收纳盒。

窗帘箱常规分类

常见窗帘箱分为凸型、凹型和软饰型三种类型。前两种属于硬装饰的范畴，最后一种属于软装饰的范畴，所用材料一般为布艺、皮质或者其他非布艺材质。

凸型窗帘箱凸出墙立面，具有连贯、统一、协调的特点，欧式古典风格应用较多。

凹型窗帘箱与天花顶合成一体，具有简洁、流畅、现代的特点。

软饰型窗帘箱以布艺、皮质材质为主，其柔软性和装饰感更强烈，容易与居室内的软、硬装饰搭配，更换维护较方便，美式别墅运用较多。

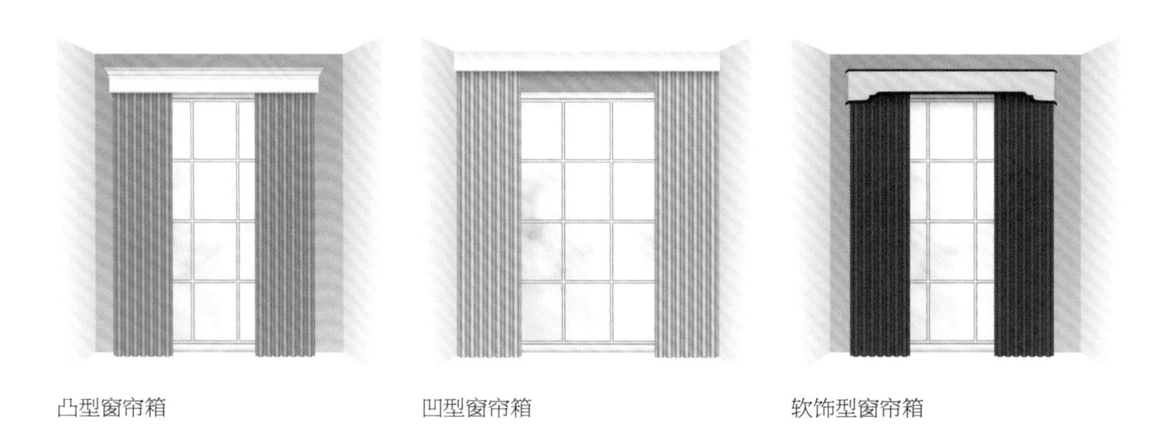

凸型窗帘箱　　凹型窗帘箱　　软饰型窗帘箱

窗帘箱按宽度分类

窗帘箱按宽度分为定宽窗帘箱和不定宽窗帘箱两种类型。

定宽窗帘箱是指窗帘箱根据窗定宽，量身定制，严格限定窗帘宽幅，确保立面不被窗帘多占，为其他立面装饰留出空间。

不定宽窗帘箱是指窗帘箱超出窗户的宽度，这种窗帘箱偏现代风格，给人以富有动感、自由的感觉。由于窗帘可以越过窗户位置，向两侧窗墙滑动，可以多占立面。

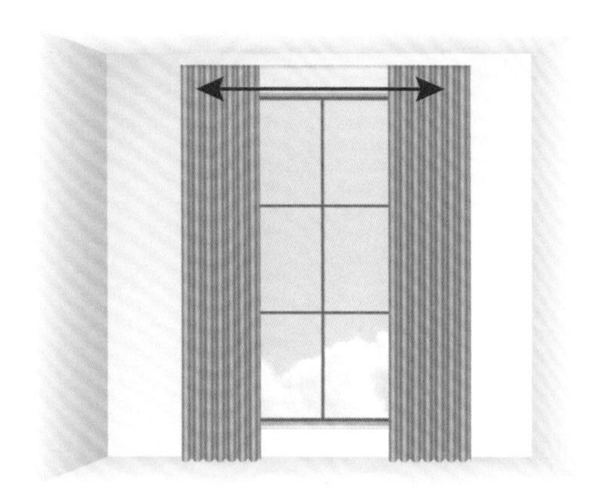

定宽窗帘箱

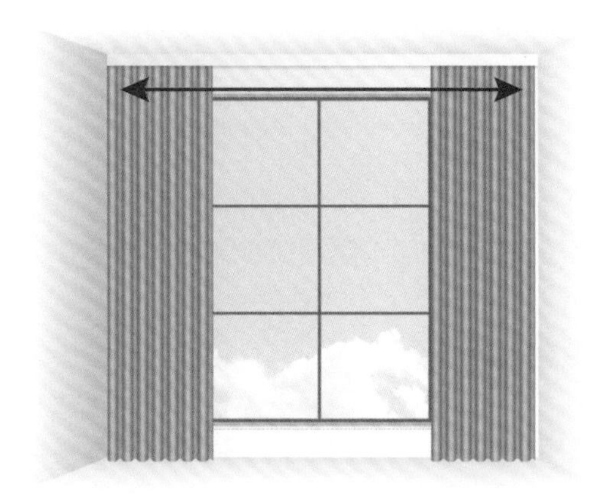

不定宽窗帘箱

需要注意的问题

①凸型窗帘箱必须定宽设计；凹型窗帘箱可不定宽设计。

②凸型窗帘箱严谨、古典，偏欧美风格；凹型窗帘箱偏现代风格。

③凸型窗帘箱必须一窗一箱，多窗多箱；凹型窗帘箱可以多窗一箱，即多窗连通。

④软饰型窗帘箱参照凸型窗帘箱设计。

容易犯的错误

同样是不定宽窗帘箱，窗帘游离于窗户之外，起不到应有的装饰作用

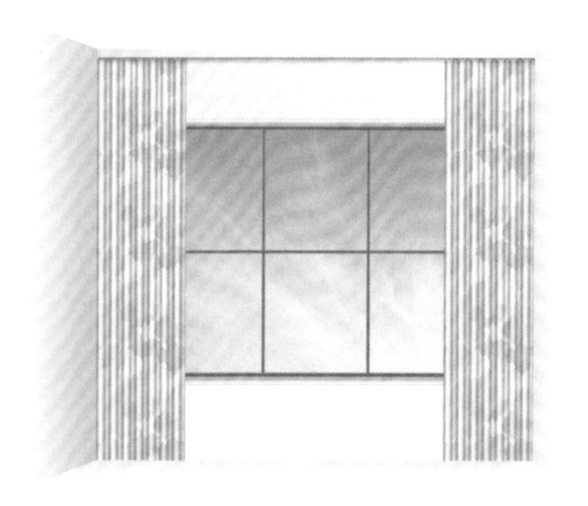

正确而简单的做法为窗帘盖住窗框，将整面墙遮饰

硬装设计不考虑窗帘的高度位置，千篇一律地在顶端预留窗帘箱，很容易误导设计师将窗帘大面积占用墙面

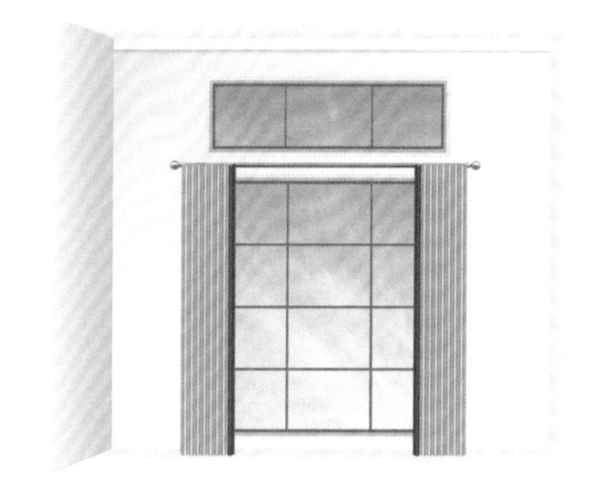

窗帘的最佳设计位置在下面的大窗之上，因而顶部的窗帘箱用与不用都会造成错误的设计结果

4. 窗台壁

窗台壁的进深决定着窗户内格空间的利用率。凡窗台壁的进深大于 100 mm 以上，就应该优先考虑把内格空间利用起来，否则就是浪费空间。

窗台壁的不同进深对窗帘设计的不同影响

①窗台壁进深在 100 mm 左右，选用成品遮阳帘；

②窗台壁进深在 150 mm 左右，选用布艺罗马帘；

③窗台壁进深在 200 mm 左右，选用布纱帘。

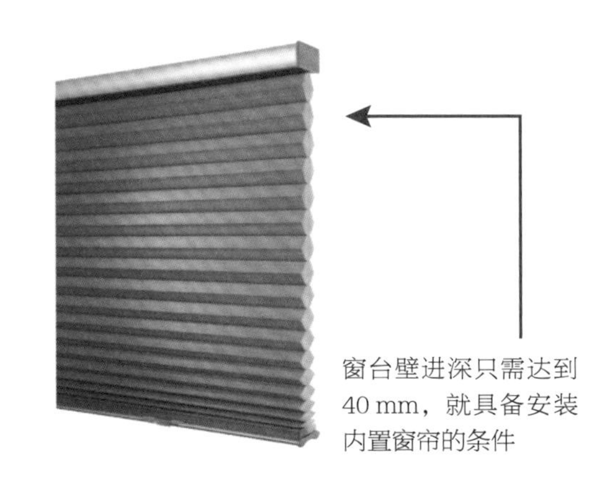

窗台壁进深只需达到 40 mm，就具备安装内置窗帘的条件

容易犯的错误

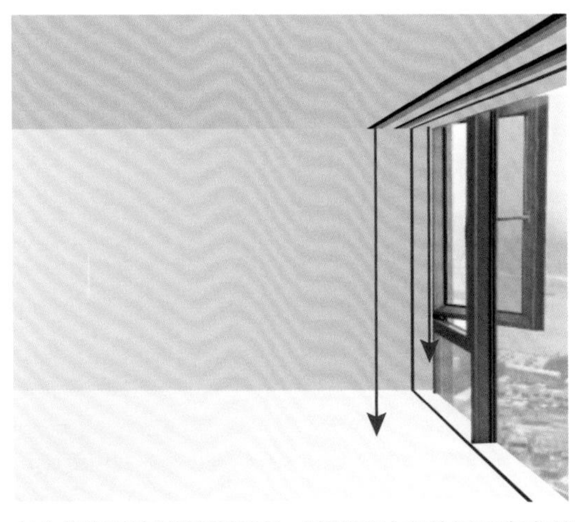

在内格空间宽裕的情况下，硬装设计在外框开窗帘箱造成内外间距过大，浪费空间

窗帘设计在内格窗户无开启障碍（如内开窗）的情况下，没有优先利用内格空间

精要提炼

①窗户形态：有美丑之分，美则美饰，丑则遮饰（修饰）。

②窗户关系：有正偏之分，正窗需要规则设计，偏窗需要不规则设计。

③窗户分类：分清每一种窗户类型，抓住其特征，才有设计方向和思路。

④窗户构造：四大结构部件都有可能出错，需要重点研究。

——窗体，重点提升美感度，手法上修饰多于美饰；

——窗框，硬装构成，宜露不宜遮；

——窗帘箱，可长可短，可高可低；无论长短高低，帘不宜离窗；

——窗台壁，有空间（深度）就钻，不可浪费。

第5章

建筑窗户、窗帘的一般论述——读懂窗帘

窗帘不是简单的两块布加一顶帽子（幔）。认识窗帘，先要弄清下列问题：窗帘的概念是什么？窗帘与布艺装饰有什么区别，各自的作用是什么？两者之间的关系是如何演变的？窗帘的形式有哪些，它们是如何组合的？窗帘设计是怎样操作的，系统结构有哪些？什么样的窗帘是好看的，好看在哪里？如何识别窗帘设计的美感特征？窗帘的风格特征如何把握？本章将对这些问题做概括性介绍。

5.1 基本概念

窗帘的概念有狭义与广义之分。要弄懂窗帘的概念，需要先弄清楚“布艺装饰”这一概念以及窗帘与布艺装饰之间的关系。

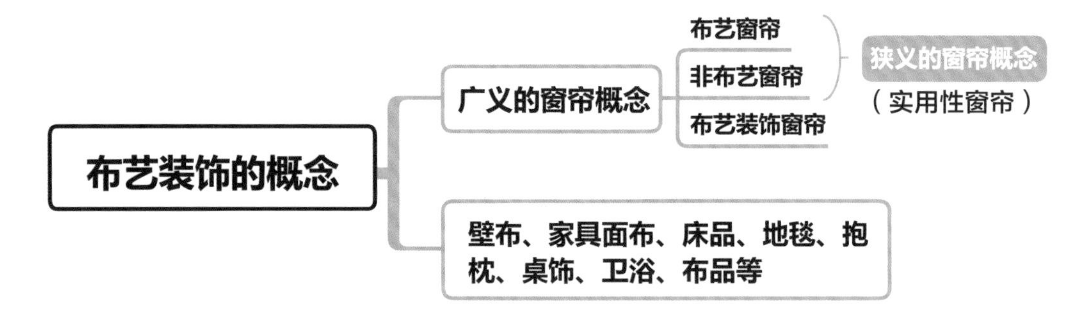

布艺装饰，又叫布饰，一种软性织物装饰形态。布艺装饰是软装的代名词，软装的最初概念就是布艺装饰。布艺装饰涵盖：窗帘、壁布、家具饰面布、床品、地毯，乃至跟布艺材料有关的抱枕、桌饰、卫浴布品等装饰。

狭义的窗帘是功能性遮饰用品，一种具有阻隔光线、调节空气交流、遮挡室内隐私等使用功能的遮饰用品。窗帘的帘材构成既有布艺类也有非布艺类，如化纤、金属、植物等帘材。

广义的窗帘分为布艺窗帘、非布艺窗帘、布艺装饰窗帘。布艺窗帘和非布艺窗帘属于实用性窗帘，布艺装饰窗帘即装饰性窗帘是室内外立面空间的织物装饰形态。

布艺装饰窗帘和布艺窗帘既有交集又有区别。

①布艺装饰窗帘以窗帘的形式出现，但只是一种纯装饰物，一般不考虑使用性，没有实用价值。早期的窗帘就是装饰性织物，不是拿来使用的，故被称为静态（布艺）装饰窗帘。

②布艺窗帘是具有实用价值的遮饰物，兼具一般装饰性。

③布艺装饰窗帘可以是布艺材质，也可以是非布艺材质；布艺窗帘一定是布艺材质。

④布艺装饰窗帘可用于环境装饰，如窗、门、墙、床、柜、廊、亭、柱、院等，应用于室内外空间。

⑤布艺窗帘，只限用于窗户。

⑥布艺窗帘和布艺装饰窗帘都属于现代窗帘设计的范畴。

⑦布艺装饰窗帘是一种外来的装饰文化形态，不能与布艺窗帘混为一谈。

5.2 窗帘的属性及演变

装饰性和功能性是窗帘的两大基本属性。

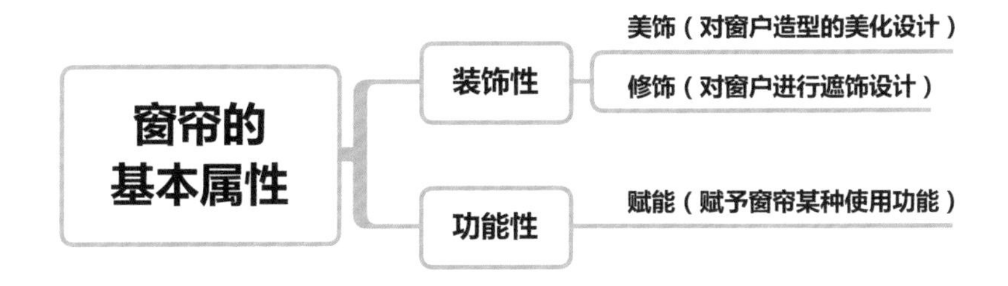

1. 装饰性的两种表达方式

美饰

美饰是布艺装饰窗帘的主要设计形式，是饰窗时代的产物。传统美饰表现手法以多层繁复的华丽造型和精致的帘幔边缀设计为主，“型”饰是这种手法的主要特征。现代美饰手法在形式上有所简化，主要是复杂程度的精减。

传统美饰手法，多层、繁复，结构重叠交错。

现代美饰手法，复杂程度较传统美饰手法有所精减。

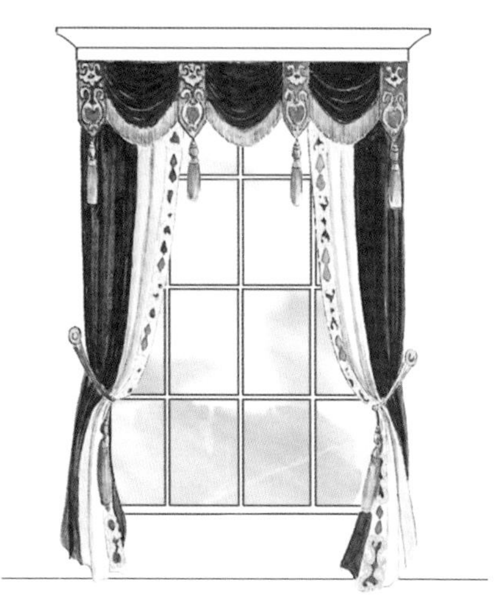
传统美饰手法，繁复多层，结构重叠交错

现代美饰手法，复杂程度较传统有所简化

修饰

修饰是现代窗帘设计的主要表现手法，特征以“遮”饰为主，主要是针对美感欠佳的窗墙立面而采取的遮掩手法。修饰的表现形式有背景装饰、空间隔断、空间遮饰等。这种手法所涉面不限于窗，可延及窗以外的其他内外空间场所。

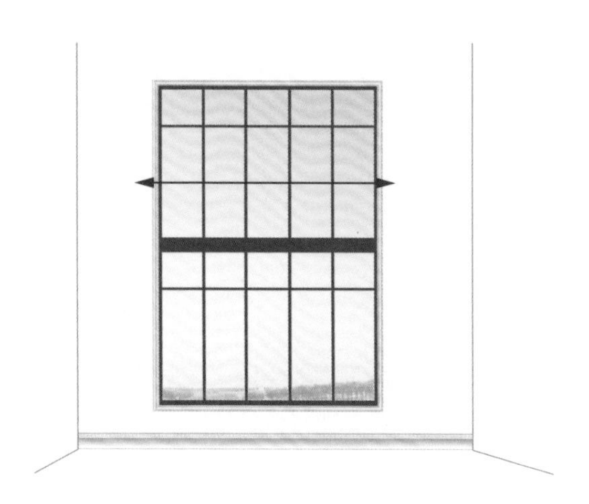
现代窗，结构方正、简单、刚性，窗体面较宽

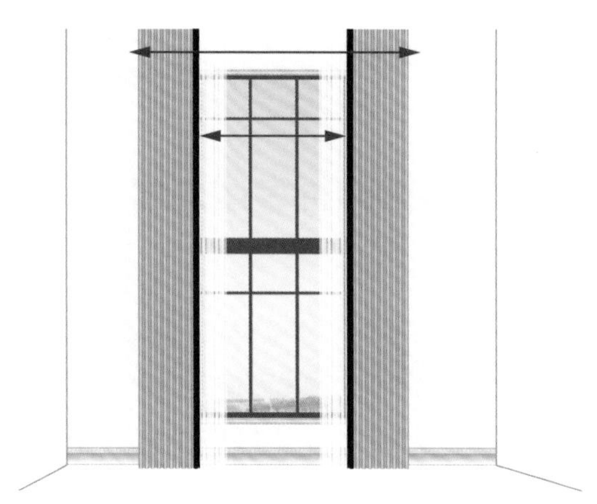
采用修饰手法，做两边的压布设计，遮盖掉 1/3 的窗户宽度，窗体瘦身后变成一个长窄型的窗，形态美感更佳

2. 功能性是窗帘的赋能属性

窗帘的功能性包括控光、遮掩、隔热、降噪、抗菌、防霉、抗紫外线等，科技进步带来的功能用途能更好地提升人们的居住舒适度。

窗帘属性随着人们生活方式的变化而变化。以前的窗帘设计装饰重于功能（或基本不考虑功能），现在的窗帘设计首先要满足人的使用功能需求，然后是装饰性的适度表达。

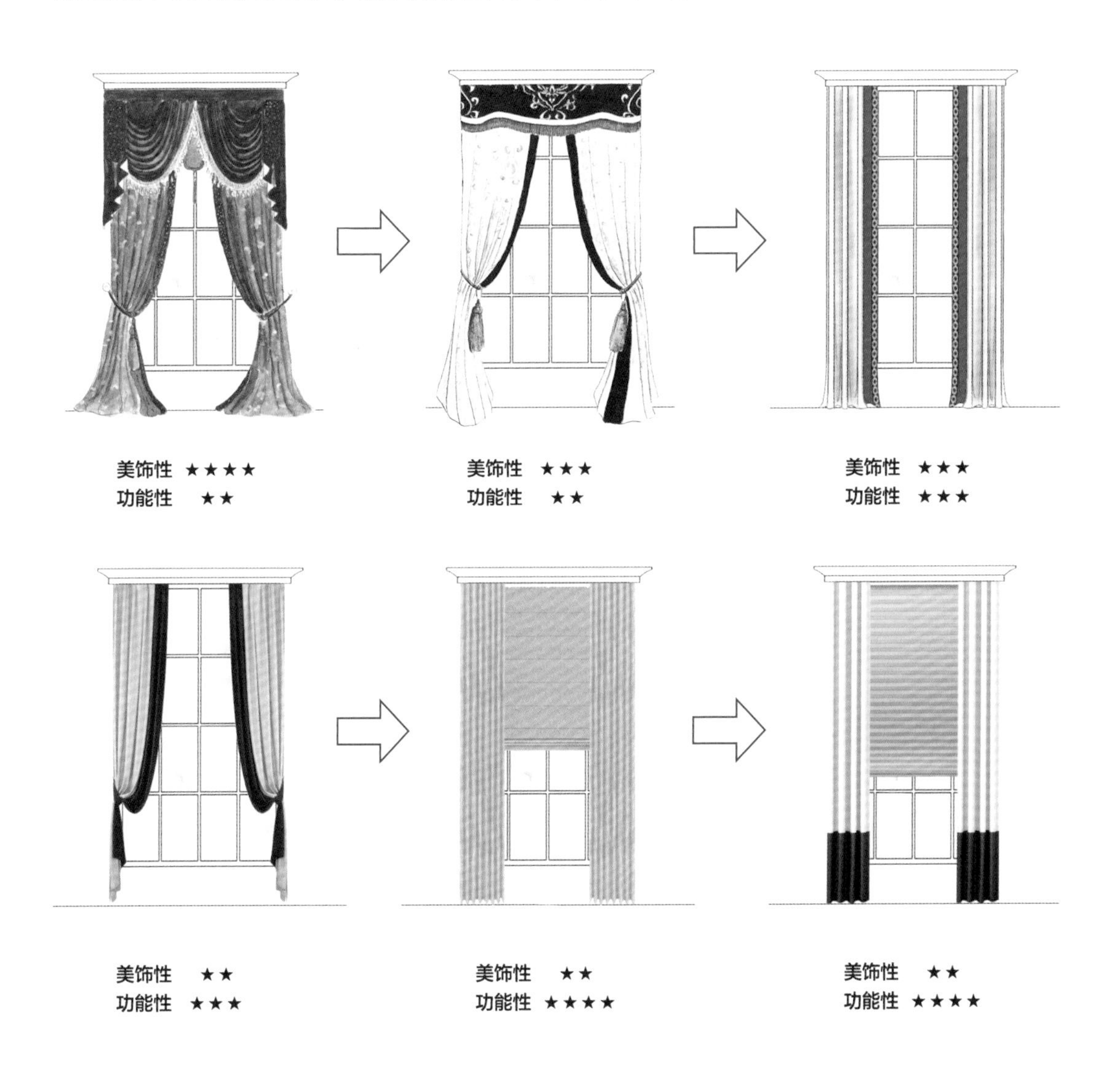

从上图的变化可以看出，现代窗帘设计越来越偏向于实用性。装饰性，特别是美饰的表达，节制、理性又恰到好处。

5.3 窗帘的组合形式

外帘、内帘和窗幔是窗帘设计独立表现的基本形式。

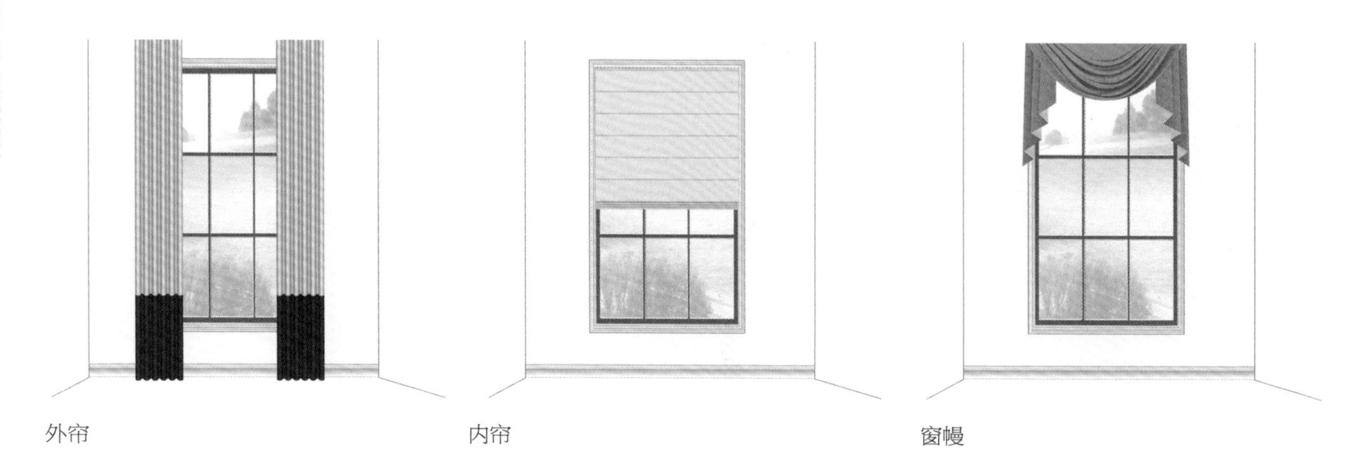

外帘　　内帘　　窗幔

窗帘的组合形式有内外帘、幔内帘、幔外帘、幔内外帘。

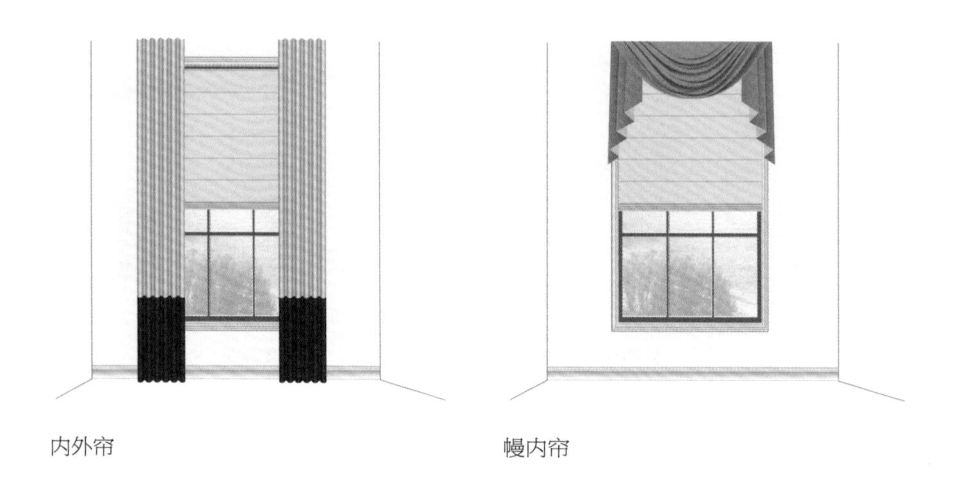

内外帘　　幔内帘

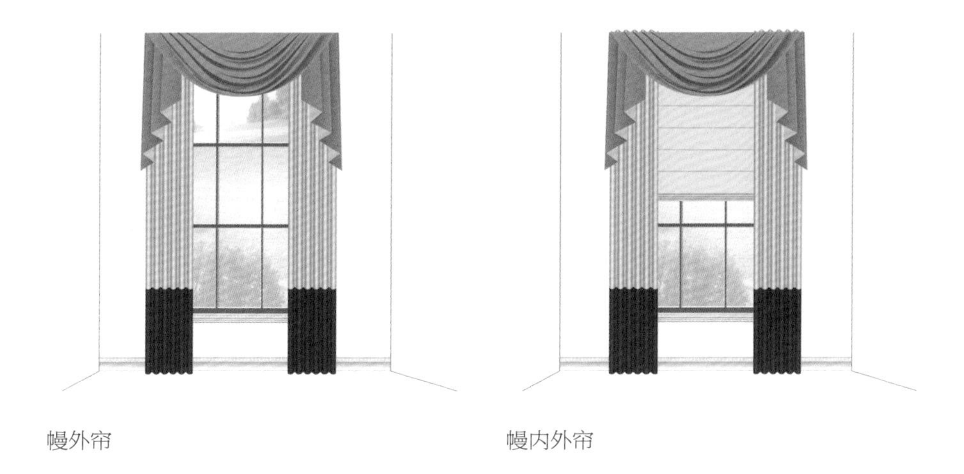

幔外帘　　　　幔内外帘

5.4 窗帘的操作系统

窗帘的操作系统分为：升降式操作系统（窗帘上下开启活动）和开合式操作系统（窗帘左右开启滑动）。这两种系统分别控制着不同的窗墙立面空间。升降式操作系统主要控制窗户内格空间，也可控制外框空间(一般是大型遮阳帘，需配电动装置)；开合式操作系统主要控制窗户外框空间，也可配置在内格空间中（一般是小帘）。

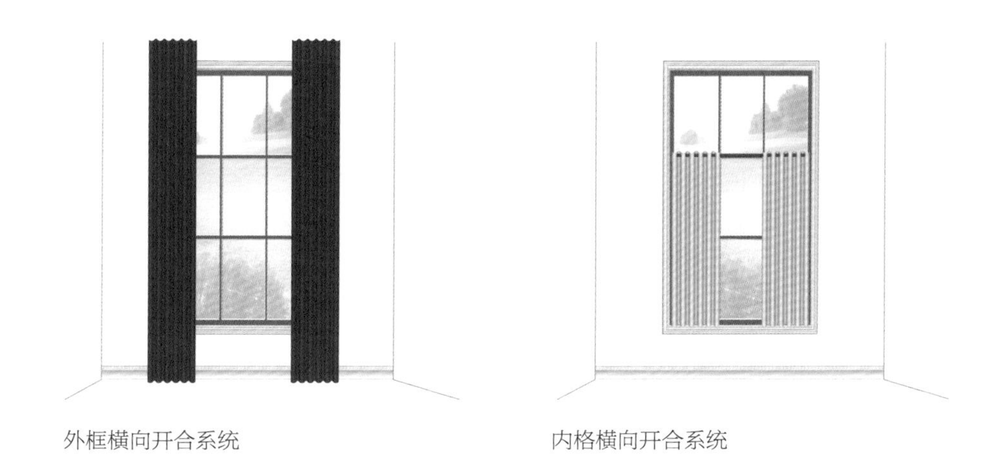

外框横向开合系统　　　　内格横向开合系统

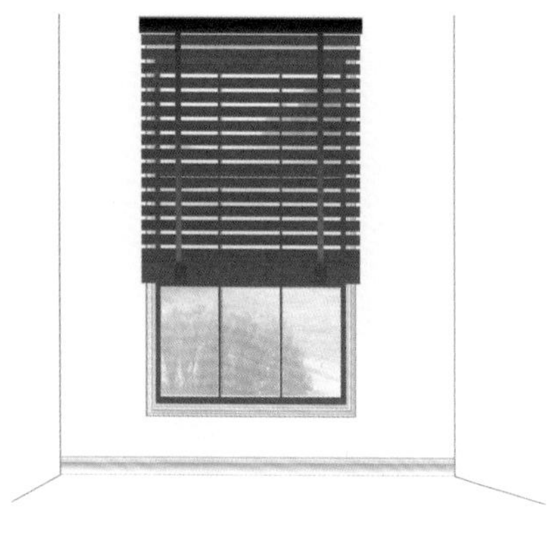

外框纵向升降系统

内格纵向升降系统

在窗帘设计中，两种操作系统交替使用，目的是要实现对窗空间的合理分配。比如，同时采用“布＋纱”设计，运用两个开合系统，就很耗占窗墙的立面空间。如果改用外帘和内帘结合的设计，就可以分散对内外立面空间的占用。

横向开合与纵向升降结合

5.5 窗帘的美感特征

什么样的窗帘是好看的？答案是具有“线条”美感的窗帘。窗帘的线条美感有弧线美感和直线美感两种。

1. 弧线帘

传统窗帘，多以弧线设计为主，线条复杂，层次丰富，具有古典、优雅的贵族气质。弧线帘是欧式窗帘最经典的代表形式。弧线帘体态优雅，线条柔美，具有古典韵味和高贵格调。

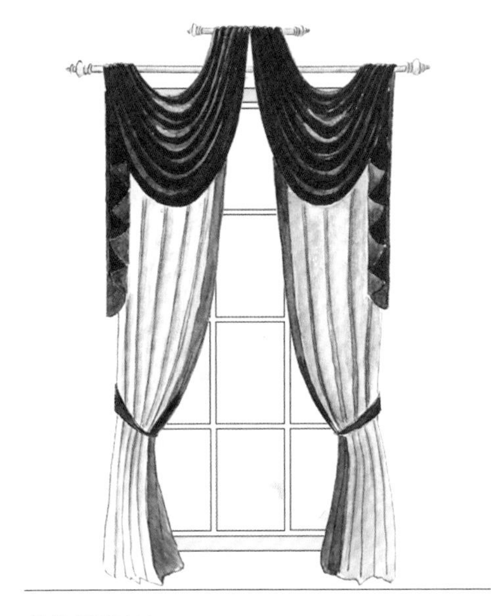

传统弧线窗帘

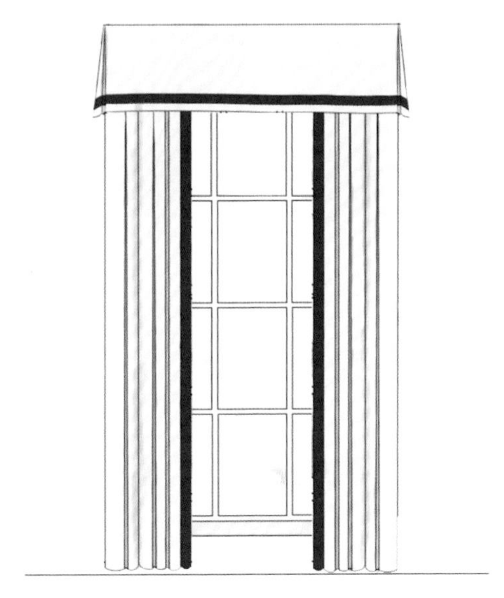

现代直线窗帘

常见的欧式弧线帘有：

①高腰弧线帘。上短弧下长线，有帘裙拖地的感觉，帘态华丽大气，格调高贵。

②中腰弧线帘。弧线滑动比较平稳，上下比例协调。帘的固定高度接近于人体高度，是兼顾装饰性和实用性的帘态陈设。

③低腰弧线帘。上弧线修长，有很好的空间感，最能表达欧式布艺装饰的优雅与柔美。静动结合，装饰美感极强，也方便使用。

④反拉弧线帘。颇像欧式燕尾服造型，又称燕尾帘，极具绅士气质。

⑤大跨度弧线帘。具有张扬、强势、华丽、尊贵的特点。

⑥不对称弧线帘。具有新奇、有趣、有个性、舒适的特点。

高腰弧线帘

中腰弧线帘

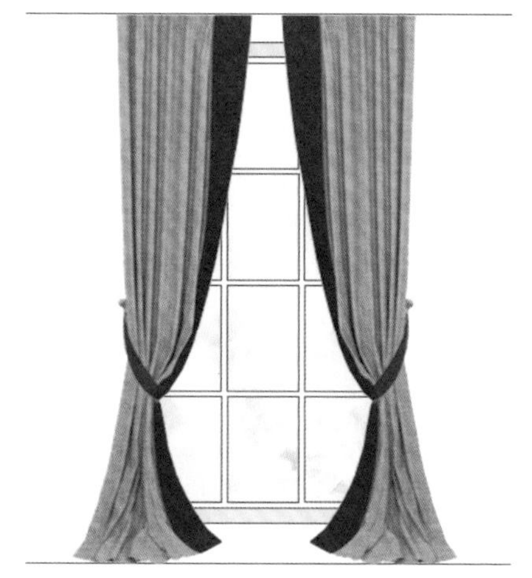

低腰弧线帘

大跨度弧线帘

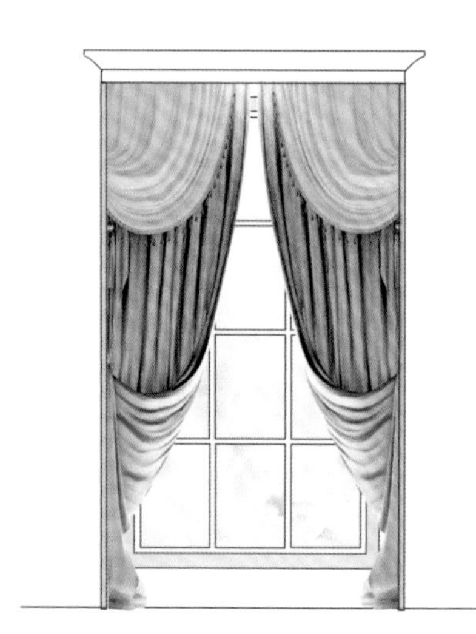

反拉弧线帘

不对称弧线帘

2. 直线帘

现代窗帘，多以直线表达为主，线条简单，具有时尚、简约的格调。直线也因此成为现代窗帘的主要表现形式。

直线是现代窗帘的特征与符号，与现代建筑的形态及风格高度吻合。直线帘无需帘带绑定，给人以松散、自由、舒适的感觉。直线帘，线条刚直、流畅、简约，有垂感度，与现代窗户线条结构高度匹配。

因此，设计师要学会欣赏直线的现代美感，学会设计直线帘的现代美感。

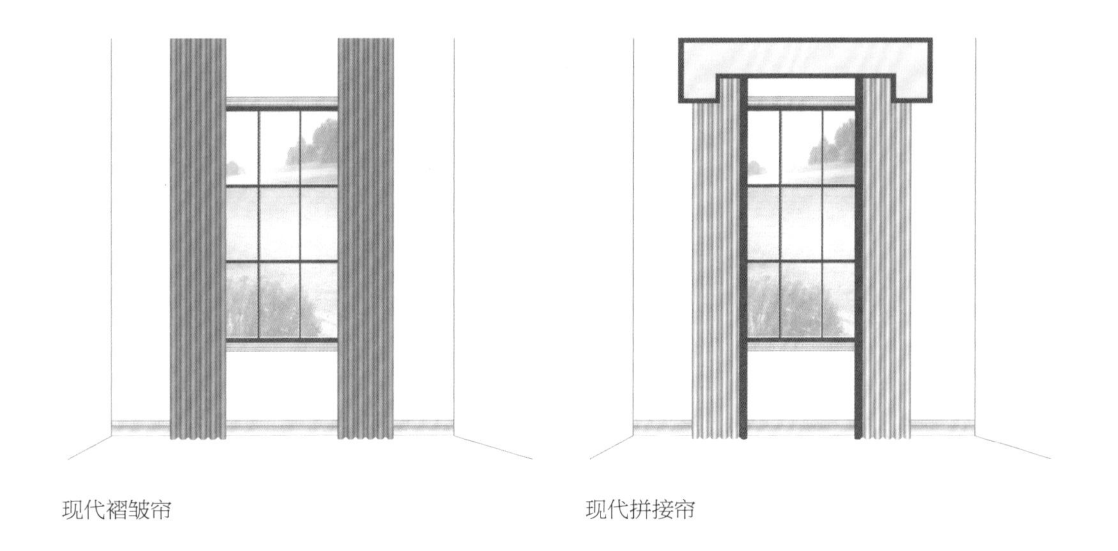

现代褶皱帘　　现代拼接帘

3. 弧线帘与直线帘的关系

弧线帘与直线帘可以相互交融，互为背景，互相映衬。但是必须遵循主副关系原则：

①现代风格，直线帘为主，弧线帘为辅；

②欧式风格，弧线帘为主，直线帘为辅。

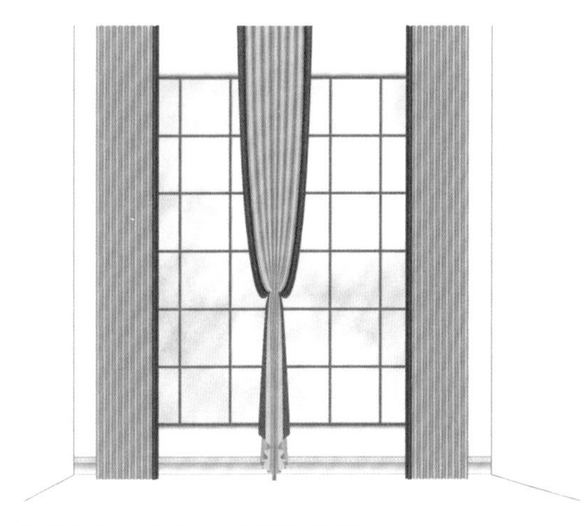

现代风格中直线帘占据稍强位置

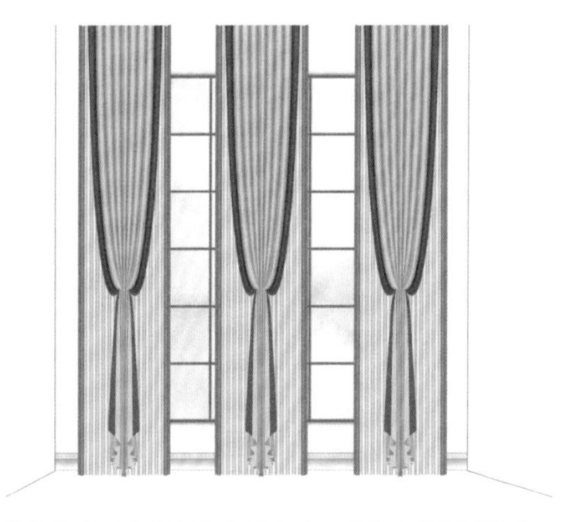

现代欧式风格中弧线帘是主角，直线帘做背景装饰

5.6 窗帘的风格特征

现代窗帘的设计风格以现代风格和现代欧式风格为主。在具体表现上，不同的地区有不同的特征差别。下面分别简述现代欧式窗帘、现代美式窗帘、中式窗帘的风格特征。

1. 现代欧式窗帘

现代欧式窗帘的风格表现形式

窗帘是源自欧洲建筑的装饰，窗帘设计的风格也主要是以欧式建筑装饰为主体的风格。现代欧式窗帘风格在形式表现上，只保留了罗马杆、挂绳（固钉）、幔、边缀、帘褶等几项设计元素。

①罗马杆和挂绳是欧式窗帘的基本标识，任何窗帘只要出现这两个元素中的任意一个，就可以判定是欧式窗帘风格。

②幔在现代欧式窗帘设计中可有可无，遮饰作用大于美饰作用，因需而定，并非标配。

③边缀出自传统窗帘设计，现代欧式窗帘仍在沿用，但也不是标配。

④帘褶是欧式窗帘最精致的细节，但在现代欧式窗帘中应用的种类大大减少，一般控制在 4 ~ 5 种即可。

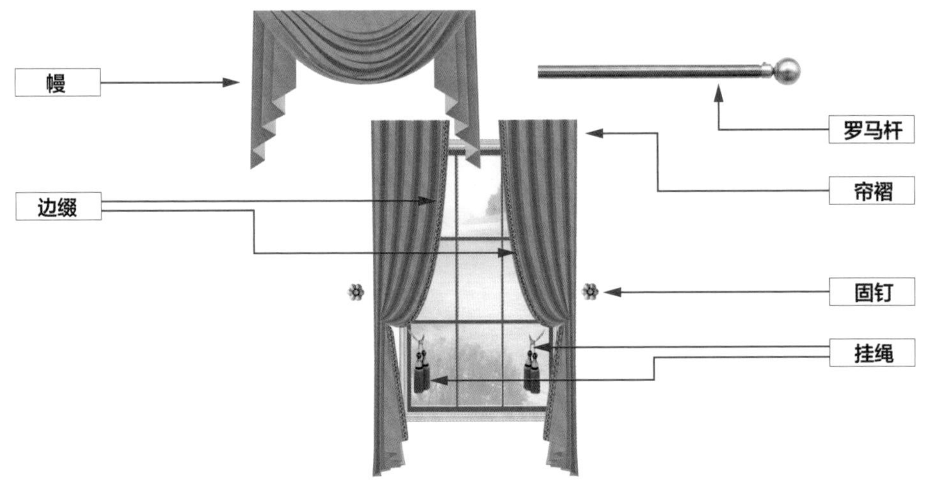

欧式窗帘构成要素

现代欧式窗帘的风格特征

①具有弧线形态美感。

欧式窗帘的美感就是弧线的美感，这是欧式窗帘的魅力所在。可以说，欧式窗帘就是弧线窗帘。现代欧式窗帘继承了以往欧式窗帘的弧线设计美感，只是在结构层次和弧线类型上做了简化。

弧线帘靠什么来表达?

弧线帘是靠挂绳（固钉）和罗马杆表现窗帘的形态造型。当罗马杆被现代滑轨替代后，挂绳（固钉）就成为现代欧式窗帘的最大识别符号。

②幔帘合一的体系。

欧式窗帘的设计体系是幔帘合一的体系，幔与帘都具有独立表达与展示的功能。幔，在现代欧式窗帘设计中的使用频率在逐步减少，这是因为幔的造型过于复杂。另外，由于受现代建筑空间层高的限制，幔的美饰作用被弱化，更多地起到了窗帘滑轨的遮饰作用。

③整体感好。

传统的欧式窗帘极为排斥窗帘的拼接设计（不含贴边设计和边缀设计），强调整块布的完整性。拼接设计带来的是窗帘视觉形象的碎片化，有档次不高之嫌。而现代欧式窗帘设计风格不排斥拼接设计，但只接受侧拼设计，上下拼接设计用的不多。

④软硬合饰。

窗帘在传统欧式装饰风格中是硬装的重要组成部分。窗帘不会被割裂开来单独设计，这就保证了它的整体感。现代欧式窗帘设计，虽然没有那么严谨，但仍然在硬装设计的先期规划之内。软硬合饰的重要意义在于窗帘身高体大，如不综合设计，对整体装饰影响很大。

⑤装饰性强。

欧式窗帘分为装饰性窗帘和实用性窗帘。装饰窗帘把布艺视作一种会动的装饰材料，而不是普通意义上的软饰用品，这就大大提升了窗帘的设计感与装饰感。现代欧式窗帘秉持了这一设计理念，因此现代静态装饰窗帘依然是现代欧式窗帘的重要表现形式，只不过在形式上更灵活，既可静又可动。可动，意味着还有使用的作用，而不是只能看不能用的摆设。

⑥细节精致。

欧式窗帘的细节主要体现在边缀设计。传统的欧式窗帘必有边缀设计，现代欧式窗帘没有那么严格，去掉了可有可无的累赘装饰，甚至以拼、贴边设计替代。但是一些受欧式装饰文化影响的住宅和商业空间仍在沿用。

⑦帘头褶皱的设计。

不同的帘头褶皱代表了不同的线条美感，有细腻的、粗犷的、可动的、可静的，也有没有帘头褶皱，靠吊带、打孔来连接帘杆的。传统的欧式窗帘，帘褶工艺非常复杂，费工耗时，极为讲究。现代欧式窗帘被简化了，仅保留十几种类型，常用的类型更少。

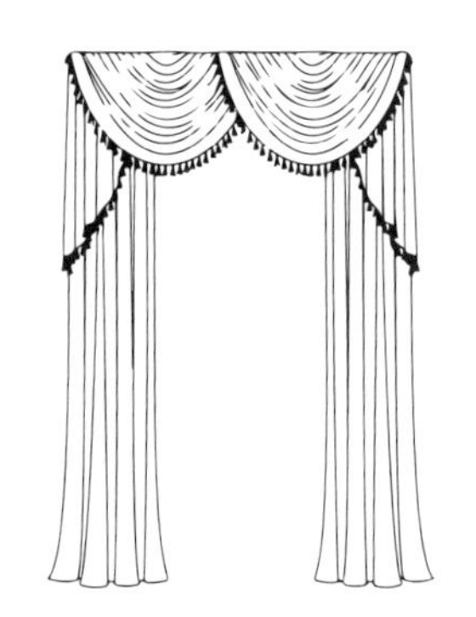
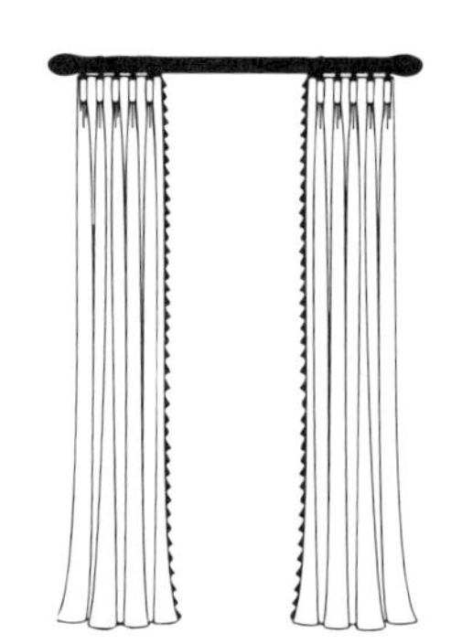
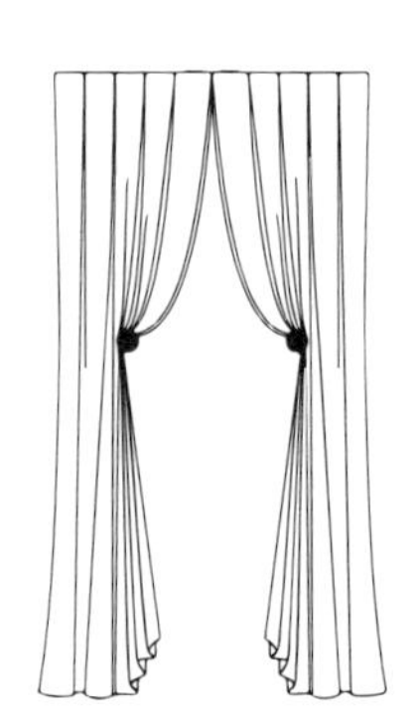
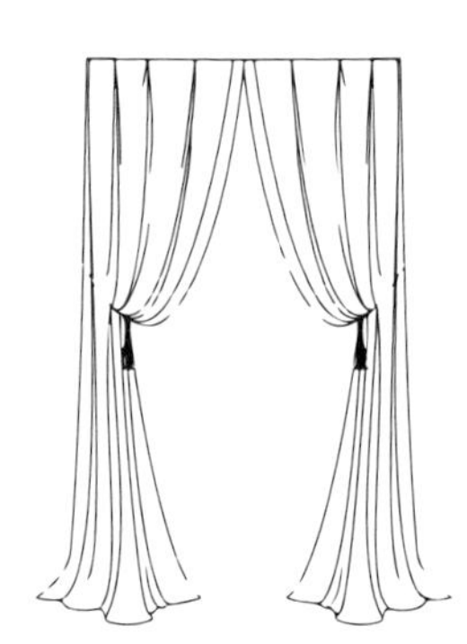

欧式窗帘简图

2. 现代美式窗帘

现代美式窗帘的风格表现形式

美式窗帘是欧式窗帘的翻版。美式窗帘风格继承了欧式窗帘的风格，并在此基础上进行了改良和创新，但其本质上仍然属于欧式窗帘风格体系。美式窗帘设计在以下几个方面有其独特的表现：

①现代美式窗帘把窗帘的装饰性发挥到了极致。美式窗帘让静态装饰窗帘变得更静态。固垂、固悬、固钉便是美式静态装饰帘的代表形式。固垂帘、固悬帘、固钉帘被称为美式静态装饰帘的“三剑客”。

②得益于科学技术的进步，现代美式窗帘把窗帘的使用功能和使用范围推向最大化，遮阳窗帘因此成为现代美式窗帘的一大特色。

短杆固垂帘有下坠感

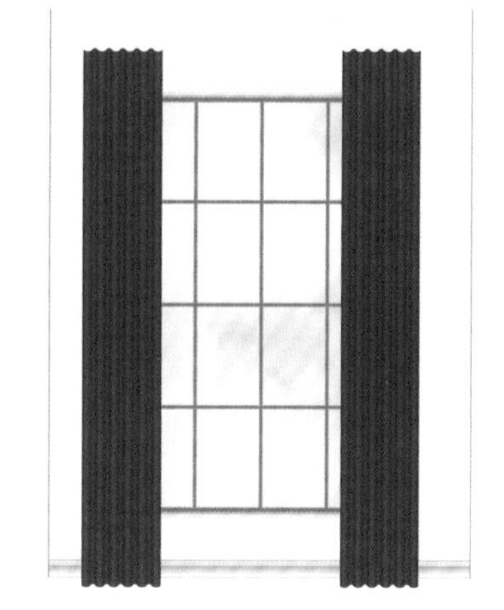

短杆暗藏固悬帘有悬空感

固钉帘可有多种造型

③现代美式窗帘把罗马杆的艺术性表达得淋漓尽致，罗马杆因此成为窗帘装饰的重要表达元素，甚至超过窗帘装饰本身。

④现代美式窗帘观念上不墨守成规。其将科技进步带来的设计成果融入传统窗帘设计，突出表现在：把具有工业风气质的遮阳窗帘与传统布艺结合在一起。美式窗帘在设计观念上，领先于其他窗帘。

美式遮阳功能窗帘有比较完整的系列。

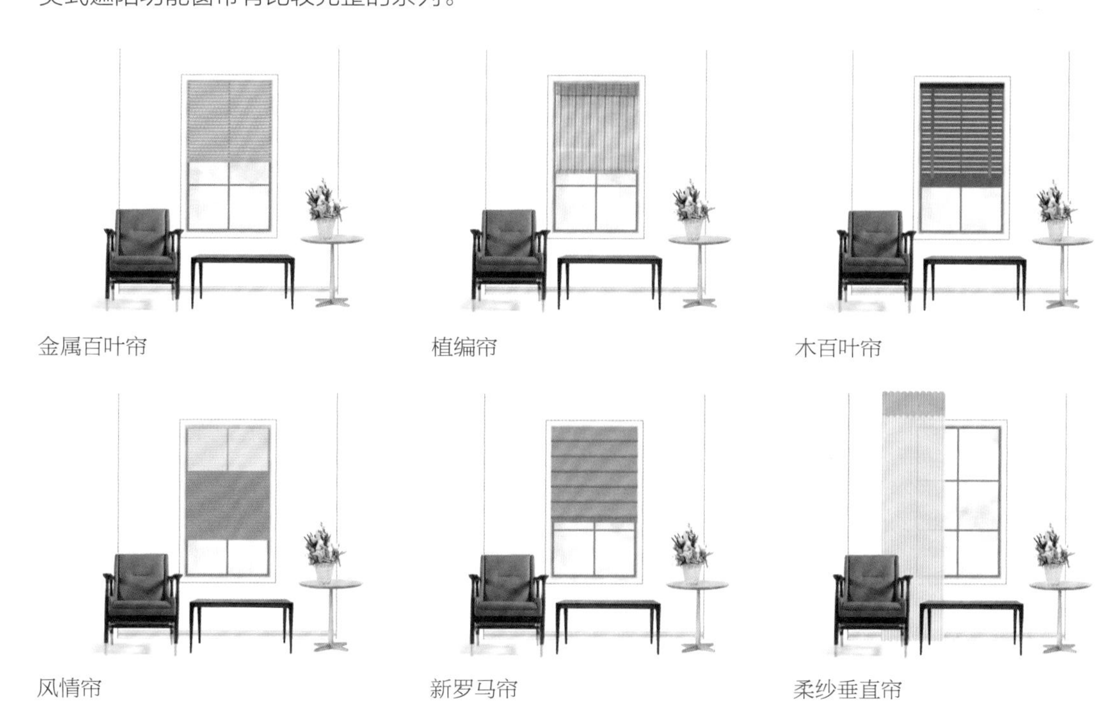

金属百叶帘　植编帘　木百叶帘

风情帘　新罗马帘　柔纱垂直帘

现代美式窗帘的风格特征

现代美式窗帘区别于其他风格窗帘的特征主要有三点：

①在形式上，追求个性自由的拼接设计组合。

拼接设计在美式窗帘设计中应用最为广泛。美国是一个移民国家，不同种族的人群带来了不同的生活方式和多样的审美文化，这种多样性反映在美式别墅或独栋大宅的窗帘设计上。窗帘设计的类型比较多样，风格各异，窗帘的拼接设计可以做到我有你无、你有我变，与众不同。拼接设计也是目前对窗帘设计行业最有影响力的设计方法。

美式侧拼接帘　　美式上下拼接帘

②在设计理念上，提倡装饰性与功能性的完美统一。

装饰与功能的统一是现代窗帘设计的核心价值理念。对这一理念的贡献，美式窗帘功不可没。美式窗帘在这方面践行最早，设计最为完善，值得整个窗帘设计行业仿效、借鉴、学习。

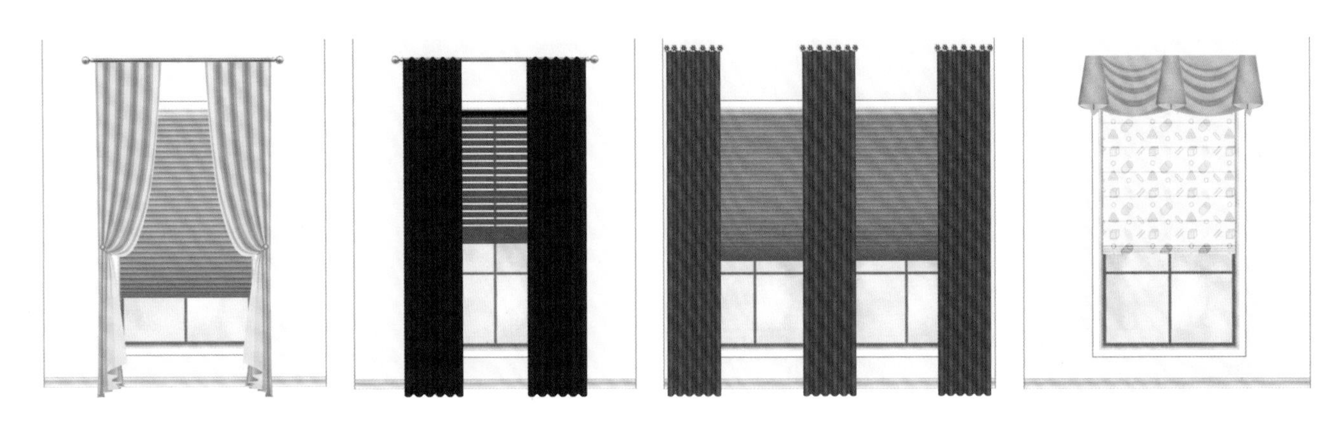

内外帘结合，内帘具有使用功能，外帘及幔具有装饰作用

③在空间（理解）上，强调对立面空间的留白设计。

美式窗帘在设计过程当中，对立面空间的高度、宽度都表现出极大的节制与惜占。美式窗帘的留白设计理念有助于解决窗帘装饰与自然采光、室内照明、户外景观的矛盾关系，留白因此成为窗帘设计的一个重要概念。

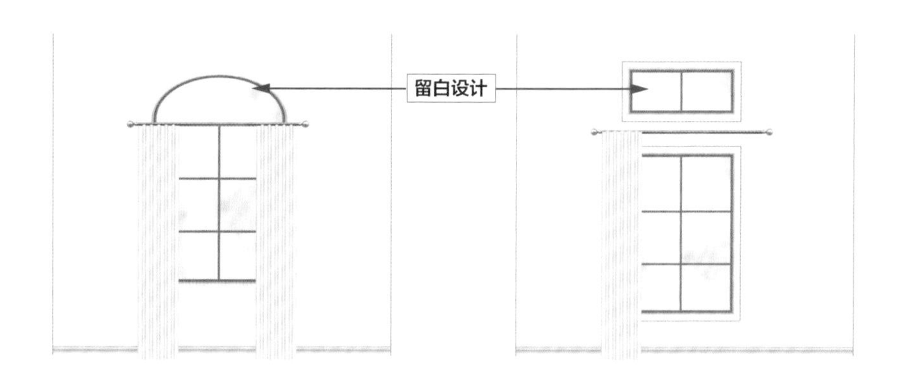

留白设计效果示意图

3. 中式窗帘

中式窗帘的风格表现形式

中式窗帘可以分为：现代中式窗帘、现代中式装饰帘、传统中式装饰帘。

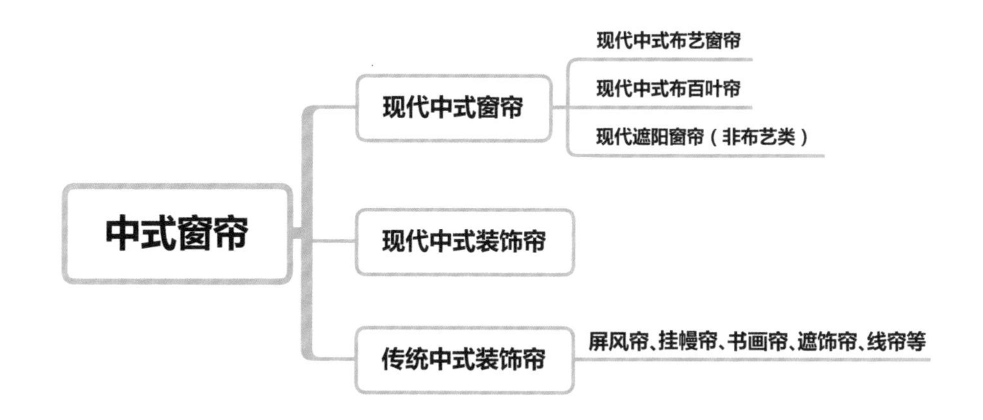

中式窗帘的风格特征

①现代中式窗帘。

现代中式窗帘又可以细分为现代中式布艺窗帘、现代中式布百叶帘、现代遮阳窗帘（非布类艺）。

a. 现代中式布艺窗帘。

现代中式布艺窗帘是现代中式窗帘的主要表现形式，主要特征概括为：现代褶皱直线帘。

●褶皱：布帘因自身的开合折叠而形成的褶皱线条。

●直线：中式窗帘是直线条形态，不是弧线形态，中式窗帘通常排斥弧线设计。

●色彩：单色为主，花色为辅。

●帘材：比较宽泛，不受限制。

●配置：无帘带绑定，以无幔为主，无罗马杆配置，无挂绳（固钉）配置，无边缀设计，无拼接设计。

现代中式布艺窗帘的配置，为什么有这么多的限制？

因为直线形态是现代中式布艺窗帘的生命，任何干扰直线形态的设计都影响现代中式布艺窗帘的设计。

●帘带：可以配，但平时不用，始终让帘保持直线陈设形态。

●幔饰：幔会遮住并降低直线的高度。

●杆绳：中式装饰风格，只要出现罗马杆和挂绳（固钉）这两个元素，就偏向欧式窗帘风格。

●边缀：会干扰窗帘立面视觉效果。

●拼接：侧拼接线条会与布帘褶皱线条重复，侧拼的线条色彩会抢夺布帘褶皱线条的风头，喧宾夺主。

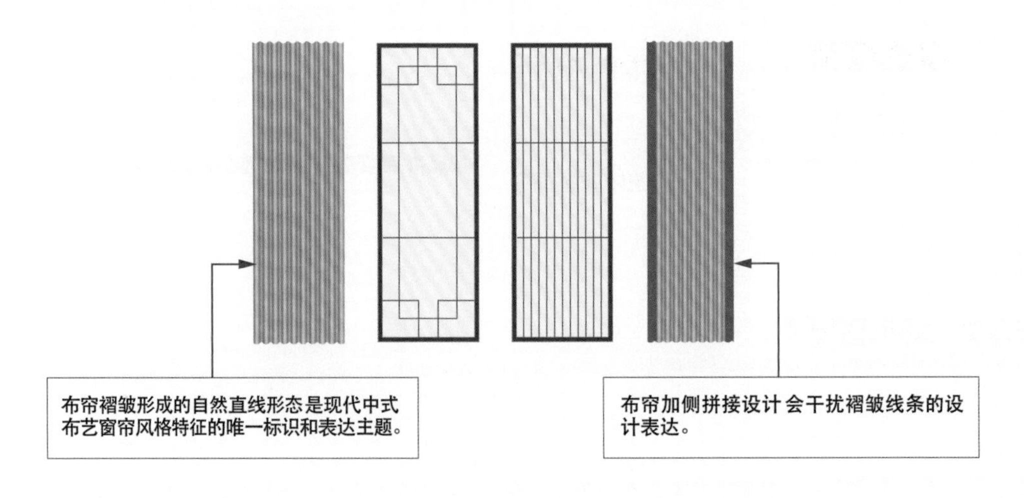

现代中式布艺窗帘效果示意图

b. 现代中式布百叶帘。

现代中式布百叶帘在现代中式窗帘中占比很小，仅限小窗设计，但不可或缺。其风格特征以单色或花色几何图案，包、贴边设计，方正直线形态为主。

具体表现在：

- 色彩：突出中国的色彩元素。
- 图案：以直线几何线条等图案为主。
- 包贴边：四周包边或贴边设计，弥补百叶帘较为单调的不足。
- 直线：以方正的直线形态为主，尽量少用弧线设计。

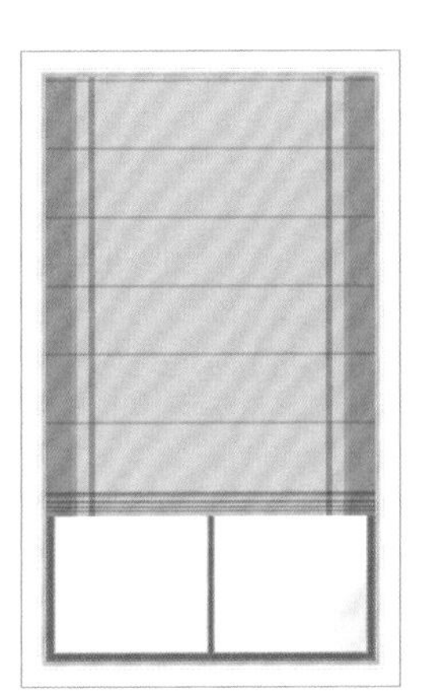
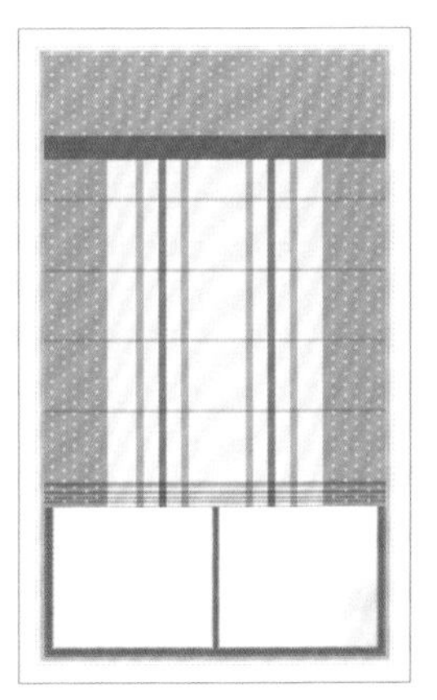

现代中式布艺百叶帘效果示意图

c. 现代遮阳窗帘（非布艺类）。

现代遮阳窗帘不仅好用，而且能与现代中式窗帘完美地融合。几乎所有的现代遮阳窗帘均可列入现代中式窗帘的设计范畴。线条结构明显的帘种，对现代中式窗帘还有加分作用。现代遮阳窗帘主要有植编帘、木百叶帘、金属百叶帘、蜂巢帘、柔纱百叶帘、垂直帘、卷帘等。

现代遮阳窗帘的风格特征：方直结构、线条分明。

现代遮阳窗帘效果示意图

②现代中式装饰帘。

无论是现代中式装饰帘，还是传统中式装饰帘，饰窗仅仅是一小部分，大部分用途是窗以外的空间装饰。现代中式装饰窗帘吸纳了现代布艺装饰帘的设计概念和内容，同时加入了中式的设计元素。

现代中式装饰帘的风格特征：单色、图案、薄材。

具体表现在：

- 帘材：以轻薄的棉、麻、丝、竹等单色布艺为主材。
- 色彩：突出中国的色彩元素。
- 图案：中国书画元素，如字、山水、花卉图等。
- 范围：装饰范围不限于窗，可延及门、墙立面、悬空屋顶、庭院、亭、柱、檐廊、走道等。
- 形态：以直线陈设为主，也可做适度的弧线设计。可加边缀和拼接组合，可加非欧式帘杆，可加直线幔饰。

区间隔断装饰

幔饰悬空的填充

窗户区装饰

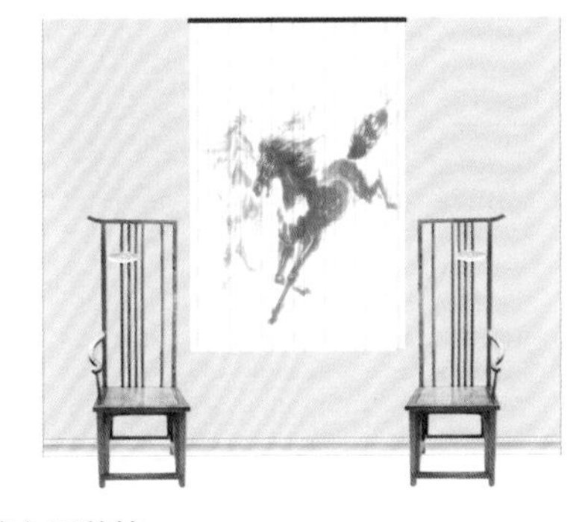

墙立面装饰

● 幔饰：中式幔与欧式幔形式相同，作用不同。现代中式装饰帘中的幔，可以作为窗帘的装饰幔，但其最大的作用不是饰窗，而是作为悬空的填充物。因为很多中式室内空间过于空荡，固定装饰过于硬朗，幔饰是最好的软性填充物。

现代中式装饰帘中三种基本幔饰类型为工褶幔、平褶幔、反褶幔。

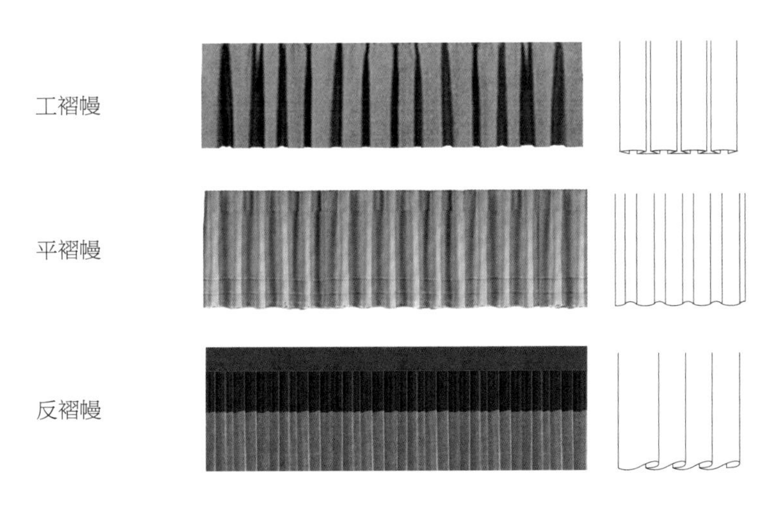

工褶幔　呈工字形上下折叠

平褶幔　平开合挤压折叠

反褶幔　向左或向右单边倒折叠

● 中式布幔的运用：现实中的中式建筑无论是外观还是室内悬空，几乎都没有布艺的装饰。可是到了艺术场景中（如影视剧）就会添加布艺装饰。

门楣的悬幔装饰

亭横梁悬空装饰幔

③传统中式装饰帘。

传统中式装饰帘主要为中式古典建筑或近代旧式建筑做配饰。主要有中式屏风帘、中式书画帘、中式挂幔帘、中式遮饰帘、线帘等。

传统中式装饰窗帘的风格特征：窄幅、带图案、包边、平展、有边缀。

具体表现在：

● 色彩：突出中国元素。

● 帘幅：帘的门幅比较窄，一般控制在 60 ~ 120 cm。

● 图案：中国书画元素，如字、山水、花卉图等。

● 帘材：布艺的棉、麻、丝、竹等材质，非布艺的植物材质。

● 包边：加布艺包边设计。

● 边缀：加边缀设计。

● 平展：完全是平面化的无褶皱设计。

● 范围：装饰范围不限于窗，可延及门、墙立面、悬空屋顶、庭院、亭、柱、檐廊、走道等。

中式屏风帘，可用于空间隔断、背景装饰等

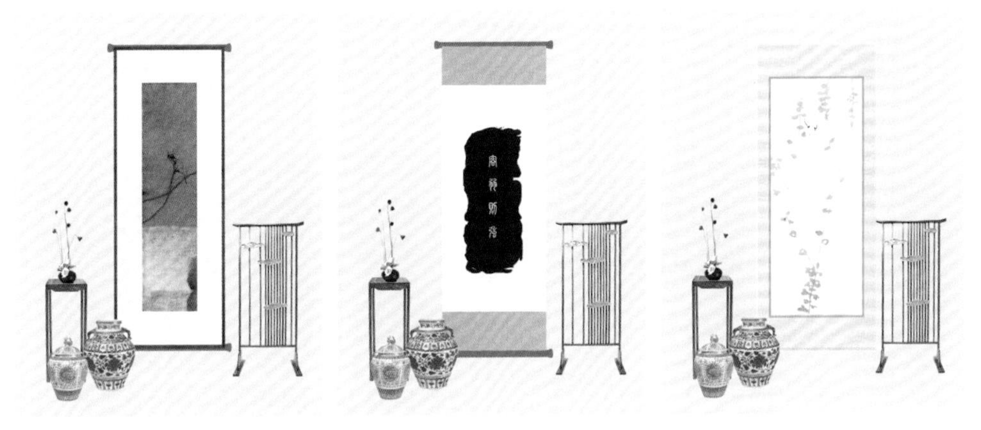

中式书画帘，可用于空间隔断、背景装饰等

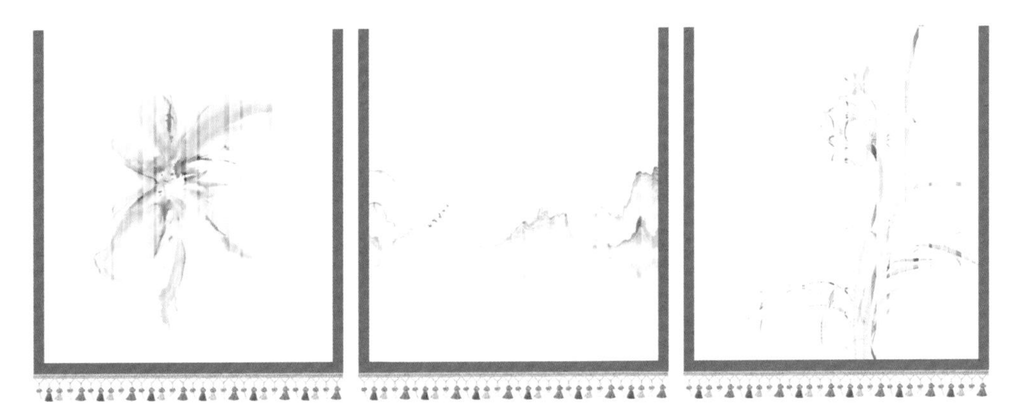

中式挂幔帘，可用于室内悬空填充、遮饰等

中式遮饰帘，可用于户外檐廊、走道、院落亭阁等的遮饰

精要提炼

概念明确，思路才能清晰，设计才有方向。

汲取欧式设计精髓，嫁接美式理念，走中式之路。

| 解读 |

读懂窗帘，先要读懂窗帘的概念及设计思维之源。

①欧式窗帘体系最为完善，需要深度的解构和剖析。

②美式窗帘源自欧洲，但有自创，其中理念尤甚。

③中式窗帘要结合现代（建筑），走现代之路；中式窗帘设计在继承传统的同时，还要光大传统。

第 6 章

窗型解构

——体量类窗户分析与设计

体量类窗户是按照窗户的体量大小划分的，这类窗是窗户类型中最基本的结构形式，其他窗型都是在这类窗型的基础上演变而来的。

6.1 小窗（含小中窗）

1. 概念描述

窗型名称

小窗、小中窗。

概念界定

小窗，窗户的边框线长度均小于 1000 mm。

小中窗，窗户的一条边框线长度小于 1000 mm，另一条边为 1000 ~ 2000 mm。（注：1000 mm 是约数，不是恒定数）

特点描述

小窗体量小，既没有足够的外框空间，也没有足够的高度，大型外挂窗帘无法施展，内格空间才是它的生存之地。

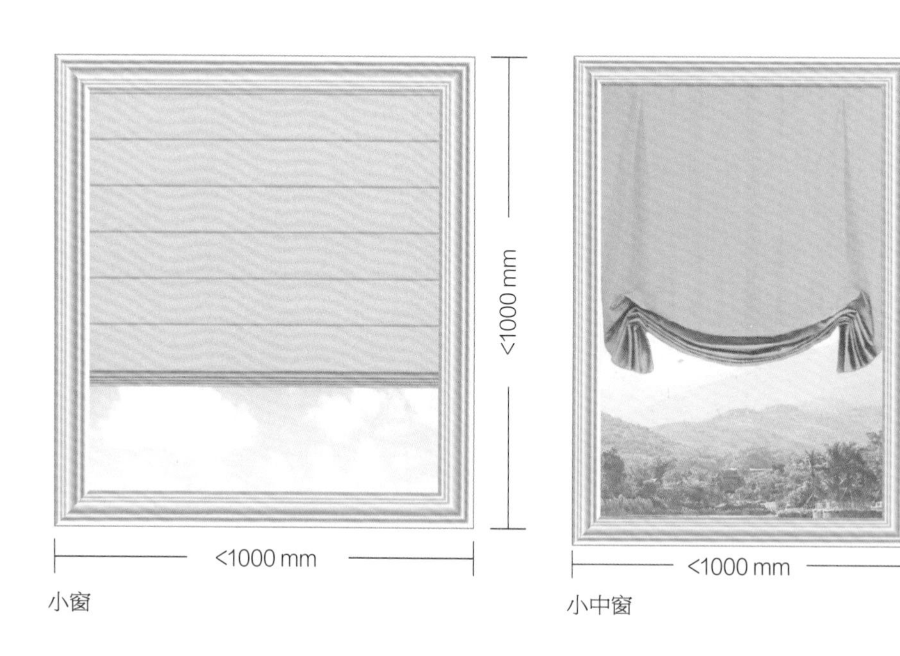

小窗　　小中窗

2. 设计原则

	解读
善守内格，百叶为主	①小窗在空间布局上，应以窗户内框为主，帘类以百叶为主。
精致装饰，多加幔饰	②尽量配以小幔的装饰，彰显其精致性和小巧可爱的体态。
帘态简美，色彩大胆	③帘材多考虑花色布，色彩可亮丽一些，慎选米、咖啡色等比较老气的色布。
布帘单挂，略占边框	④外挂式布帘宜单帘陈设，尽量不要双开陈设。
多变图案，小资情调	⑤注意小窗不能做复杂多层的幔帘设计。

3. 窗帘陈设常态

小窗以内格帘为主，配以幔饰，外帘以单边帘为主。

布百叶帘 1

布百叶帘 2

布百叶帘 3（配幔）

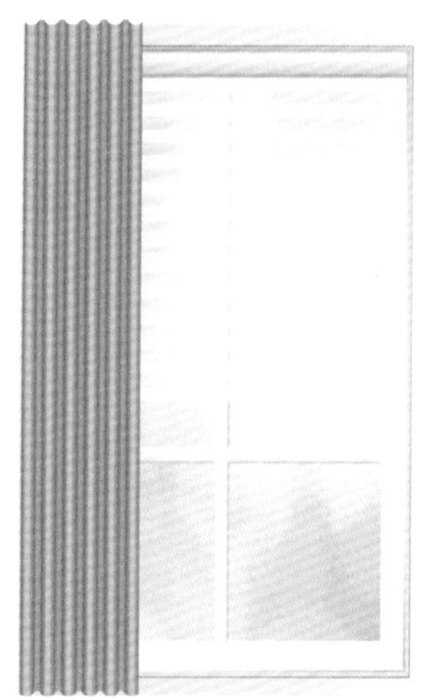
单挂帘

4. 设计案例分析

专守内格，善于利用内框空间

小窗自身窗体狭小，外框空间本来就不够，而且常常受到其他装饰物的挤压，因此小窗的窗帘设计要考虑入框为先，并充分利用好属于自己的内框空间，不与其他装饰争占外框空间。

入框设计

边搭设计，非内框设计的状况

非内框设计有这几种情况：①内开窗，无法入框；②无饰边框窗，可内可外；③入框式百叶帘，会出现侧漏光现象。

采用搭边设计可以避免以上这些问题。

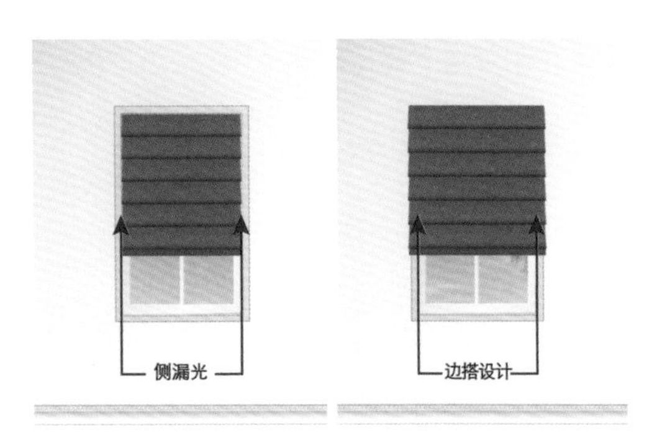

边搭设计

精致装饰，突出幔的装饰效果

小窗之所以要精致化，是因为小窗的美观性不够，需要精心装饰。精致主要体现在幔的装饰效果，幔饰是小窗精致化的具体表现。欧美小窗从来不缺精致，幔帘结合的双层设计，往往是小窗的标配设计。

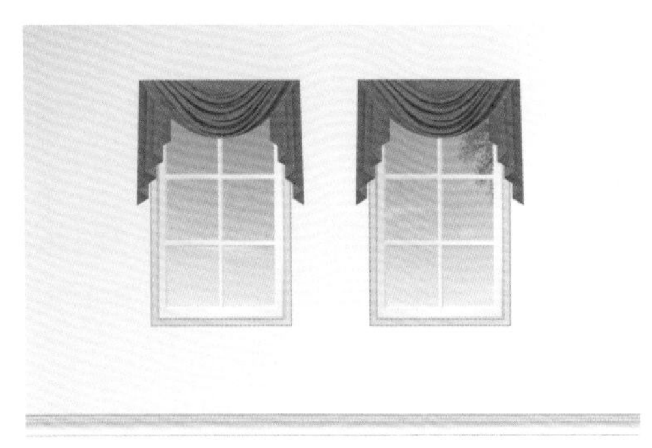

幔饰

精致装饰，幔饰的生动性与多样性

小窗的精致主要是幔的精致。幔的款式、花色和形态比帘还要丰富，幔饰可以弥补小帘的单一性，能够让小窗的形式更加多样化、生动化，层次更加饱满。

幔的部分小样图

精致装饰，幔是单调成品帘形象的加分项

非布艺类的成品遮阳帘，虽然使用功能强大，但形象呆板是其最大的不足。若配以形态生动活泼的装饰窗幔，正好取长补短，成为功能性与装饰性的完美结合，也是成品窗帘的最佳组合设计。

幔与遮阳帘结合

帘态简美，给单色布添加色边

小窗若采用百叶帘，帘布不要采用沉闷的单色（如咖啡色、灰色等）。单色布最好再加拼边或简约的线条设计，达到既简洁又不单调的设计效果。

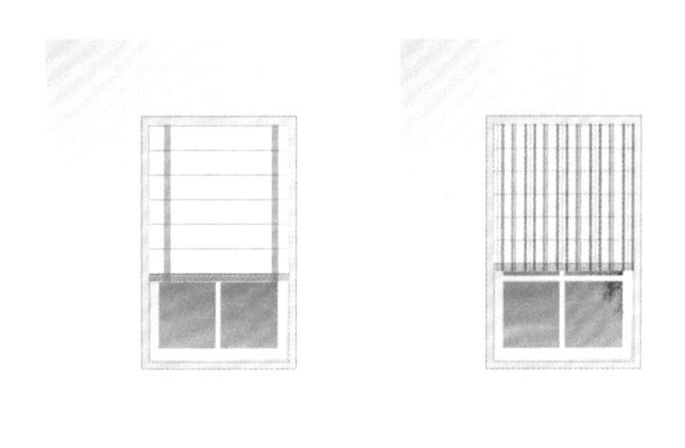

简约边线设计

色彩图案可以提升帘面的亮艳度和花色度

图案和颜色是小窗窗帘设计最有亮点的两大要素，色彩可以大胆些，图案可以多变些。因为窗小帘也小，夺目的花色对空间装饰有点睛之效。

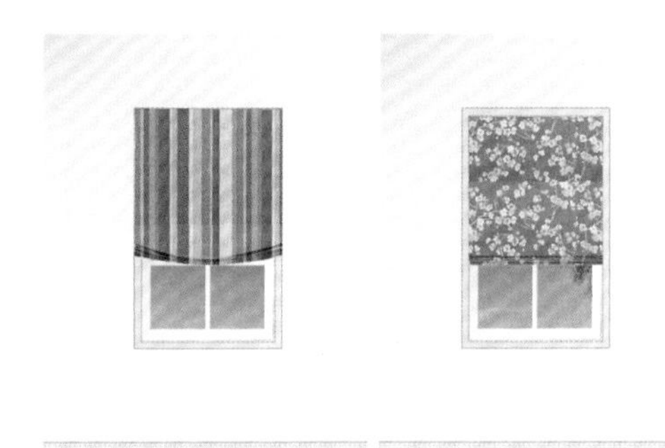

增加图案花色效果

布帘的单侧边设计

若采用外帘设计，应该用单边帘，避免双帘双开设计。因为小窗内格空间有限，只能单边侧挂。最佳陈设状态应该是布帘于窗侧占窗户 1/3 位置，剩余 2/3 窗位保持留白状态。

单边陈设

布、纱、幔设计

小窗的窗墙空间太小，布帘和纱帘只能做二取一的选择，不能采用布纱结合的设计。小窗布帘或纱帘的设计宜配简单的幔。

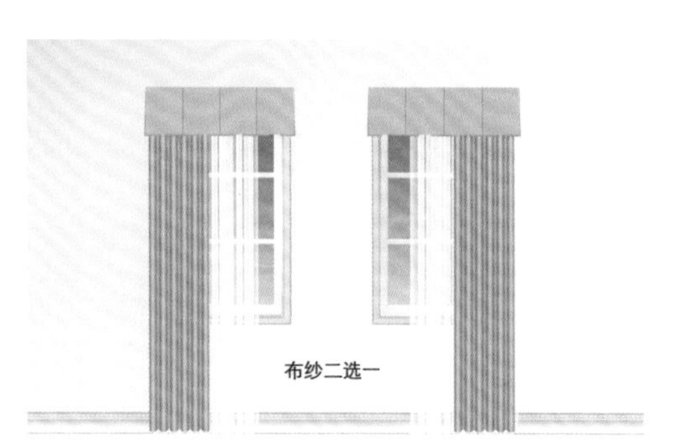

单项作业

小窗错误设计案例

设计小窗最容易犯的错误：小窗大作，多层、复杂的帘幔即花色拼接组合。

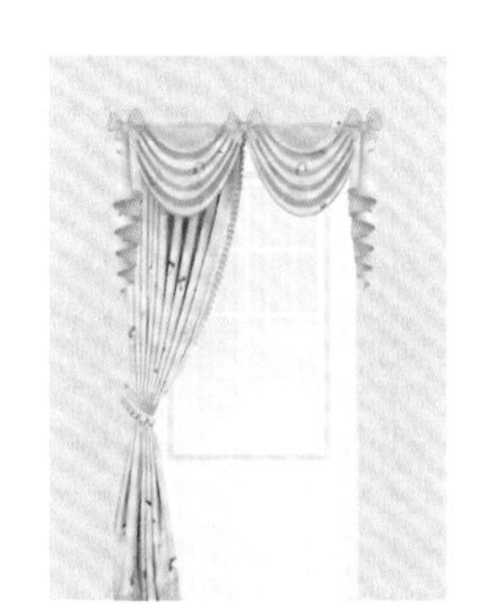

错误设计

精要提炼

小窗做内框，百叶帘为多

窗幔做配饰，布帘单侧挂

花色可亮艳，款式需简约

| 解读 |

小窗窗帘设计把握好这几点：

①人框设计为先，百叶帘为主；

②布帘以单帘陈设为主；

③窗幔只限百叶窗和单层帘的装饰；

④面料色彩明快亮丽，多些花色布的运用。

6.2 中窗（含中大窗）

1. 概念描述

窗型名称

中窗、中大窗。

概念界定

中窗，窗户的边框线长度均在 1000 ~ 2000 mm 之间。

中大窗，窗户的一条边框线长度在1000 ~ 2000 mm之间，另一条框线长度大于2000 mm。（注：1000 ~ 2000 mm 是约数，不是恒定数）

特点描述

相比小窗，中窗具有较大的外框和内格空间，为窗帘设计带来一定的灵活性。中窗的窗体大小比例适中，美感度高，符合人的审美理念。

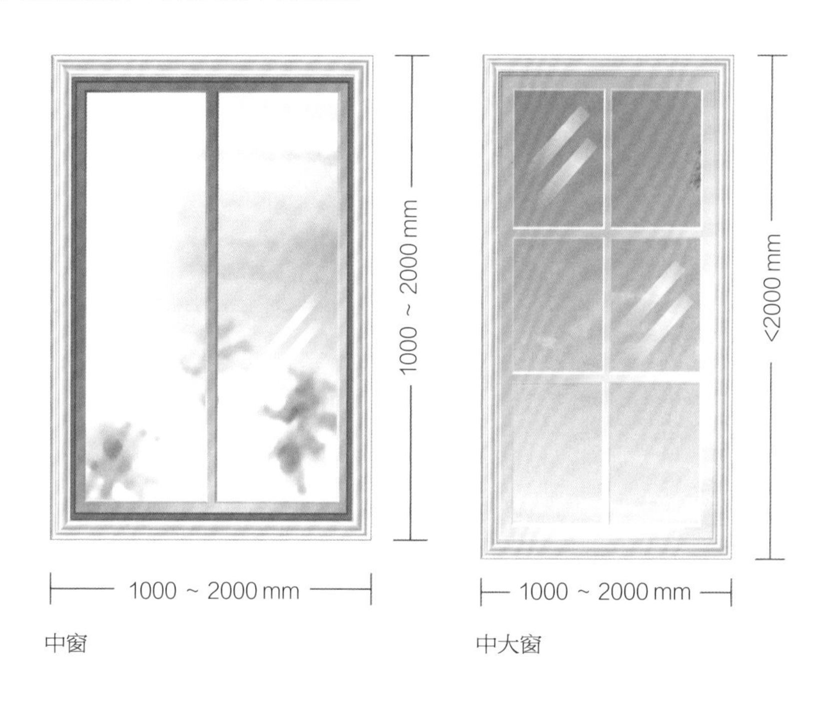

中窗　　中大窗

2. 设计原则

窗帘配置：内外帘并用，空间分流；也可内外帘单用，因需应对。

纵向高度：上可升顶，下可到底，中窗做大；也可采用低挂设计，帘不到底，实用为上。

无箱结构：以窗定宽，外帘善于守中，紧贴窗两侧，杜绝超宽占用。

有箱结构：以墙定宽，整墙铺盖；以背景装饰为主，以陈设美感取胜，无幔为佳。

解读

内百叶帘和外挂帘结合运用，合理分配窗墙空间，不宜采用布纱双开设计。

在空间高度上，布帘高度可高可低，即挑高与低挂皆宜，因需而定。

无箱结构，即没有窗帘箱的中窗要贴着窗框做，不要过多占用两侧墙立面。

有箱结构，即预留窗帘箱的中窗，可以按墙面宽度做，覆盖整个窗墙，中窗按大窗格式做。

3. 窗帘陈设常态

中窗的标准设计是内格帘和外框帘结合运用，这样可以达到两种设计效果：

①实现了空间分流的设计效果，而且充分利用并节省了宝贵的立面空间。

②实现了系统分流的设计效果，内格帘采用升降开启系统，外框帘采用水平开合系统，两种系统互不干扰。

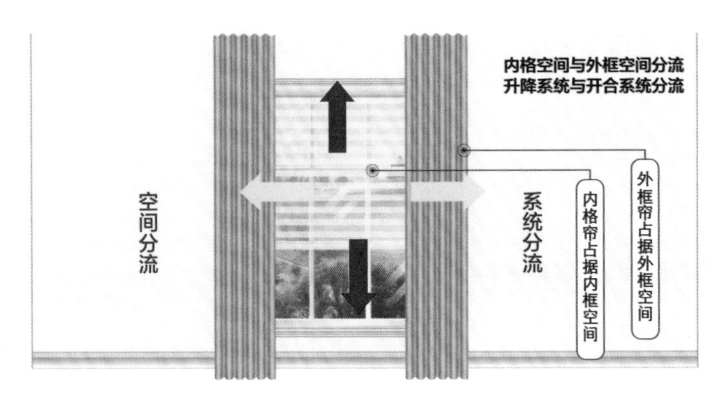

中窗空间与操作系统分流图

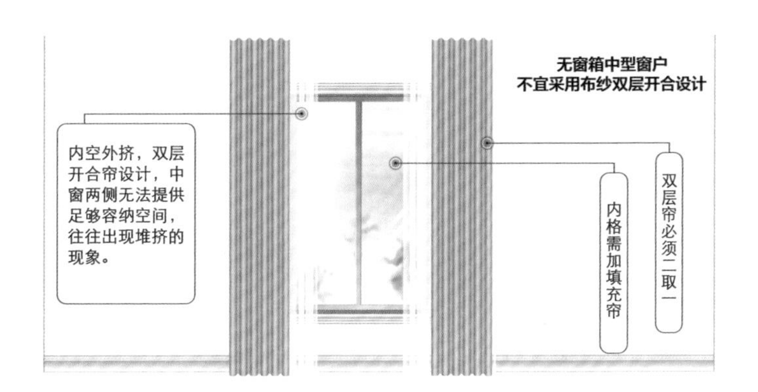

没有窗帘箱的中型窗户，窗帘需要贴着窗框不到墙边。不提倡布纱双层开合系统设计，布纱双层的设计，窗帘堆挤在窗的两侧会出现外挤内空的现象

4. 设计案例分析

分项（组合）作业

中窗的窗帘设计可以选择外框帘也可选择内格帘，既可内外结合，也可内外分项，自由度比较高，灵活性比较强。需要特别指出的是内格作业可以达到空间与系统的分流作用，还具有内遮饰作用。因为不少的住宅建筑，窗中观感度大多不高，内帘正好可以遮“丑”。

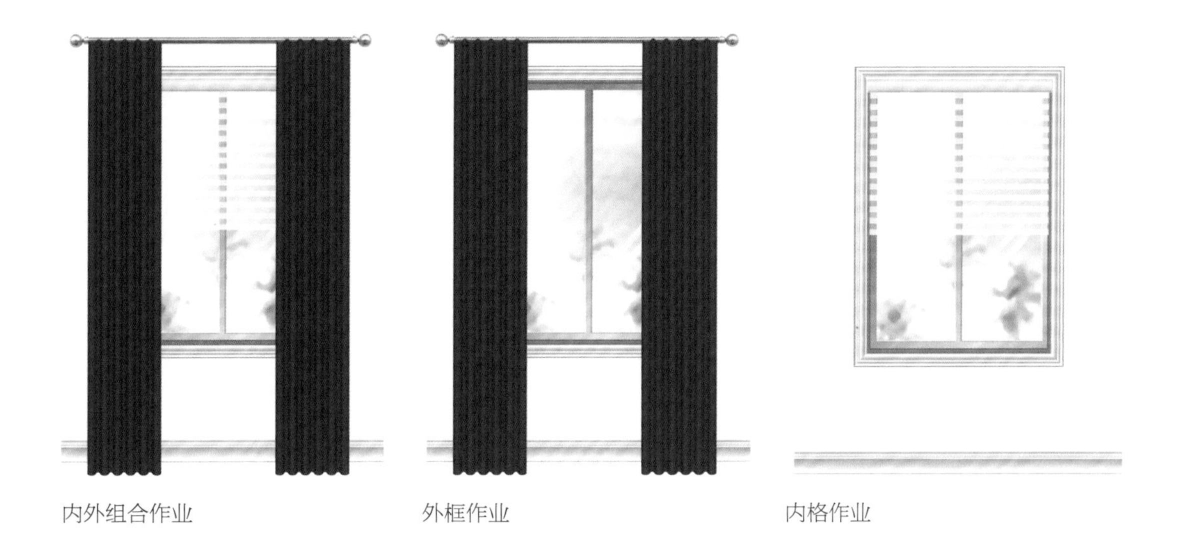

内外组合作业　　外框作业　　内格作业

纵向拉伸至顶面或地面

中窗可以采用挑高设计，往上可以升至天花板顶面，往下可以触底到地面，这叫中窗做大，提升空间视觉高度。采用挑高法设计的单色帘，会让窗户显得更大一些，色彩可以改变人的视觉高度。

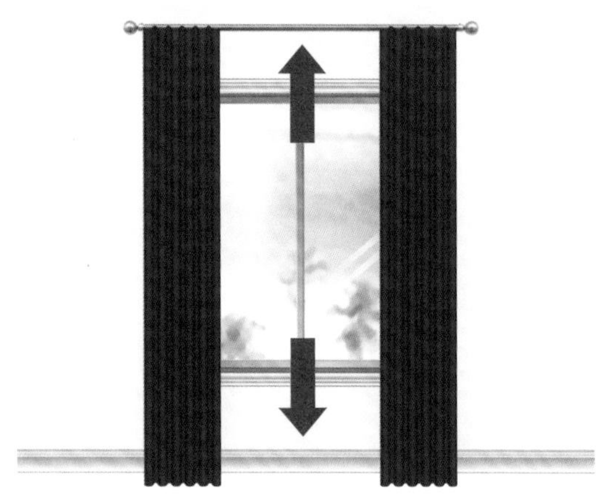

挑高设计，提升空间视觉高度

错误设计，中高挑高设计有幔。幔会压低高度

不接触地面，低挂作业

窗帘不触地面是基于使用的方便性或者因为窗前有桌椅等其他物品。在儿童房、厨房、卫生间以及储物间等空间经常采用短帘设计，也是考虑到安全与使用因素。

低挂作业的方便性设计

错误设计，中窗低挂设计有幔。低挂是为了简洁，幔会使之复杂化

无箱中窗，谨守窗两侧不过多占用墙面

无窗帘箱的中窗，必须坚守“以窗定宽”的设计原则，贴着窗框两侧，不过多占用墙面。

中窗的窗帘设计是最难把握的，窗帘稍微向外扩张就容易过多占用墙面。中窗，可占顶、占底，就是不可占用窗两侧空间。窗侧墙，不是窗户的一家之地，要给其他软装饰品如挂画、立灯、植栽等预留空间。中窗的窗帘设计必须学会“惜墙如金”，极忌四周扩张。除立面小件饰品外，单体沙发、角几、边几、立柜等中小体型家具都会与窗帘争夺窗前、窗角、窗侧等窗邻空间。

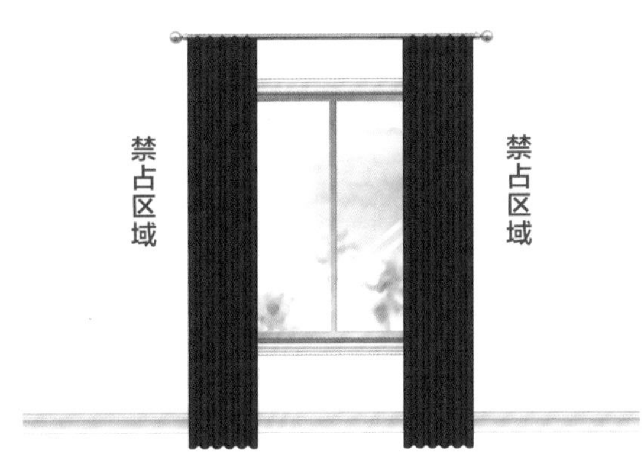

无窗帘箱中窗不可占用窗的两侧墙面

窗侧墙面地带要给其他软装饰品预留空间

有箱结构，窗帘可以守中，也能满墙铺占

留有窗帘箱的中窗，窗帘可以采用“守中”设计原则，不必拘囿于窗帘箱的长度，也可以背景帘的形式满墙铺占，尤其是在卧室。满墙铺占，即依窗帘箱的长度定制窗帘，若窗帘箱与墙齐宽，则窗帘可以满墙铺盖。此时的窗户已经是大窗的概念，陈设形式也是按布加纱的大窗设计格式作业。

有窗帘箱中窗，窗帘可采用“守中”设计原则，不必拘囿于窗帘箱的长度

满墙铺盖，陈设形式为布加纱的大窗设计格式作业

常犯的设计错误

①窗帘杆过长，占了不该占的墙面空间。由于帘杆过长，导致窗帘游离于窗户，起不到应有的装饰作用。

②窗幔过长，窗户过窄，上下比例不协调，上重下轻。

③内格缺少保护性装饰，将简陋的框架暴露无遗。

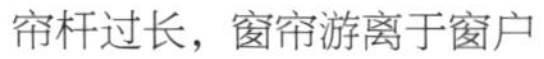
帘杆过长，窗帘游离于窗户

幔过宽，帘过窄，上下不协调

精要提炼

无窗帘箱，贴窗做

有窗帘箱，整墙做

多内饰，忌幔饰，无游窗

|解读|

中窗的窗帘设计要点:

①没有窗帘箱的，须贴着窗框做；有窗帘箱的，可以满墙做，也可以守中设计。

②只要不是内开窗，尽量加内格帘，既修饰窗户，也方便使用。

③幔饰耗占空间，尤其是满墙设计更不宜加幔饰。

④窗帘可以采用满墙设计，但不要游离于窗户之外。

6.3 大窗

1. 概念描述

窗型名称

大窗。

概念界定

大窗，窗户的边框线宽度和高度均大于 2000 mm。（注：2000 mm 是约数，不是恒定数）

特点描述

大窗的特点在于"体大"，既有横向的宽大，又有纵向的高大，拥有相对宽裕的立面空间。大窗的窗墙系数比较大，一般会达到 0.7，甚至接近 1.0。窗户大，虽然能给室内带来良好的通风、采光及观景视角，但同时也给窗帘设计带来难度。窗大会造成"帘大"（体量大）、"色大"（色彩面大）和"形大"（造型大，尤其是幔），这三者之中如果有任何一项或两项以上的表现突出，窗帘就会把整个窗墙空间"吃掉"（即掩遮掉）。分寸的拿捏把控，是大窗窗帘设计的难点和重点。

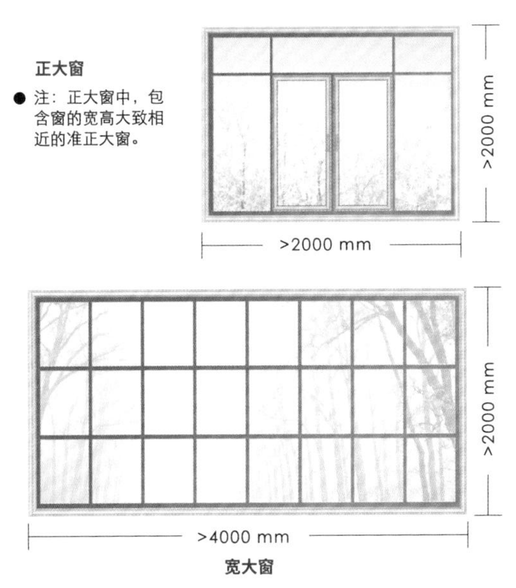

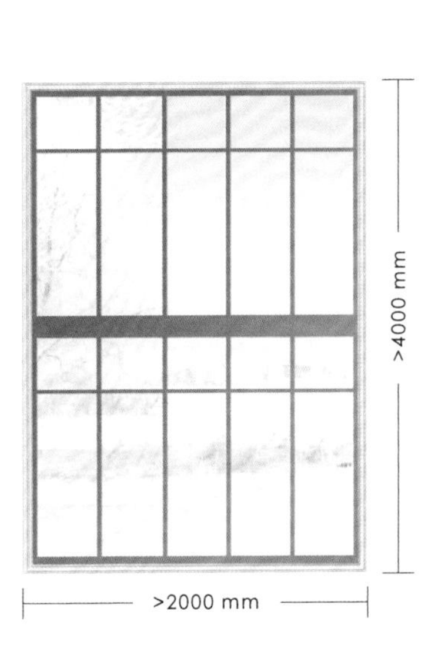

大窗

2. 设计原则

系统以开合帘为主。

形式以布纱结合为主。

层数以双层为主，简可单层帘，繁可三层帘。

形态宜简不宜繁，需要约束造型的复杂程度。

以双帘和多帘分段设计的手法为主。

解读

①系统应以水平开合为主；

②以布帘与纱帘相结合的形式为主；

③布纱层数以双层为主，根据需要可采用简约的单层帘设计或复杂的三层帘设计；

④形态造型不宜过度繁复；

⑤设计手法除了常用的双开设计外，还可以采用三帘或四帘，甚至更多帘的分段式设计。

3. 窗帘陈设常态

大窗以开合帘为主要设计表现形式。开合帘耗占立面空间，比如布纱两层组合设计，窗帘箱内槽间距宽度必须达到 20 ~ 30 cm，大窗户有较好的空间承载性，正好可以满足这一条件。开合帘尤其是双层开合帘已是当今大型窗户的主流设计形式。

大窗可以按布纱组合格式设计

4. 设计案例分析

双层组合设计

布纱双层组合是一种稳重而不易犯错的设计组合，具有庄重、严谨、正统的优点。这种正规标配的设计组合适合正式的客餐厅、主卧。但是这种组合存在沉稳有余、灵动不够、稍显呆板的缺点。

双层帘

三层组合设计

三层组合设计属于欧式贵族风格，具有高贵而典雅的格调。第一层是装饰帘；第二层是主帘，具有遮光、隔热、保护隐私的作用；第三层是副帘，一般以纱帘为主，有修饰、透视、透景的效果。

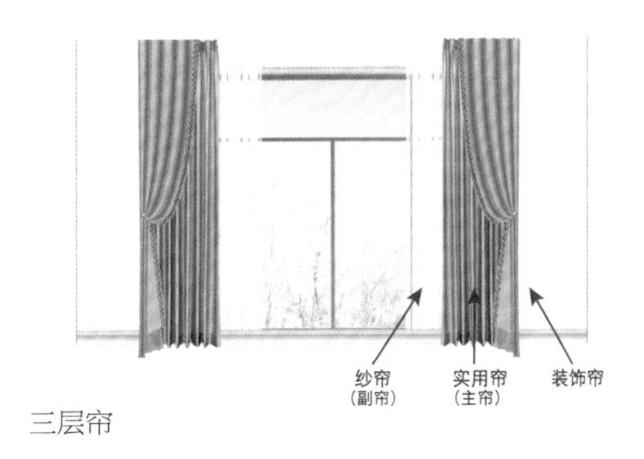

三层帘

单层设计

单层设计是有个性的设计。在现代建筑中采用单层设计，体现的是现代生活的舒适性，是一种自由生活方式的表达。在非正式的私人空间，如休闲区、起居室、卧室等适宜采用这类设计。单层设计的帘材，既可用单纱，也可用单布。

单层帘

约束帘态的复杂程度（陈设约束）

静态装饰帘是一种相对固定的造型帘，美式短杆固垂帘通过控制窗帘杆的长度来约束窗帘的展示幅度，不做全部展开。

通过帘杆控制展开幅度

约束帘态的复杂程度（体量约束）

大窗的窗帘按照标准的两倍褶皱设计，由于布艺用量比较多，从而出现堆布的现象。压布设计通过减少布艺体量增加布艺的存在感，同时又可以解决堆布的问题，提升空间的通透感。

通过减少布帘用量控制展开幅度

约束帘态的复杂程度（花色图案约束）

大窗选用带有花色图案的布帘，会强势改变空间的视觉效果。采用强压的设计手法以限定展开幅度，将其作为装饰性布艺来运用。

花色布帘做背景，不做过多展开

约束帘态的复杂程度（幔饰约束）

现代建筑慎用幔饰。受层高的限制，幔饰尤其是多层复杂幔饰特别耗占空间，让窗型更加扁平化。适当降低大窗幔的使用频率，减少幔的结构层数，以形简色弱为好。

限制幔的弧度、层数、边缀及使用频率

分段式多帘设计

宽大窗的双开帘移动距离较长且过于笨拙，会造成空间分布不均。这种情况下帘数可分为四分段和三分段，甚至更多的分段作业。分段的作用：一是可以使布帘小型化，不再臃肿庞大，方便拉动；二是起到分隔作用，将扁平型窗变成若干直立窗，让窗户形状变得细长、好看；三是布帘可以作为半敞开式的背景装饰帘。

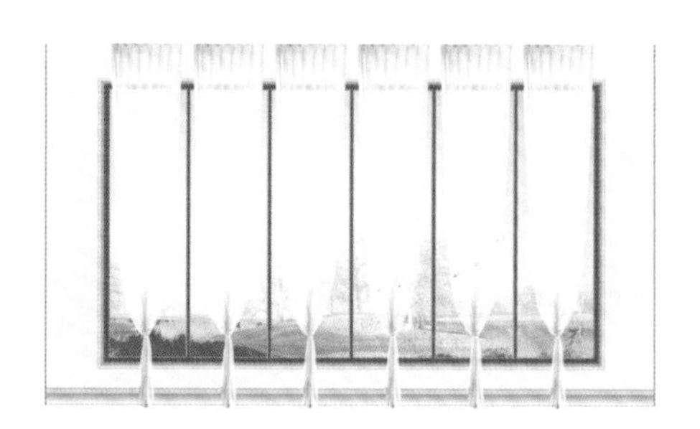

分段排饰

常见三分段和四分段设计

最常见的大窗分段设计法，要数三分段设计法和四分段设计法。三帘或四帘比较适合居室大窗型，四帘以上的多帘设计大多应用在超宽体窗。

三分段设计

四分段设计

不分段设计

所有的大窗（即使是宽体大窗）都需要分段设计吗？分段与不分段设计，跟设计表达有关系。不分段设计，主要为了展示户外景观；分段设计，主要考量室内环境营造，兼顾户外景观。

现代高层公寓或商务楼，大多采用超宽大景观窗，完全不考虑窗体结构大小，简单分成若干大段，追求帘体的整体性。这种简单的双开合帘设计，往往结合电动控制系统的运用。

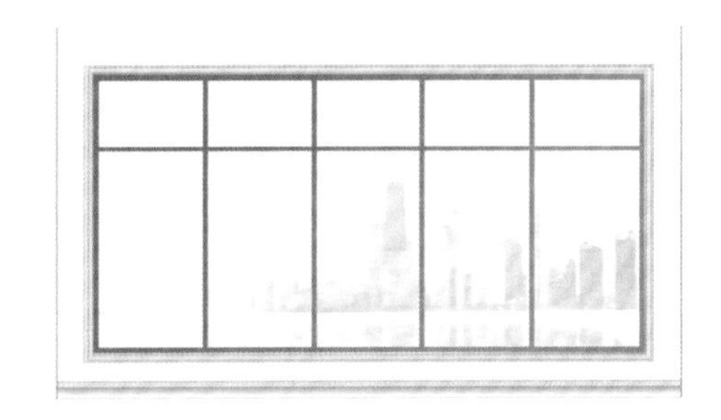

超宽大窗

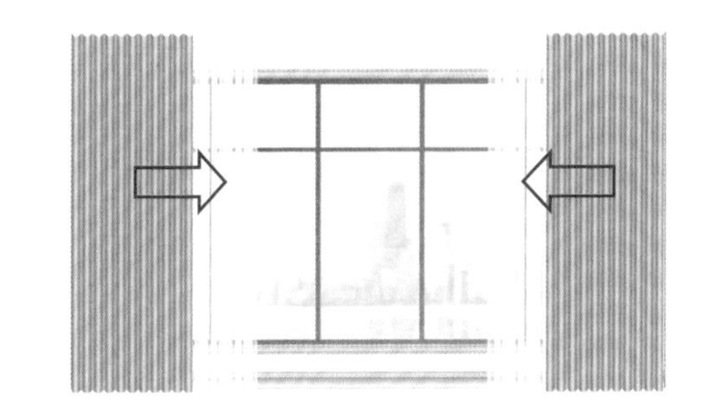

电动控制系统

布纱比例的配置

有些大窗无需考虑私密性等因素，布帘不需要按标准的两倍褶皱概念来设计，所以经常采用压布设计（详见压布法）。压布可以使大窗窗型收窄，形状更好看；同时可以减少堆布的现象，这样窗的两侧空间更简洁、通透。采用压布法设计的窗帘，布帘的体量有所减少，但纱帘用量不减反增，最直接的是褶皱比例的提高（如 2.5 ~ 3 倍）。大窗的窗帘设计，往往以布帘为辅、纱帘为主。

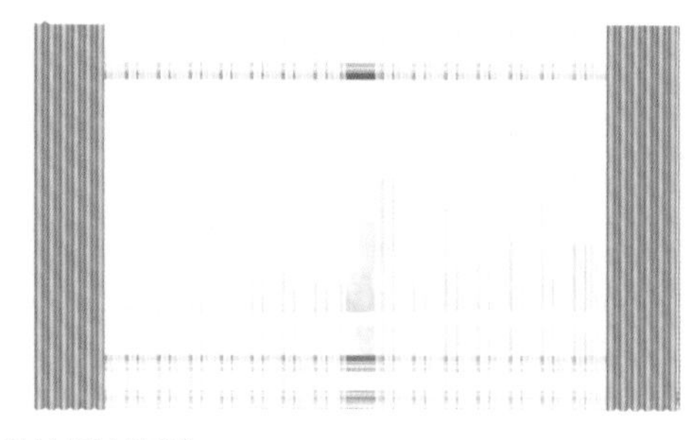
装饰压布设计

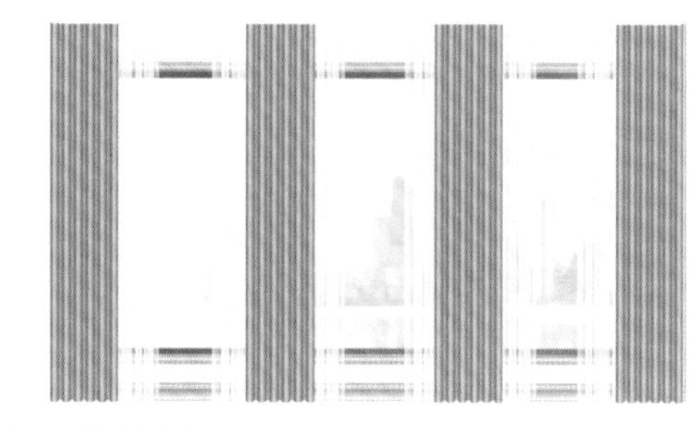
装饰背景设计

幔饰错误设计案例

幔饰作为一种传统窗帘的配饰，与现代建筑有些格格不入。在低层高（2.8 m 以下）的空间里，幔饰会进一步加剧空间的压迫感、局促感。由于幔饰与现代建筑形态融合性差，故需慎用。

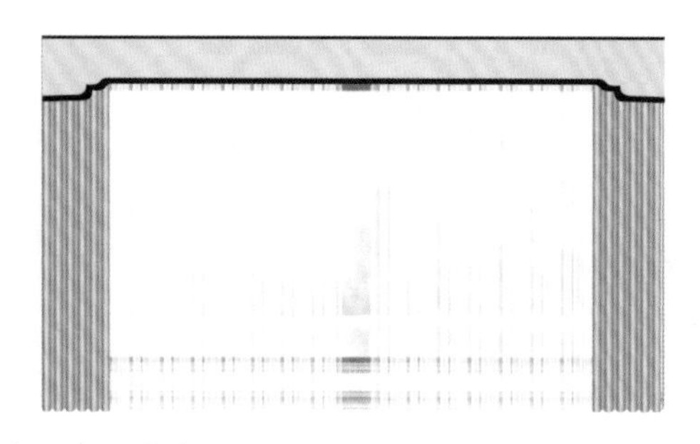
幔压低层高空间

幔过于复杂，堵塞空间

精要提炼

大窗不大，划小经营；谨取花色，款式不繁；层数有别，择需选用；布纱比例，无需等量；幔饰太古，少用为佳。

| 解读 |

①大窗可以根据窗户的结构，采用多帘分段方式小型化设计，让窗户瘦身，不再显得体量庞大。

②花色布需谨慎使用，一般做半展开陈设。

③不提倡设计多层繁复的款式，甚至不予考虑。

④帘层数可根据需要选用，可双层设计，可单层设计，可三层设计。

⑤无私密性考量的开放式大窗，布可以少些，纱可以多些，无需等量配置。

⑥幔饰太过老旧复杂，现代建筑少用为佳。

第 7 章

窗型解构

——排列类窗户分析与设计

排列类窗户研究的是窗帘在垂直空间里的平衡分布问题。当一个窗墙立面上只有一个窗户时，我们按一窗两帘两纱的标准格式配置窗帘。当窗户数量逐渐增加到两个、三个、四个，甚至更多时，如果我们还是按照标准格式如数配置窗帘，就会出现堆帘的现象（帘数多，产生堆积）。对于对列窗和排列窗，要研究面对不同数量的窗户时，如何编排窗帘的帘数才是合理的，简言之，就是研究窗帘在立面空间的编排与组合。

7.1 对列窗

1. 概念描述

窗型名称

对列窗（简称对窗）。

概念界定

在单个立面上有两个形态大小相同，并呈横向排列的窗户。

特点描述

对列窗以中小窗为主，两窗由于大小相同，既是独立存在的窗体，又可视作一个联合窗体。对列窗的窗帘可以根据窗户间距的不同，进行可分、可合或分合兼具的设计组合。

对列窗

2. 设计原则

小间距对窗，窗帘设计可分、可合或分合兼具作业。

中间距对窗，窗帘设计可考虑假帘的运用，即三帘的编排设计。

大间距对窗，窗帘设计可以按一窗两帘的标准格式作业，同时可以合理利用对窗的间距空间。

解读

对列窗，基本上以窗间距为焦点做展开设计。

①小间距对窗，窗帘设计比较灵活，可分、可合或分合兼具。

②中间距对窗，在双帘基础上再加一帘，不仅可以使两窗形成连体，而且观感更好。

③大间距对窗，窗帘设计可按标准格式设计，并可加饰装饰画等立面饰品。

注：小间距为 500 mm 以内，中间距为 500 ~ 800 mm，大间距为 800 mm 以上，以上数值为约数，非恒定数。

3. 窗帘陈设常态

对窗的帘数编排可分为：两窗四帘、两窗三帘、两窗两帘、内帘加窗幔。

对窗的内帘基本以单窗为主，一窗一帘。

对窗的幔饰基本以单窗为主，一窗一幔，联幔仅限用于小型对窗。

两窗四帘（可配内帘或幔）

两窗三帘（可配内帘）

两窗两帘（可配内帘或幔）

内帘加窗幔组合

4. 设计案例分析

小间距对窗——可分作业

无论内帘、外帘，还是幔饰，均可分开作业。操作灵活，按需调节，互不干扰。

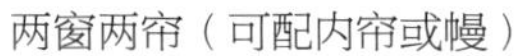

单内帘

单内帘 + 外帘

单内帘 + 外帘 + 窗幔

小间距对窗——可合作业

可合作业将两个窗合二为一，整体性好，窗户形态大气，使用方便，操作简单。

双开合帘

双开合帘 + 合幔

小间距对窗——分合联作

兼具了“合”的整体性和“分”的独立性的优点。在不失操作灵活性的同时，又保证了窗空间的整体性。

内帘 + 外帘（内分外合）

内帘 + 外帘 + 幔（内分外合）

中间距对窗——假帘的运用

中等间距的对窗，两窗之间可以增加一条装饰帘，也叫假帘。假帘起分隔作用。三帘对列窗，可以使窗型直立变得瘦长，是很好的窗型修饰手法。

中间距对窗，尤其中大型的对窗，空间局促，若强行采用一窗两帘的标准配置，容易出现堆布现象，既有碍观瞻，又占空间。

装饰帘也叫假帘，起分隔作用

没有假帘，中间会出现堆布现象

大间距对窗——按标准格式作业

大间距的对窗，按照一窗两帘的标准格式设计。分项作业，极忌合并。大间距对窗，要巧妙利用窗间距，在两窗间距区增加立面装饰物品，如挂画、挂钟、壁灯及其他立面装饰品。

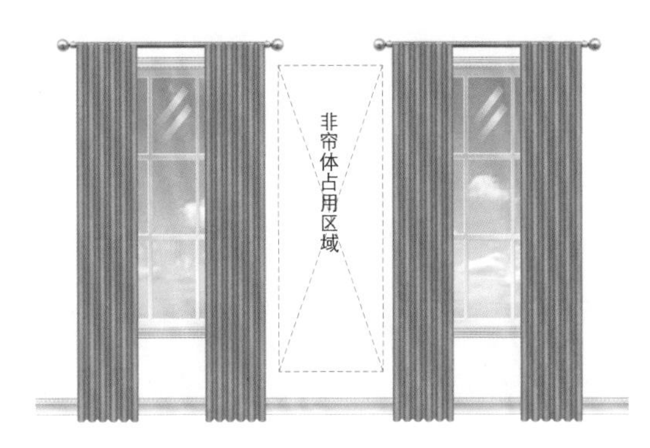

分帘作业，极忌合并

在窗间距区增加立面装饰物品

分项的同时，可以有适度的多层复杂设计

错误设计：耗占空间

精要提炼

小间距对窗，分合两便，因需而变。中间距对窗，假帘分隔，塑形为主。大间距对窗，标准格式，巧用窗距。

| 解读 |

对窗，要以窗间距为中心，展开（垂直）空间的布局设计。

①小间距对窗，分合不受限制，可根据使用的方便性、功能性与装饰结构特点考虑作业方式。

②中间距对窗，假帘分隔运用，使窗户形态更美观；分隔，在于塑造窗的视觉美感，修饰性大于实用性。

③大间距对窗，分而治之，按两个独立的窗进行设计，不可合二为一。同时，要考虑对窗间距的合理运用、立面装饰的空间布局，以及对立面平衡感的掌握。

7.2 排列窗

1. 概念描述

窗型名称

排列窗（简称排窗）。

概念界定

在单个或多个立面上有三个或三个以上形态大小相同，呈横向排列的窗户。

特点描述

排窗最大特点在于窗多。窗多则帘多，帘多则会耗占立面空间。因此，对窗帘设计来讲，若将各窗合并成一个联合窗体来对待，窗帘帘体将会十分庞大，从而影响立面空间效果；若把各窗作为独立的单体来设计，虽可互不干扰，但会显得太零碎，影响使用的方便性。折中的办法是：既有分，也有合，分合结合。

排列窗

2. 设计原则

内帘法，标准设计，一窗一帘，依窗而为。

外帘法，标准式与简约式并举，抑或两者结合；注意帘数的编排与加减变化，窗户越多，帘数越简。

混合法，内外帘结合运用，内分外合，繁简结合。

解读

排窗的窗帘设计，讲究方法的运用。

①标准式设计以窗为独立单元，内帘一窗一帘，外帘一窗两帘或两纱。

②简约式设计以变化为主，简约为上，减法为巧，如三窗四帘或两帘、四窗五帘或四帘等。

③混合式设计将内外空间一并考量，内帘和布帘的组合，形式上将标准式与简约式巧妙结合，装饰性与功能性得以兼顾。

3. 窗帘陈设常态

排窗是多窗结构，一窗两帘的标准设计是基调，但帘数的编排变化才是主轴。以三窗为例，排窗的帘数编排，可三窗六帘、三窗四帘、三窗三帘、三窗两帘；排窗的内帘以窗为主，一窗一帘；排窗的幔饰以窗为主，一窗一幔，联幔仅限用于小排窗。

三窗六帘（可配内帘或幔）

三窗四帘（可配内帘）

三窗两帘（可配内帘）

三窗三帘（可配幔饰）

4. 设计案例分析

内帘作业法（百叶帘）

一窗一帘，帘种以百叶帘为主。帘与帘之间互不干扰，分别操控，按需调节。窗多时能体现排窗的规模效应，但便捷性不够。

内置式百叶帘（一窗一帘）

内置式百叶帘可以有幔饰的变化

内帘作业法（纱帘）

一窗一纱。长条形排窗，若内框深度足够，可以设计内置纱帘，这样帘多不乱，可以有效利用窗户的内格空间。

内置式纱帘，一窗一纱

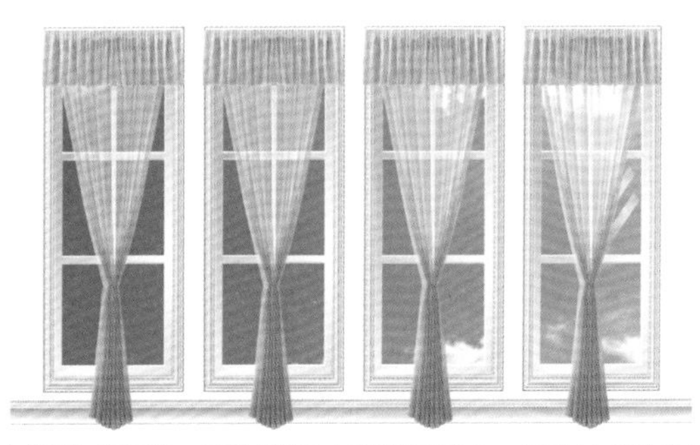

内置纱或布帘，不宜联幔（即分开饰），释放内格空间，以纱为主

外帘作业法（标准式）

中大型排窗，可以采用一窗两帘（两纱）的标准设计格式。标准式外帘，可以将布帘和纱帘分开设计，也可以合二为一。

①标准式布帘，一窗两布。给人严谨、庄重的感觉，适合正式的厅堂等。

标准式布帘，一窗两布

标准式布帘，一窗两布 + 幔

②标准式纱帘，一窗两纱。给人轻松、休闲、舒适的感觉，生活情调浓郁。

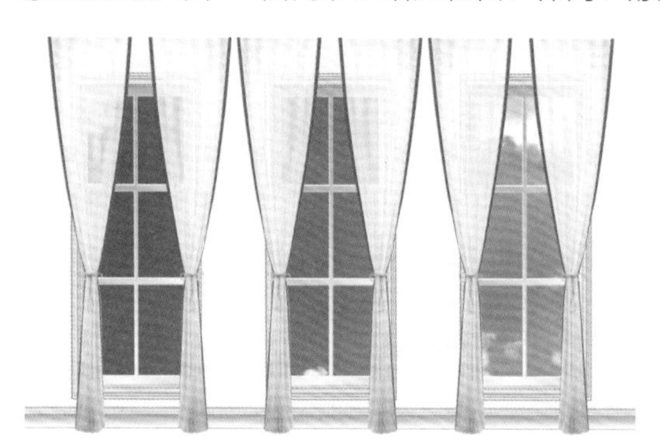

标准式纱帘，一窗两纱

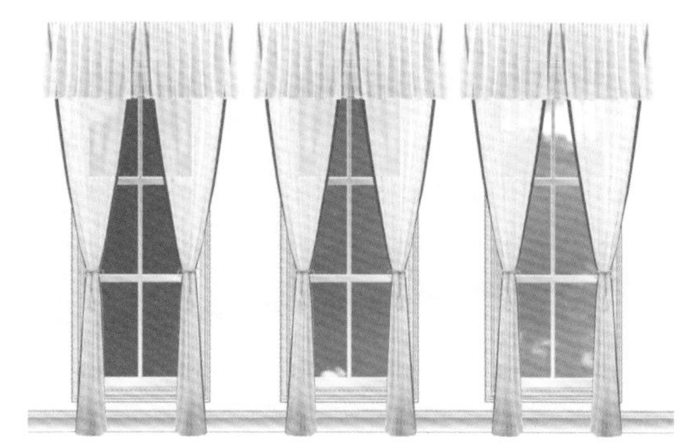

标准式纱帘，一窗两纱 + 幔（非联幔）

③标准式布纱帘，一窗两布两纱。复杂的设计，还可以配独立的非联幔，适合豪华空间。可用在大的会议厅、餐厅、客厅等。

标准式布纱帘，一窗两布两纱

标准式布纱帘，一窗两布两纱 + 幔

外帘作业法（简约式）

简约式排帘消除了多帘现象。其最大特点是用布帘将排窗连贯起来形成一个整体，但同时又能保持相对独立的形态。合中有分，分中有合，平衡性更好。简约式排帘给人既严谨又轻松的感觉，正室区与休闲区皆宜。

①简约式布帘（以窗框为单位），一框一帘。布帘常驻于窗的两侧墙，贴着窗框。以静态陈设为主，实用性一般，装饰性较强。

正确设计：简约式布帘，一框一布

错误设计：简约式布帘不宜联幔饰，应保持帘体的独立性和简洁性

②简约式纱帘，纱帘占据窗边框位置，静态陈设或动态陈设均可。

正确设计：简约式纱帘，一框一纱

错误设计：简约式纱帘不宜采用联幔，宜分幔饰，以保持帘体的主体性和简洁性

③简约式布帘（一窗一帘），形式虽然与简约式纱帘相同，但适用的地方有所不同。主要用于多排窗，这种设计纯粹是为了做减法，刻意减少帘的数量。

正确设计：简约式布帘，一窗一帘

错误设计：简约式布帘不宜幔饰，应保持帘的独立性和简洁性

④简约式布纱帘（两布帘加一窗一纱）。纱帘以实用为主，布帘以装饰为辅（常采用压布手法）。

正确设计：简约式布纱帘，两布帘 + 一窗一纱

错误设计：简约式布纱帘不宜幔饰，应保持帘纱的简洁性

⑤简约式布纱帘（一框一布加一窗一纱）。布帘以实用、装饰为主，纱帘以实用为辅。这类组合设计有过于细碎的缺点，在实际作业中，可适当减少布帘。

正确设计：简约式布纱帘，一框一布 + 一窗一纱

错误设计：简约式布纱帘过于细碎，不宜幔饰，应保持帘纱的简洁性

内外帘作业法（混合式）

内外帘混合作业法（内帘和外帘设计组合）。这种设计充分考虑了装饰的适度表达和功能的实用考量，以及内外空间的合理利用，不失为一种科学合理的设计组合。

①混合式布内帘（两布帘加一窗一内帘）。内帘以实用为主（如遮阳），布帘以装饰为辅，兼有实用性（如遮光）。

正确设计：混合式布内帘，两布帘 + 一窗一内帘

错误设计：混合式布内帘不宜幔饰，应保持内外帘的简洁性

②混合式布内帘（多布加一窗一内帘）。布帘的装饰性与内帘的实用性均等考量。这类组合缺点是设计过于细碎，在实际作业中，可适当减少布帘。

正确设计：混合式布内帘，一框一布 + 一窗一内帘

错误设计：混合式布内帘过于细碎，不宜幔饰，应保持内外帘的简洁性

③混合式布内帘（以独立的单窗为单位，一窗两布加一窗一内帘）。布帘的装饰性与内帘的实用性均等考量。

混合式标准布内帘，一窗两布 + 一窗一内帘

混合式标准布内帘，可有幔饰的变化

不当设计案例

排列窗最容易犯的错误是不考虑多窗结构的特点，设计缺少变化。简单地采用两布两纱或两布两纱加一幔的标准设计格式，是思维僵化的表现。

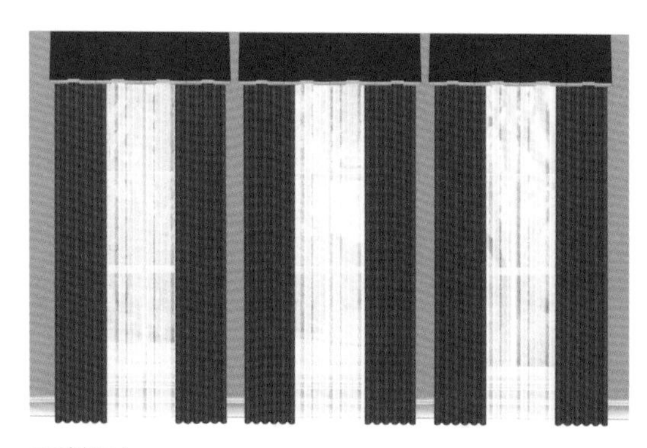
正确设计

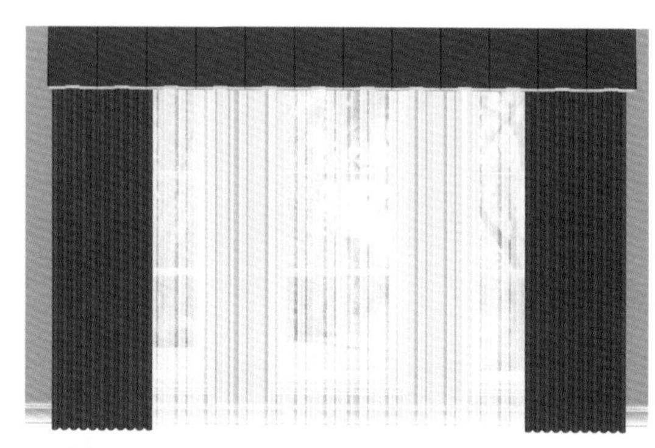
不当设计

精要提炼

内外结合，标简并举，混合兼之；窗多帘简，内多外简

布多纱简，纱多布简；多布多纱，外多内多，谨慎为之

| 解读 |

①内帘要与外帘结合，标准式与简约式并举，或两种方式混合运用。

②窗户多时，帘数要适当精减；内帘多时，外帘要适当精减。

③布帘多时，纱帘要适当精减；纱帘多时，布帘要适当精减。

④多布帘配多纱帘、多外帘配多内帘的格式，要谨慎使用，以防止碎片化作业。

第 8 章

窗型解构——形态类窗户分析与设计（上）

对于叠窗、高窗及部分圆拱窗，要研究窗帘在水平空间里的分布问题，确切地说是窗帘在立面空间的水平高度问题。圆拱窗除了水平空间分布，还有其他分布形态。

当立面窗墙高度不断增加时，窗户位置也在不断升高，这时窗帘杆究竟要停留在什么位置？在挑空的高窗，硬装设计师往往把窗帘箱做顶层设计，这就迫使后续的窗帘设计也是顶层设计，从顶到底，一帘封顶。事实上，没有那么简单。

8.1 叠窗、高窗及部分圆拱窗的空间思考

三个窗的窗帘定位高度，应该在红线部分，还是黄线部分？回答是：可高可低。

叠窗

空间留白

窗帘设计有一个很重要的立面空间概念，即“留白”。窗帘设计如何在不阻挡自然光线进入室内的同时，有效表达布艺的装饰效果呢？叠窗、高窗及部分圆拱窗可以帮助我们认识窗帘设计留白的意义。

高窗

空间留白意义在于：

①引入自然光线。光线的设计是室内设计的课题，也是窗帘设计的课题。

②出于装饰的考量。布艺窗帘作为装饰物，有可多可少的设计表达，留白也是一种设计。

圆拱窗

③基于窗帘身高面宽的特点。如果没有高度的调节，一旦帘身太高、色过重，便会破坏空间的视觉效果，达不到应有的装饰效果。

④保持室内的通透性，提升舒适度。帘多帘满，空间则过于闭塞。

8.2 叠窗

1. 概念描述

窗型名称

叠窗。

概念界定

上下两个或多个独立的窗体呈垂直方向叠加的窗户组合，称为叠窗。

特点描述

叠窗是一种复合型窗户，形态多样，结构比较规正。很多叠窗往往不止一组，而是有多组，称为叠排窗。从建筑结构上，叠窗的设置是为了屋内的采光而设计的。窗帘设计应充分考虑这种由叠加组合而成的结构特征，要有空间留白的概念。

叠窗示意图

2. 设计原则

上窗留白为首念，保持最大采光度；压边加幔不超过窗户的 1/3 位置；上窗低于 50 cm 绝无幔饰；运用内外帘与高低法，避开留白区。

解读

①上部窗户留白是窗帘设计的首要设计原则，采光窗是用来采光的，能不遮尽量不遮。

②如果需要布帘遮盖，布帘只能压在窗框边，最多占位 1/3 窗墙位置，余下的 2/3 窗墙留白。

③如果加幔饰，幔只能压在上窗的 1/3 位置，剩余 2/3 的上窗位置留白。

④上部窗户高度低于 50 cm 的，一定不要加幔饰。

⑤通过内帘与外帘的搭配、挑高法与低挂法的运用，能巧妙避开留白区。

3. 窗帘陈设常态

叠窗的常见陈设形态有：

①低挂法，帘下沉；②挑高法，帘上升；③内帘法，添加内格帘；④幔饰法，加幔的装饰。

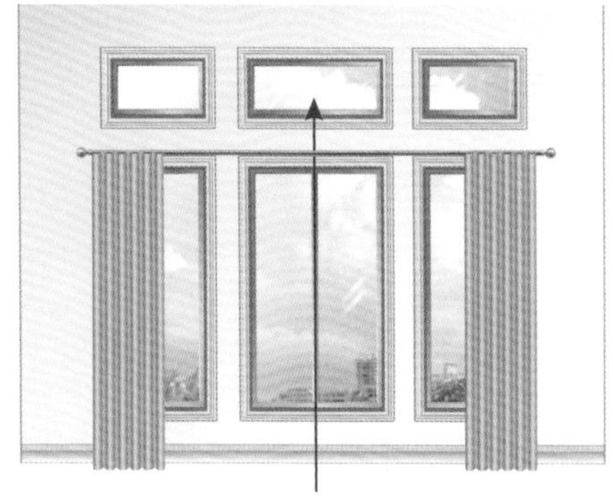

帘低挂，上留白

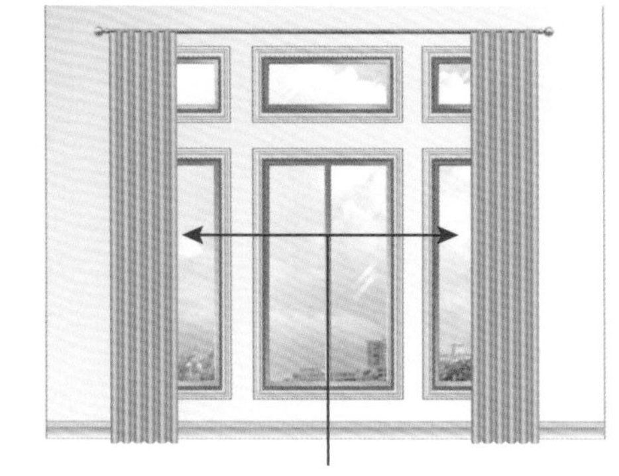

挑高，两侧各留白 2/3

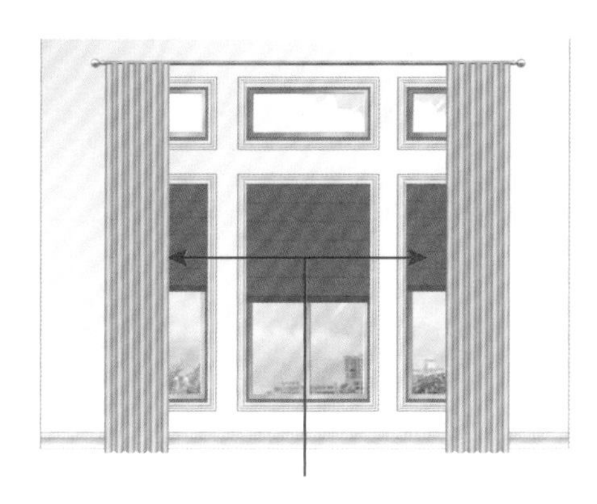

挑高加内帘，两侧各留白 2/3

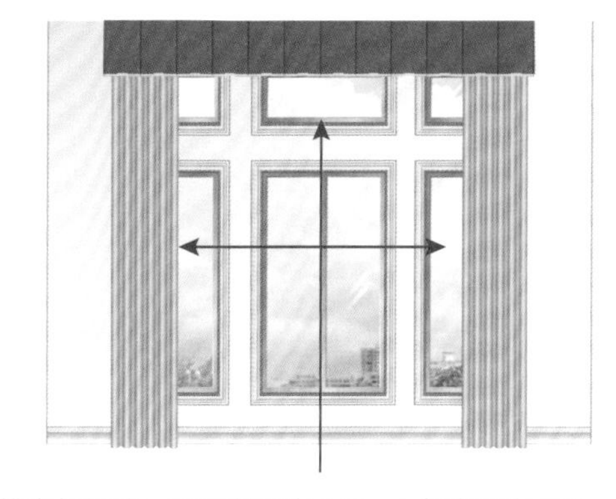

挑高加幔饰，两侧各留白 2/3，上部窗留白 2/3

4. 设计案例分析

低挂法

若是外帘，可将帘杆下降到下部窗框之上，上部窗户全部留白。上部窗户漏空，充分满足室内空间对采光的需求。但帘体下沉，舒适有加，大气不足。

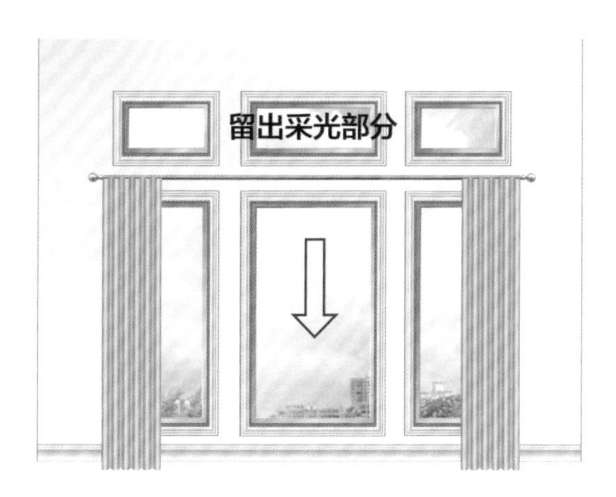

外帘低挂（一）

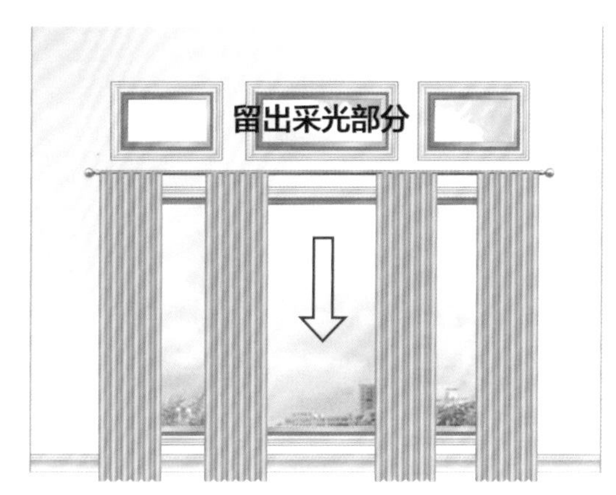

外帘低挂（二）

若是内帘，可将内帘置入下部窗户内框内，上部窗户全部留白。内帘低挂，除了能满足光线、隐私及通透感等功能需求外，还能降低帘材成本。另外因为悬挂内帘是高空作业，需增加电动控制成本。

内帘低挂

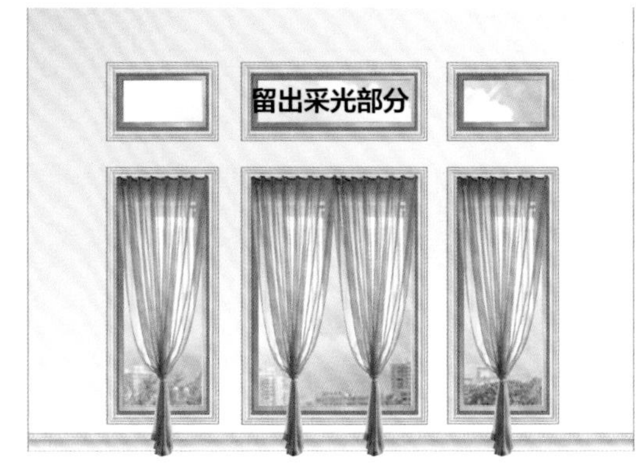

内纱帘低挂

挑高法

若是外帘，可将帘杆上升到上部的窗框之上，上部窗户大部分留白。外帘挑高，窗帘陈设的大气度及美感度陡然提升，但光线控制的力度会有所减弱，除非是静态装饰帘。

外帘挑高（一）

外帘挑高（二）

若是内帘，多以窗为单位，一窗一帘。只允许使用特种帘材，如透光性好的纱帘。上窗内帘，需要配置电动控制系统。遮阳帘中的金属百叶、木百叶、柔纱百叶和蜂巢帘，收缩时折叠幅度非常小，不影响采光。

外帘挑高（三）

外帘挑高（四）

混合法

将内外帘结合运用，外帘挑高，内帘低挂入下窗，上部窗户留白。外高内低，既有挑高的大气，又有光线设计的考量，更重要的是兼顾了功能与装饰性，这也是遮阳窗帘设计所提倡的。

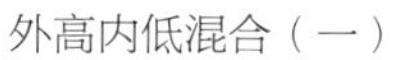
外高内低混合（一）

外高内低混合（二）

幔饰法

叠窗幔饰设计应慎用，上部窗户高度不能小于 50 cm，幔高最佳比例为上部窗高的 1/3。

外高内低混合 + 幔饰

过于复杂，不建议设计

容易犯的错误

采用不当的幔饰，遮掩了采光窗部分。

错误设计

精要提炼

帘不满窗，窗不满填

| 解读 |

①叠加式上窗是建筑窗墙立面设计中的采光窗，在窗帘设计中应避免遮盖。

②不论是（帘）遮还是饰（幔饰），都不要满填满塞。

③叠窗给了我们一个基本的空间概念，即“留白”的概念。窗帘设计，要有空间的取舍概念。

8.3 高窗

1. 概念描述

窗型名称

高窗。

概念界定

从窗户的窗帘箱 (或窗帘杆) 所在位置到地面，离地垂直高度在 4 m 以上的单个窗户或多个组合窗户称为高窗。高度在 4 m 左右的称为准高窗；高度在 5 ~ 6 m 的称为高窗；高度在 6 m 以上的称为超高窗。

特点描述

高窗有以下两个基本特点：一是“高”，高窗拥有一般窗户所没有的高度，有大气回荡的空间容量；二是“杂”，很多高窗是多窗结构，由叠加、联排、弧形、异型等窗户形态组合而成，细分种类有十几种，是窗户类型中最复杂的窗型。

2. 设计原则

	解读
上部留空，保持采光；	①高窗需留白，保持室内的采光度。
降低高度，慎取顶端；	②窗帘的定位高度不是越高越好，若窗不大，可借助帘杆适度降低高度，不可一味冲顶，尤其在硬装阶段，窗帘箱的留置需拿捏精准。
控制造型，简约为上；	③窗帘的造型以简约为主，不论何种风格，都不提倡多层繁复设计。
避免重色，减少威侵；	④窗帘颜色以浅色为主，忌重色，以减少色彩对空间的压迫感、威侵感。
节制体量，压布收缩。	⑤窗帘的体量要适度缩减，装饰性帘可以采用压布法来控制体量。

3. 窗帘陈设常态

直线帘（通常不配幔），可低挂或挑高；弧线帘（可以配幔），可低挂或挑高。

挑高直线帘

低挂直线帘

挑高弧线帘

低挂弧线帘

4. 设计案例分析

窗帘高度的限定

窗帘置顶垂挂，帘高以 4 ~ 5 m 为宜，最高不超过 6 m。窗帘悬挂太高，会降低人的舒适感。

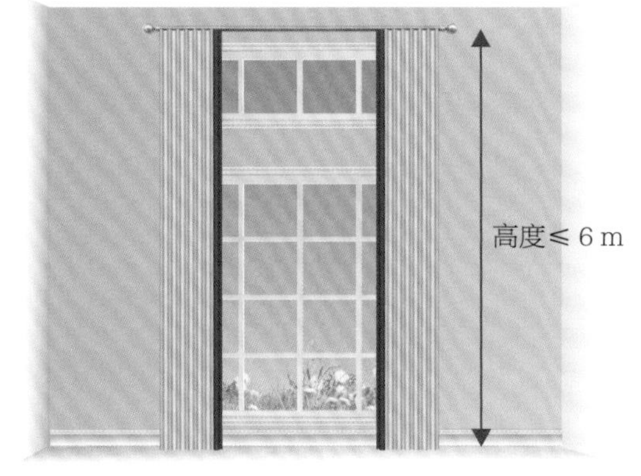

窗帘垂挂的极限高度是 6 m，超过此限，应考虑适当降低高度

采光式高窗

采光是窗户的主要功能之一。采光式高窗是专门为了引入自然光线，提高室内采光度而设计的窗。高窗的上部窗，窗体一般都不大，上下窗距较大，窗帘以低挂设计为好。

低挂设计

采光式高窗一般不建议挑高设计，除非满足以下几个条件：

①完全不妨碍采光；

②层高低于 6 m，在 4 ~ 5 m 之间；

③轻薄的布帘，浅色为主；

④幔饰绝对不可有。

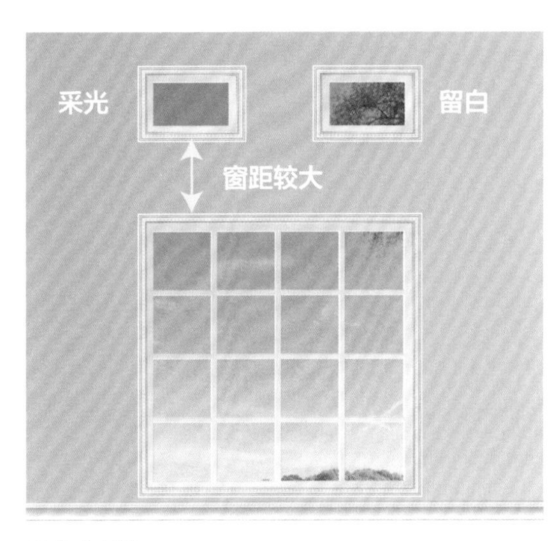

采光式高窗

挑高设计有限制条件

饰面装饰高窗

饰面高窗是从装饰效果来定义的窗型，立面装饰元素对窗帘设计有重要影响，比如木饰面、大理石、壁纸等装饰效果。窗帘不可以压盖饰立面，必须保持其完整性。窗帘设计常用手法有内嵌法、搭边法、低挂法、分段法、留白法等，设计时尽量避开饰立面或者少占用窗墙饰面。

木饰立面高窗

不可以！饰面和采光窗遮盖过多

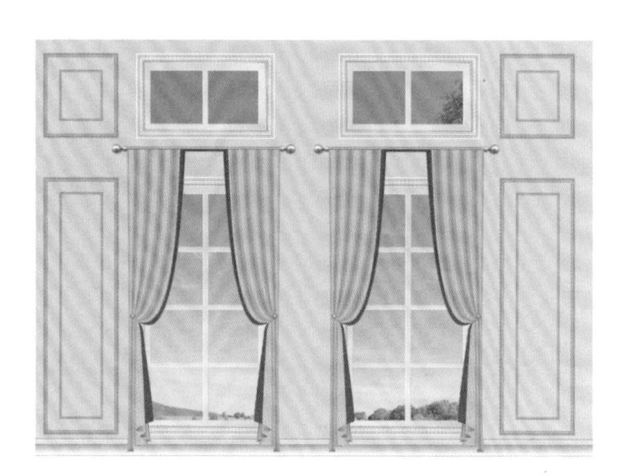
正确！低挂为佳

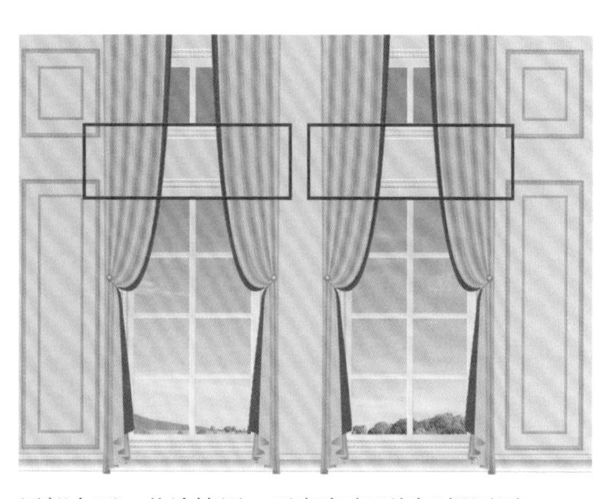
局部占面，此法慎用！严守窗户两侧无幔原则

两段式高窗

两段式高窗，由上下比例相近的大窗构成，分为两段式宽体高窗和两段式窄体高窗。

扁平、空旷、隔断是两段式高窗的**三**大致命缺陷。

扁平是指结构简单，呈扁平形状；空旷是指内格空旷、通透；隔断是指中间有粗梁横隔，割断了上下的连贯性，整体形态不佳。

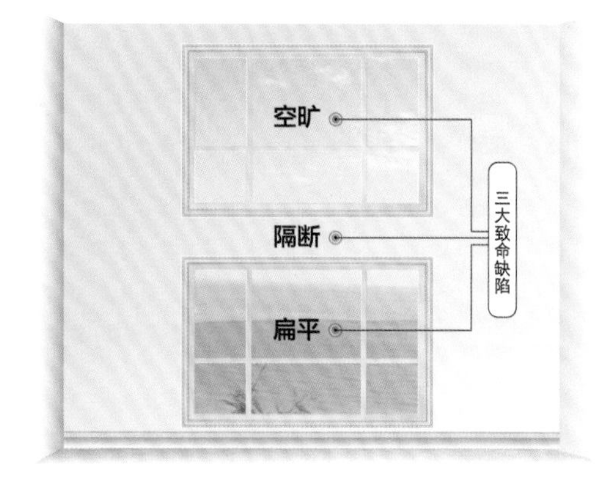

①两段式宽体高窗。

双帘设计，不足以弥补该窗三大致命缺陷。三帘或四帘的排饰设计，可将扁平型窗分隔为多个直立的小中窗，粗犷的形态变得小巧，美感度陡然增加。多帘排饰设计是两段式宽体高窗最好的修饰方法。

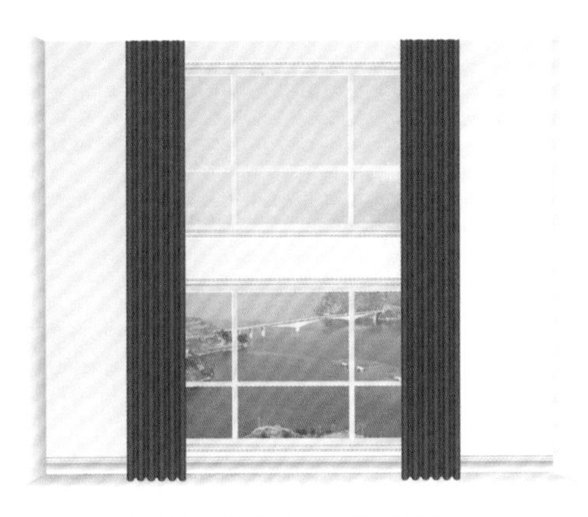

双帘设计不足以弥补该窗三大致命缺陷

三帘设计，窗户形态明显改观

四帘设计，窗型变得小巧美观

②两段式窄体高窗。

两段式窄体高窗，可按标准双帘（纱）格式，两侧用压布手法，向窗户中间收缩空间，使其形态变窄。

两段式窄体高窗

标准式双帘压布瘦身

注：两段式高窗，不论体型宽窄，都是现代窗型，手法应以压布修饰为主，帘态以直线帘为主。对于幔饰，基本不考虑使用；弧线帘装饰性强，线条柔软，不建议采用。

两段式高窗不建议采用弧线陈设

叠排式高窗

叠加联排高窗是由高窗、排窗、叠窗构成的复合型窗。简单的双开设计不可取，可以采用以下作业方式：

①根据装饰风格确定选用直线帘或弧线帘；

②采用多排饰手法，划小分段；

③可采用拼接手法；

④特别注意帘与帘之间的对称性和平衡感，尤其是弧线帘的弧线方向和拼接帘的拼边方向，需保持平衡。

叠排复合高窗，不同装饰有不同作业方式

现代直线帘，对称式，划小分段有变化，设计合理

欧式弧线帘，对称式，划小显高，设计合理

两侧单弧帘没有对称点，不够严谨，幔过多占用立面

整体式落地高窗

整体式落地高窗是一个大整合体，具有不可分割性。这种窗以金属结构为主，现代感强，只适合现代风格的窗帘设计。窗帘设计以直线帘为主，采用压布法，压缩窗的宽度，使窗形瘦身变窄，纱帘衬底。特别要提醒的是，幔与弧线帘均不合适该类窗，不建议选用。

现代落地大高窗窗体过宽

压布设计让窗体收窄

对列式叠高窗

对列式叠高窗窗体较小，以小中型为主。窗帘设计可采用内外帘分饰、内外帘合饰、内外帘与幔的组合。窗帘尽量少占立面空间，上下可分，左右可分，忌大一统设计（即两大布帘加合幔）。

内帘分饰

内帘 + 幔分饰

内帘 + 外帘局部组合

内帘 + 外帘全组合

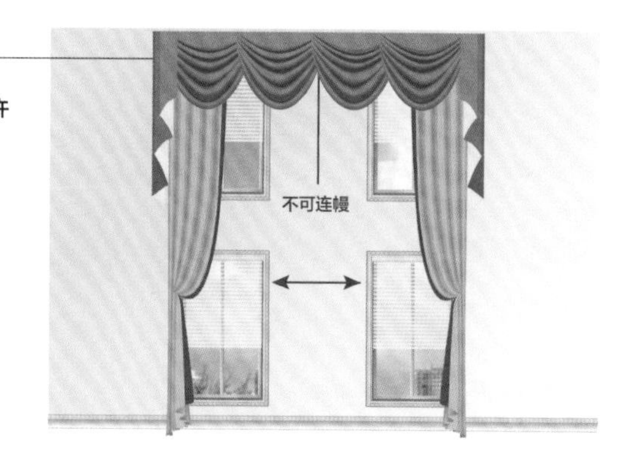

对列式叠高窗最容易犯的错误是不考虑多窗结构的特点，缺少变化。两布两纱或两布两纱加一幔的设计思维都过于简单僵化。

错位式高窗

上下左右不等距的错位窗，可视为一个整体复合型窗加以修饰。这类窗既不可采用双开帘加合幔的大一统设计，也不可采用碎片化的作业方式。修饰手法以齐平法、多帘排饰法为主。

上下左右不等距错位（边角错位）

可视为一个整体窗加以修饰

不规则高窗

不规则高窗比错位窗还要凌乱，因此要采用不规则的窗帘陈设设计，传统的双帘加一幔完全行不通。窗帘设计的核心以空间的平衡布局为主，可采用多帘分段，动态陈设，不必有固定的位置，布帘的宽幅也可以不固定，可宽可窄。

上下左右不等距错位（排列不规则）

可视为一个整体窗加以修饰

精要提炼

上控高度，侧管宽幅，高可截低，宽可分段，外加压布塑形；

两帘一幔，单一程式不可轻用；

帘材轻薄免厚，纱可多，布可少；

忌大色、重色、花色；忌多层复古幔饰；忌大遮大掩饰立面。

| 解读 |

①高窗在空间掌控上，要控制好高与宽两个维度，高可适当降低，宽可分段划小；单一窗可用压布法收缩窗宽，提升窗的视觉美感度。

②两帘一幔的大一统设计，于高窗而言，形态过于庞大，会破坏空间的整体平衡性，要慎用。

③不要选择材质过于厚重的布帘，轻薄帘材更合适。布纱体量比例，可多用纱（褶皱倍数大于 2 倍），少用布（采用装饰性压布设计）。

④帘材颜色以浅色为主，慎选深色、花色的帘布。颜色过重是高窗窗帘设计的大忌，要控制好色彩的比例，防止用色过当。

⑤高窗不建议采用复杂多层的幔饰，浅色加单层为宜。若是饰面装饰风格，布帘不可大遮大掩，可采用搭边、低挂等方式避开或少占饰面。

8.4 圆拱窗

1. 概念描述

窗型名称

圆拱窗。

概念界定

窗顶框呈圆拱形状的窗户。

特点描述

圆拱窗有分体式、连体式和孤体式三种。

分体式：上半层为半圆形，下半层为方形，是弧线型窗与直线型窗的结合体。

连体式：拱顶正边形窗，整体感强，弧线优美，格调高贵。

孤体式：一个大半圆，形态夸张，如同一张大嘴。

三种形式的圆拱窗中，分体式具有现代窗户的明显特征，连体式偏欧式传统古典风格，孤体式风格中性，三者在窗帘设计上有差异性。

圆拱窗

2. 设计原则

分体式结构，上下分离，低挂为主，延续空间留白概念。

连体式结构，高低皆可，内外皆宜，无论留白还是遮饰，确保形态美观。

孤体式结构，内嵌或外挂选一，内为实用设计，外做背景设计，整墙覆盖。

解读

根据圆拱窗的不同结构，做不同设计：

分体式圆拱窗，上下窗的窗帘需分开设计，布帘只可低挂，不能挑高升顶；半圆窗以留白为主，也可以用薄幔轻饰。

连体式圆拱窗，窗帘悬挂可低可高，低挂法与挑高法可根据需要选用；可内可外，内用内嵌法，外可边搭或沿拱设计，并辅以幔饰。

孤体式圆拱窗有两种作业方法：一是内嵌法，二是外挂法。外挂法是将窗墙整体遮盖，作为布艺背景装饰设计，而不是简单的窗帘设计。

3. 窗帘陈设常态

分为低挂式、挑高式、内嵌式、沿拱式、背景式。

低挂设计

挑高设计

内嵌设计（一）

内嵌设计（二）

沿拱设计

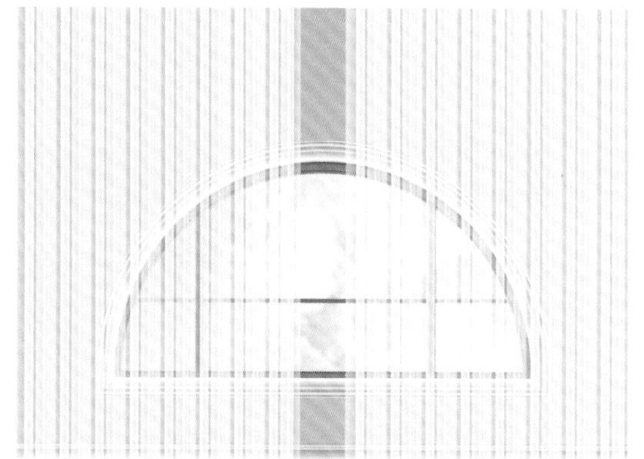

背景设计

4. 设计案例分析

分体式结构

上下窗可视为两个独立单元，外帘或内帘均低挂设计，上部窗体完全留白；若窗空间高度允许（如在 2.8 m 以上），可谨慎地配以简幔。

外帘低挂

内帘低挂

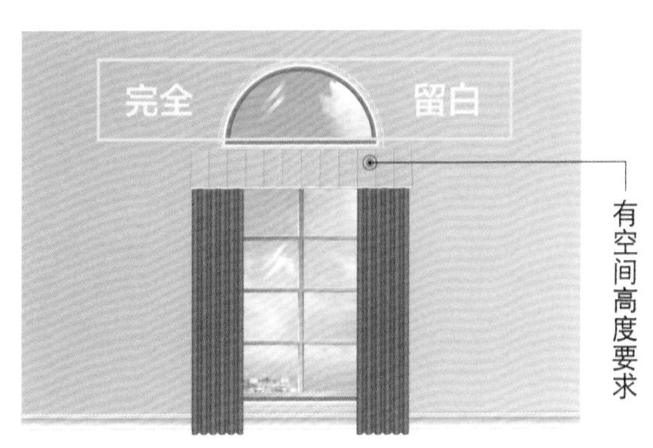

外帘低挂 + 幔饰

连体式结构

连体式圆拱窗，窗帘设计需要整体考虑，但在方法上仍可以有高、低、内、外作业法。

①低挂法：着重于光线的设计。

②挑高法：偏重于装饰性和实用性设计。

③内嵌法：与装饰风格有关，以欧式风格为主，复框夹层设计，专门为窗帘塑形。

④沿拱法：为欧式古典风格手法，款式复杂，类型多样，通常配以幔饰。现代遮阳帘对半圆窗进行了灵活设计，半圆帘是可动的，不妨碍采光。

低挂设计（可配内帘）

挑高设计（可配内帘）

内嵌设计（可配内帘）

沿拱设计（可配内帘和幔）

现代遮阳帘设计（可配外帘）

孤体式结构

孤体圆拱窗是一个单一的大半圆拱形窗，窗帘设计采用内嵌和外挂两种方法。

孤体大圆拱窗采用内嵌设计还是外挂设计，取决于装饰结构（主要是窗框结构）。饰框或饰面结构，内嵌为好；无饰框或普通装饰结构框，外挂背景遮饰效果更佳。

内嵌设计（布帘）

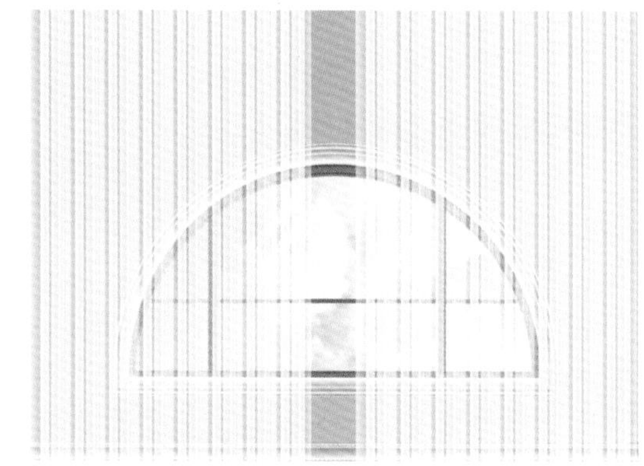

外挂背景设计（可配外帘）

容易犯的错误

圆拱窗不是一个简单的窗口，而是建筑立面的精彩所在。可实际操作中，圆拱窗窗帘总是用窗帘的思维而不是用布艺装饰的思维来设计。

①形式上喧宾夺主，大遮大掩，满墙铺盖，突出了窗帘，弱化了窗户。

②窗帘设计没有以窗为主，突出窗的线条形态，窗帘起了辅饰作用，窗主帘辅的关系不能颠倒。

不当设计

正确设计，突出窗形

精要提炼

传统设计手法以形态装饰为主，配合硬体装饰，静态陈设，造型复杂多样。

现代设计手法以功能实用为主，线条结构简单，修饰性大于美饰性。

| 解读 |

圆拱窗是欧式建筑形态的精华构建部分。

①传统窗帘设计以布艺的装饰性为主，突出圆拱弧线的硬饰美感和软饰配搭，两者相得益彰，交相辉映。

②现代窗帘设计对圆拱窗采取了更为简洁实际的设计手法，以直线表达为主，辅以简单弧线设计。对于形象不佳的普通圆拱窗，直接用背景装饰的手法加以遮饰。

第 9 章

窗型解构

——形态类窗户分析与设计（下）

形态类窗中，偏窗、飘窗、内开窗、转角窗、八角窗、弧形窗、窄窗这七类窗户，具有偏、歪、凸、凹、瘦、折的形态特征。窗帘设计要抓住这些特征，对“征”下药。

9.1 偏窗

1. 概念描述

窗型名称

偏窗。

概念界定

窗体偏离窗墙立面中心位置的窗户。

特点描述

立面位置不平衡，视觉效果极差，是一种需要修饰的窗户类型。

偏窗有两种类型：一种是左右偏（又称侧偏），窗户左右留白墙面不等距，向左或向右偏离；另一种是顶底偏，窗户上下留白墙面不等距，向上或向下偏离。

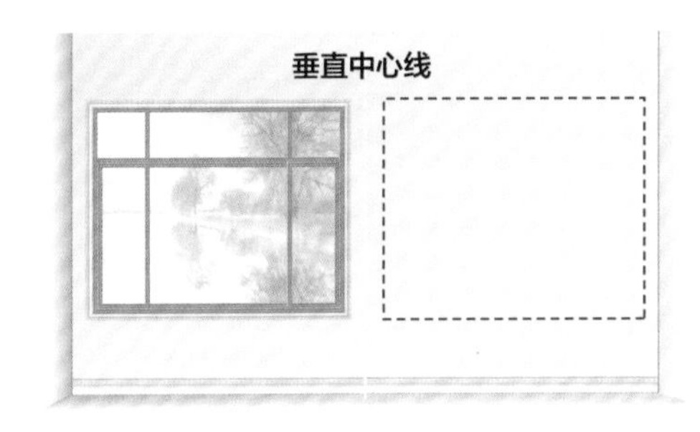

窗户向左或向右偏离

窗户向下偏离

窗户向上偏离

2. 设计原则

左右偏窗：

①帘随窗走，不与窗户分离。

②修正窗帘箱宽度，以窗定宽。

③通过和其他软饰搭配，取得立面空间的物理平衡。

④通过窗帘的色彩变化，调整立面空间的视觉平衡。

⑤改变窗帘的陈设位置，取得窗帘与立面空间的布局平衡。

顶底偏窗：

通过齐平、挑高、排饰、背景装饰等手法，修饰立面效果。

解读

偏窗的窗帘设计是立面空间的平衡设计，任何背离这一设计原则的做法都会犯错。

左右偏窗：

①窗帘不离窗，即贴着窗户做。

②硬装设计阶段，将窗户的窗帘箱宽度限定，以窗定宽。

③在偏窗的左或右侧的空白处，加饰挂画或放置立柜等物品，取得立面空间的左右平衡。

④通过窗帘色彩的藏、显、弱、强等搭配手法，调整立面空间的视觉平衡。

⑤采用不对称陈设或动态陈设等手法，改变窗帘的陈设位置，矫正窗帘与立面空间的平衡关系。

顶底偏窗：

通过多帘排饰和挑高法的联合运用，并利用布帘彩色配饰，做半开放式背景装饰，掩盖立面缺陷。

3. 窗帘陈设常态

左右偏窗：帘贴窗加饰立面饰物。

加立面装饰物

顶底偏窗：多帘背景装饰。

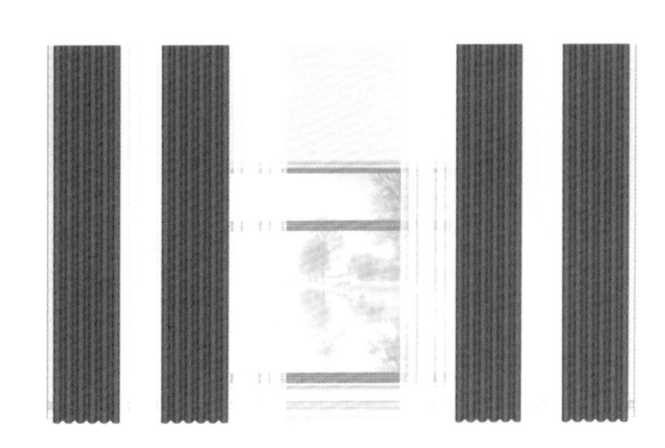

背景装饰帘

4. 设计案例分析

常见错误设计

偏窗是窗帘设计中，犯错概率比较高的一个窗型。设计错误归纳为两点：

①用平衡的设计思维，处理不平衡的立面。

②用对称的设计手法，解决不对称的问题。

注：对开（即对称）陈设和幔饰，是偏窗窗帘设计的两大毒药。

错误设计，偏窗配饰正帘幔，没有修正歪的立面，还耗占空间

错误设计，幔饰让窗的额宽缺陷暴露无遗

侧偏窗

①硬装设计预处理。

在硬装阶段，预先确定窗帘箱的设计宽度，以窗定宽或者干脆不留窗帘箱，用窗帘杆代替。

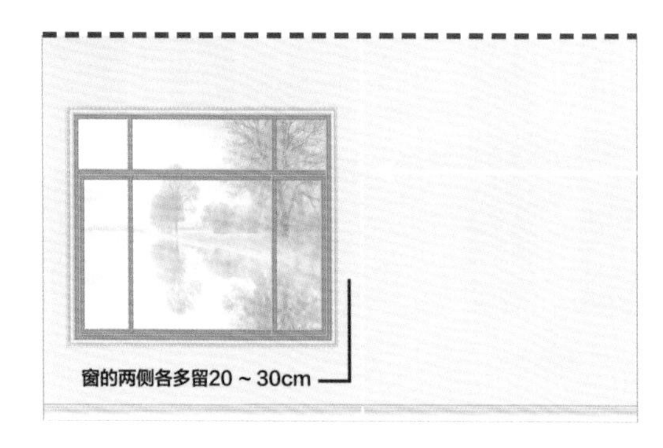

硬装时预先确定窗帘箱宽度（黄色线段）

用窗帘杆代替窗帘箱

②软饰搭配。

在窗侧的空白墙面上增加挂画、饰品之类的立面装饰物，以取得空间的左右平衡。

增加立面装饰物品（一）

增加立面装饰物品（二）

③改变窗帘陈设位置。

放弃标准的对开陈设，将窗帘靠向立面中心位置，最简单的做法是不对称陈设、双帘单边倒。

双帘单边倒

不对称陈设

④改变窗帘色彩。

采用“显”的手法，强化窗帘色彩，采用“藏”的手法，弱化窗帘色彩，取得帘与窗之间的平衡。

强化色彩效果

弱化色彩效果

下偏窗

挑高遮饰。下偏窗采用挑高法拉高窗帘的高度，掩盖窗额过大的缺陷，转移人的视觉焦点。布帘宜深不宜浅，帘数宜多不宜少。陈设形态不必太规正，布帘要有动态感、凌乱感。

挑高遮饰窗额过宽缺陷

陈设不必太规正

单个上偏窗

高低皆宜。单窗结构上偏窗，挑高法或低挂法均可，前者大气，后者实用。

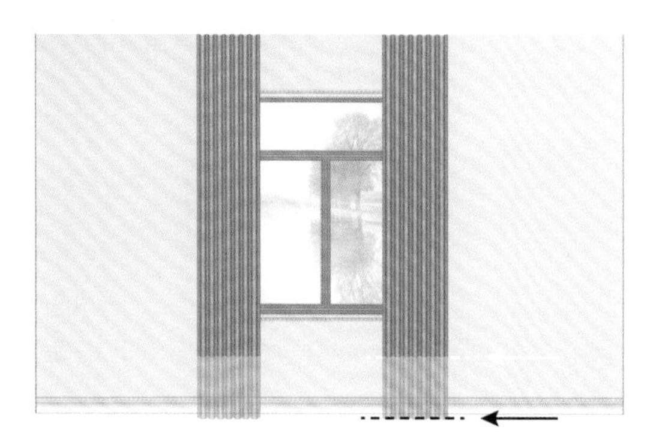
单窗可高可低

多个上偏窗

宜高不宜低。多窗结构上偏窗，挑高法为好。窗多面宽，整个窗墙扁平化，窗帘宜采用多帘挑高设计，分段切割，让窗型变成窄型，修饰意义重大。

多窗宜高不宜低

全偏窗

整墙设计。全偏窗即完全偏移的窗，可考虑将整面墙覆盖。根据墙面的宽度使用双帘或多帘，采用动态陈设、不规则排列、背景装饰等手法。也可以在布帘的体量分配上采用不均等设计，即一帘宽、一帘窄。

整墙覆盖

布帘可分布不均等

精要提炼

①左右偏窗。

要用“歪”的方法应对，巧用不对称设计，以不对称应对不对称。

②顶底偏窗。

要用“正”的方法应对，运用挑高、齐平、排饰等手法，以正压偏。同时借用其他装饰要素，寻求立面平衡感。

| 解读 |

①所谓“歪”的手法，就是要有不规则设计思维，抛弃对称、平衡布局的设计方式，用不对称、不平衡的手法打造不对称、不平衡的立面空间。

②所谓“正”的手法，就是要用规则的设计思维，去平衡布局立面。顶底偏，上下不均衡，但是布帘排列可以是均衡的。同时，借用其他的软硬装饰要素，通过改变位置、改变立面布局、改变色彩组合，取得立面空间的协调平衡。

注：偏窗无论左右偏还是上下偏，都不可有幔的出现！幔饰是偏窗的大忌。

9.2 飘窗

1. 概念描述

窗型名称

飘窗。

概念界定

窗体外凸，与墙面不在一个平面上的窗户。

特点描述

①窗体飘出墙体能充分利用自然光，夏热冬暖。

②飘窗以中小型窗为主，空间狭小。

③飘窗视野开阔，是很好的观景窗户。

飘窗类型

从形态上，可分为弧形飘窗、八角飘窗、U 形飘窗、L 形飘窗、直式飘窗。

从装饰上，可分为落地飘窗和台式飘窗。

2. 设计原则

①关注采光和隔热等功能需求，功能第一，装饰次之。

②设计要简约，不宜做繁复的造型，特别是幔饰设计。

③布帘与非布帘结合，内帘与外帘结合。

④可根据季节的变化，设计季节帘（如冬季帘、夏季帘）。

设计原则解读

①飘窗容易受光热的影响，窗帘设计需要考虑遮阳、隔热功能。

②飘窗以中小型窗为主，不需要过多的装饰。

③飘窗内格空间低矮狭小，幔饰基本属于多余的装饰，不要为好。

④飘窗除了装布艺窗帘，还要增加遮阳帘、窗膜等非布艺类的帘材。

⑤飘窗窗帘最理想的设计是三重帘的配置，即日常帘、冬季帘、夏季帘。

3. 窗帘陈设常态

飘窗的窗帘设计，取决于飘窗的可用空间，最基本的陈设形态有全内帘（外墙层无多余空间）和内外帘（内窗层和外墙层空间都不太宽裕，刚够做单层窗帘）两种。

全内帘

内外帘

4. 设计案例分析

三重帘标配设计

最理想的配置模式：日常帘平日开启，满足遮光、私密性的功能需求。

夏季帘以隔光、隔热布为主，满足遮阳、隔热的功能需求；冬季帘以纱帘为主，满足采光观景的需要。冬、夏季帘不必同时挂上，可以根据季节更换。

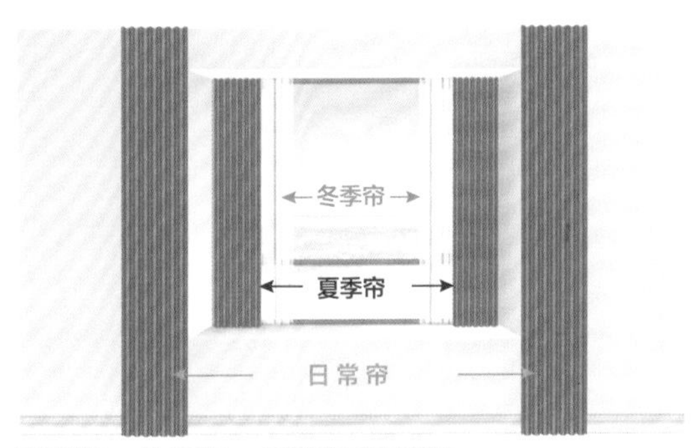

夏季帘 + 冬季帘 + 日常帘三重设计

三重帘变配设计

这种配置模式中日常帘有两层，即布帘和纱帘。因为外墙空间比较宽裕，窗帘箱宽度能容纳布、纱两种帘，比较适合卧室。

日常帘（布 + 纱）+ 夏季帘

日常帘和蜂巢帘混配设计

遮阳帘中，蜂巢帘除了功能强大（如隔热、防紫外线等），操作也非常灵活（既可往上也可向下开启），还不占空间。

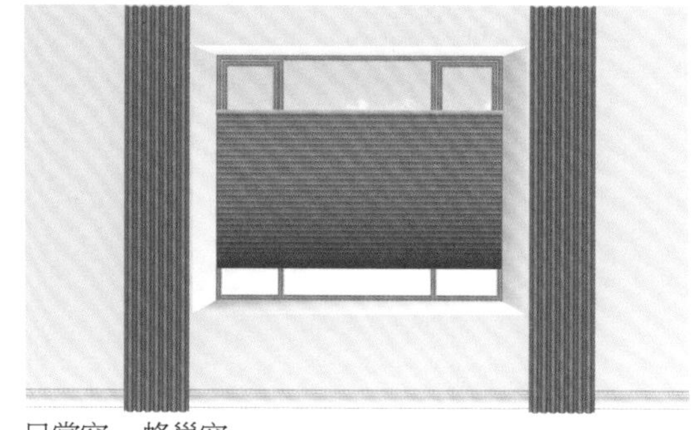

日常帘 + 蜂巢帘

日常帘和柔纱百叶帘混配设计

柔纱百叶帘是遮阳窗帘中另一个重要的帘种，是唯一可以替代纱帘的窗帘，而且具有与蜂巢帘相同的功能。

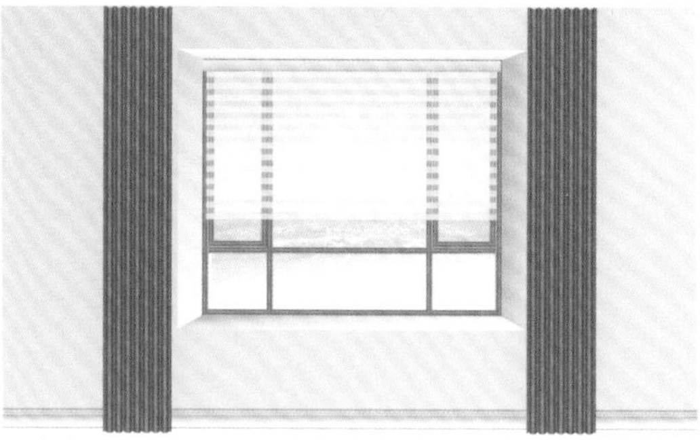

日常帘 + 柔纱百叶帘

不当设计案例

①飘窗窗帘设计的错误，主要是空间设计的错误，造成错误的主要原因是幔饰。飘窗的内窗层高一般在 1200 ~ 1600 mm 之间，在如此局促的空间里，内窗再加幔饰，无疑是雪上加霜。

②飘窗窗帘设计常犯的第二种错误是外墙加幔饰。飘窗一般以中窗为主，窗的两侧还有一定宽度，而幔往往是整墙设计，这会同时耗占层高与墙宽两个空间。

幔耗占层高空间

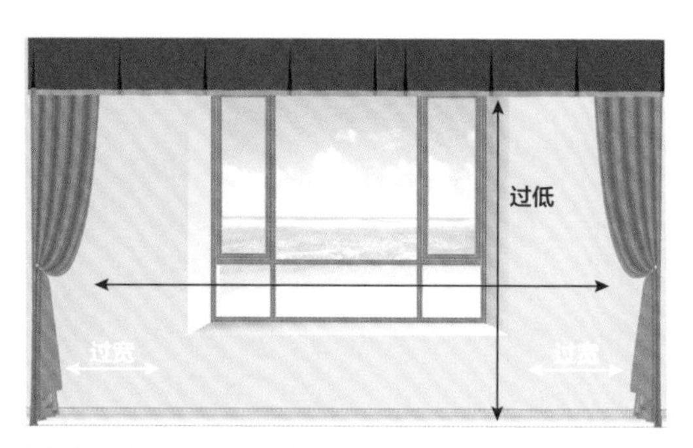

幔同时耗占宽高两个空间

精要提炼

功能性窗户，多关注功能设计，不要过度美饰；要有空间设计的意识，宜空不宜实；可多帘材选择，三重帘组合应对。

| 解读 |

①功能设计体现在对光、热的控制，给人以舒适感；开阔的视野，给人带来俯视或远眺的愉悦感，这是飘窗的价值所在。

②要有空间设计的意识。飘窗是暗藏式结构，像一个凹陷的方形洞口。窗帘设计要根据这一特点，充分挖掘空间，释放空间。因此飘窗特别不适合加幔饰，幔会耗占空间。

③多帘材选择是指飘窗的窗帘不仅可以是布艺，还可以是遮阳帘、窗膜等。所谓三重帘组合，可根据飘窗空间，确定窗帘设计形态是全内帘还是内外帘。

9.3 内开窗

1. 概念描述

窗型名称

内开窗。

概念界定

窗门向室内开启的窗户。

特点描述

内开窗搅乱了窗户的开启系统，既干扰了开合帘的横向移动路线，又阻隔了内格帘的纵向运行空间，在本来就紧张的立面空间中，又多了窗门的留置空间。内开窗操作不便，但在安全性上有一定的优势。

2. 设计原则

墙顶上找空隙，夹缝藏身；

窗框上找空档，避开窗门留置线路；

窗门上安家，帘随窗门走。

设计原则解读

内开窗的窗帘设计无规律可循，哪里有空往哪里去，夹缝中求生存。常用方法大致有三种:

①窗户上框到墙顶要有超过 3 cm 的空隙部分，不影响窗帘左右移动。

②窗户上框厚度有超过 3 cm 的空档部分，不影响窗帘左右移动。

③以上两种情况都不符合的话，窗帘就只能固定在窗户上，随窗的开启而开启。

3. 窗帘陈设常态

双开布帘(纱帘)及成品遮阳帘的组合。

墙面有合适余留空间

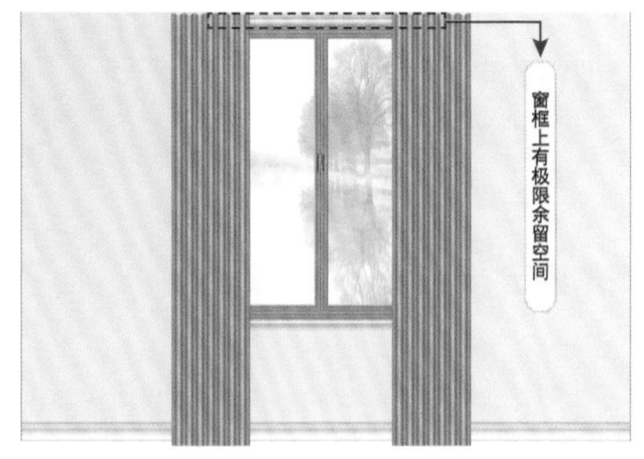

窗框上有极限余留空间

4. 设计案例分析

窗墙空间

窗框至天花板顶面高度大于 3 cm 的活内开窗，窗帘可以左右自由滑动，不受阻碍。

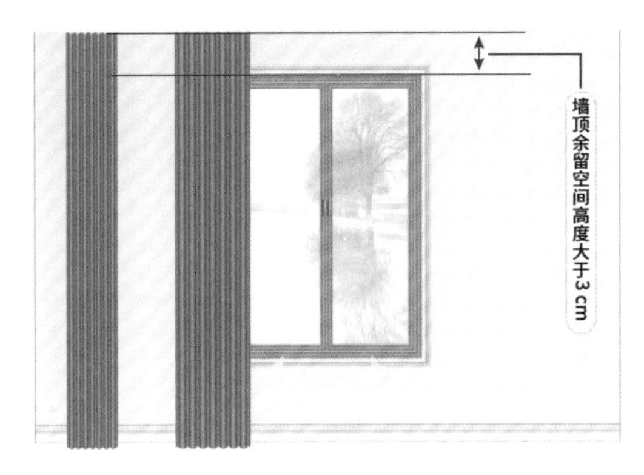

活内开窗（一）

窗框空间

窗框围边厚度大于 3 cm 的活内开窗，窗帘可以左右自由滑动，不受阻碍。

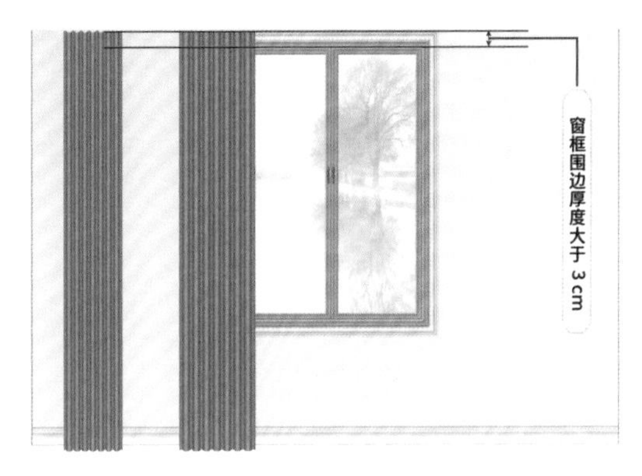

活内开窗（二）

内框空间

窗户内框上部留有大于 3 cm 高的空白区域的活内开窗，窗帘可以左右自由滑动，也可做升降运动，不受阻碍。

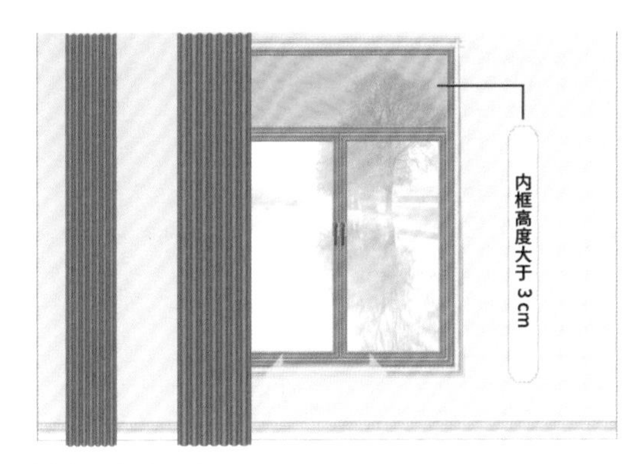

活内开窗（三）

外墙空间

固定内开窗且又是飘窗结构，只能忽略内窗的开合问题，将窗帘设置在外墙上。

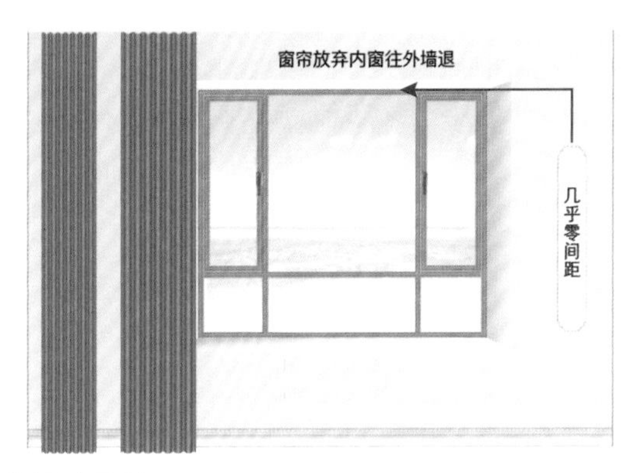

固定内开窗

窗门空间

非飘窗结构的小中型固定内开窗，可以在窗门上设计绷纱帘、遮阳的蜂巢帘、柔纱百叶帘等门上百叶帘。

绷纱帘

门上蜂巢帘

精要提炼

寻找空当，夹缝藏身；避开死角，外墙驻留；依附窗框，以窗为家。

| 解读 |

内开窗的窗帘设计，是技术设计和空间设计。

①技术设计，主要是轨道的设计。市场当前可供的超薄轨道，厚度都在 10 mm 以内，掌握好这些轨道参数，内开窗窗帘不难设计。

②空间设计，主要是窗户与墙顶的间距计算及窗户本身的空隙计算，选择空间距离最大、最便于窗帘安装的设计方案。

9.4 转角窗

1. 概念描述

窗型名称

转角窗。

概念界定

两个窗墙立面形成拐角（通常角度在 90° 左右）的窗。

特点描述

跨越两个窗墙立面，视野开阔，景观效果极佳。转角处被称为黄金转角，是多项软饰的必争之处，包括窗帘、家具、饰品、画饰、灯饰、植栽等。

2. 设计原则

以外为主，兼顾内饰，精准陈设，平衡空间。

设计原则解读

①转角窗的窗帘设计要尽量避开黄金转角位置，不遮挡视线。

②转角窗窗帘设计不能只顾外不顾内，窗帘应以饰内为己任，转角帘、三角帘是最典型的转角窗内饰窗帘。

③转角窗的陈设是关键，陈设决定窗帘能否放在合理的位置，陈设决定窗帘设计的成败。

④转角窗采用了大量的不对称手法以及不对称与对称混用的手法，处理好多立面空间两个帘所在位置和三个帘所在位置的平衡关系。

3. 窗帘陈设常态

最常见的转角窗是 U 形窗和 L 形窗。靠近转角处的窗帘均为不固定帘（不固定位置）。

U 形转角窗

L 形转角窗

4. 设计案例分析

U 形宽大转角窗

U 形宽大转角窗，三窗均宽。

窗帘陈设：A、B 面窗双帘（或单片大帘）单边倒，C 面窗双帘处于不固定状态，一般停留在有遮饰需求的位置上。

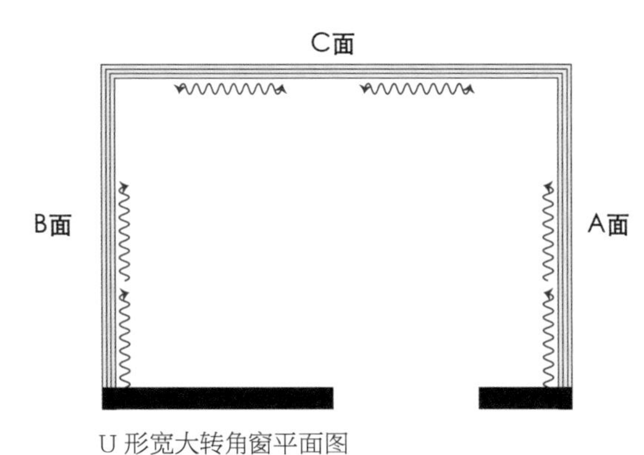

U 形宽大转角窗平面图

U 形宽大转角窗效果示意图

U 形宽窄转角窗

U 形宽窄转角窗，两窄一宽。

窗帘陈设: A、B 面窗单片帘单边倒，C 面窗双帘处于不固定状态，一般停留在有遮饰需求的位置上。

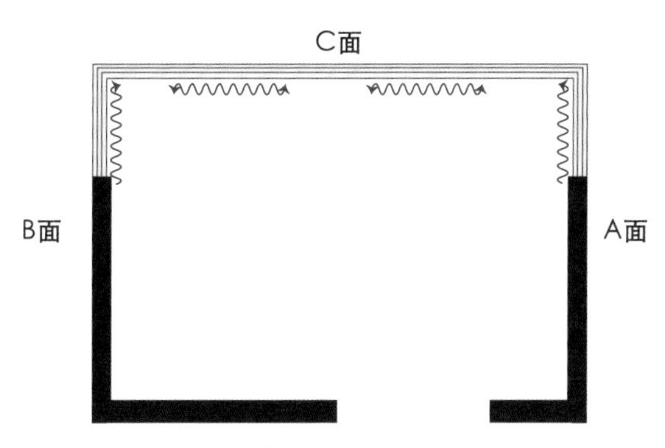

U 形宽窄转角窗平面图

U 形宽窄转角窗效果示意图

U 形窄窄转角窗

U 形窄窄转角窗，三窗均窄。

窗帘陈设：可简单化处理，将 A、B、C 三面窗视为一个窗，双帘对开，不再分帘。

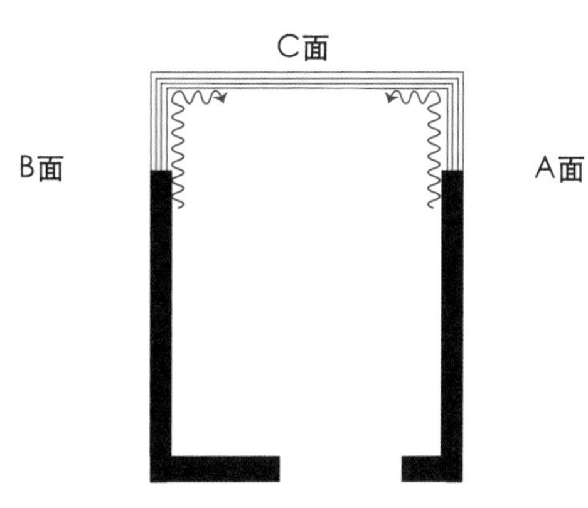

U 形窄窄转角窗平面图

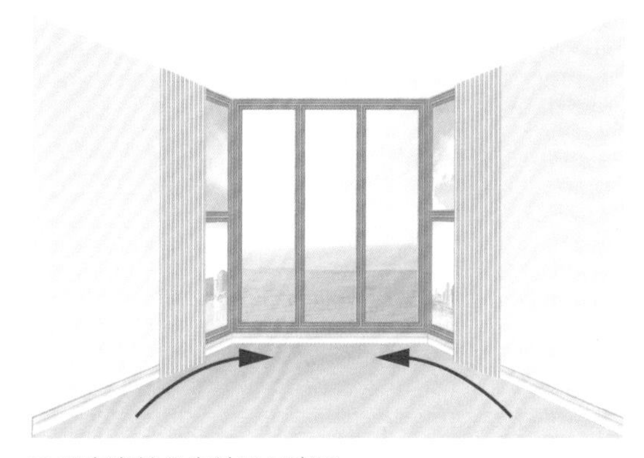
U 形窄窄转角窗效果示意图

L 形宽大转角窗（一）

L 形宽大转角窗，两窗均宽。

窗帘陈设：A、B 面窗均双帘单边倒。

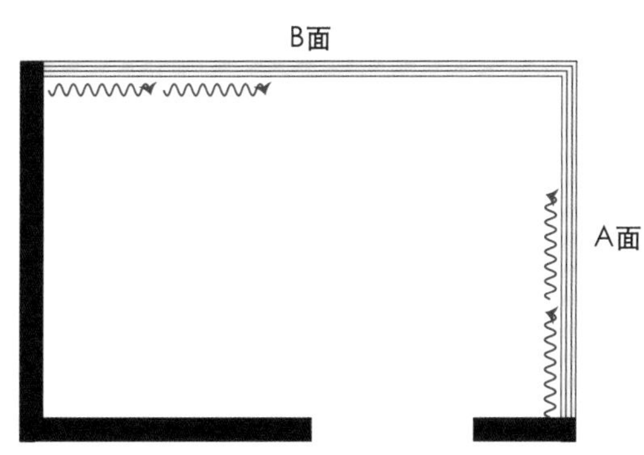

L 形宽大转角窗平面图（一）

L 形宽大转角窗效果示意图（一）

L 形宽大转角窗（二）

L 形宽大转角窗，两窗均宽。

窗帘陈设：三角帘，以内饰为主。A、B 两面窗均为双帘，拉开陈设，转角处构成三角帘。

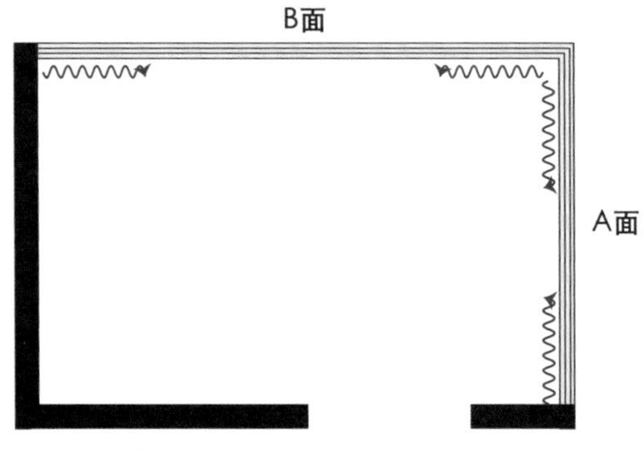

L 形宽大转角窗平面图（二）

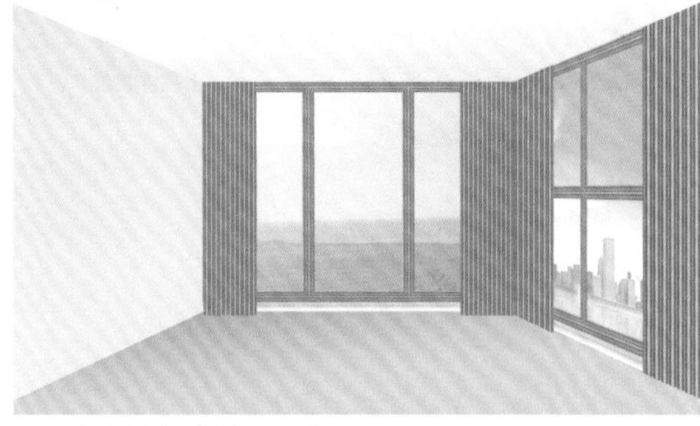

L 形宽大转角窗效果示意图（二）

L 形宽大转角窗（三）

L 形宽大转角窗，两窗均宽。

窗帘陈设：B 面窗双帘双开，A 面窗单片大帘单边倒，对称与不对称设计是经典设计手法。

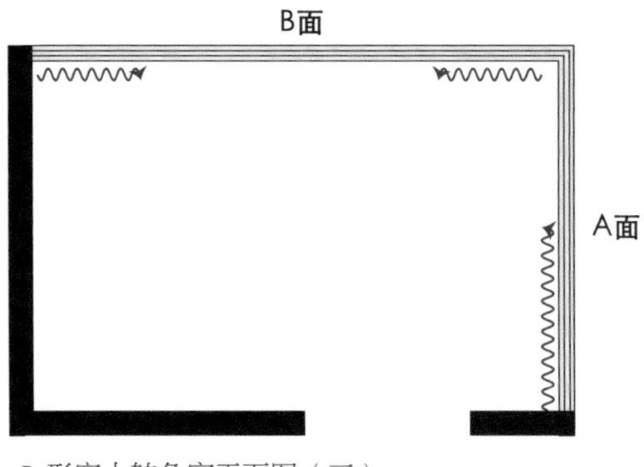

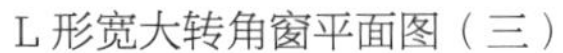

L 形宽大转角窗平面图（三）

L 形宽大转角窗效果示意图（三）

L 形宽窄转角窗

L 形宽窄转角窗，一面宽另一面窄。

窗帘陈设：A、B 两面窗中，B 面窗双帘，A 面窗单帘，均单边倒。

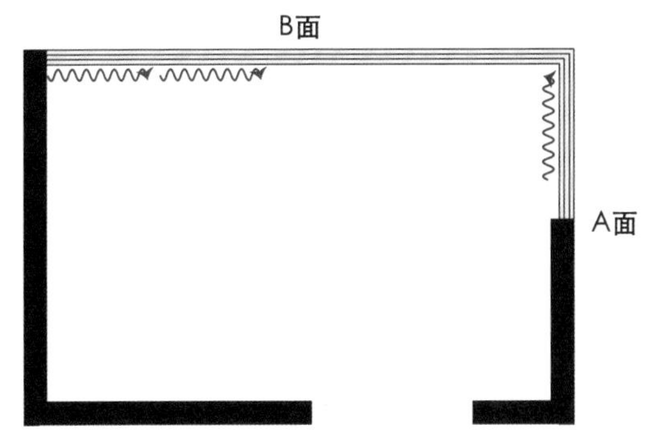

L 形宽窄转角窗平面图

L 形宽窄转角窗效果示意图

M 形连体转角窗

M 形连体转角窗，宽窄不等，多折多变，视野极广。

窗帘陈设：可以有多种精彩的表达，帘数单双皆宜，不强求一致；内饰与外景兼顾，角帘与反角帘同存；轻重虚实结合的表现手法给转角窗带来多姿的形态美感。

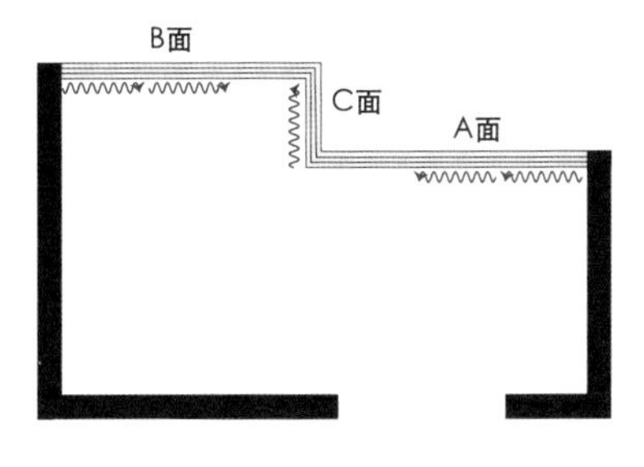

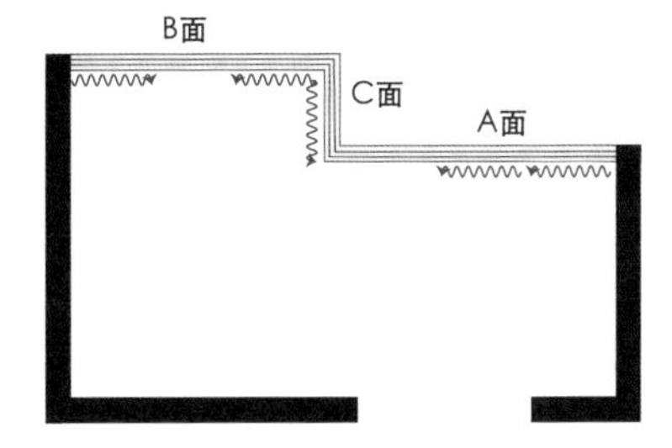

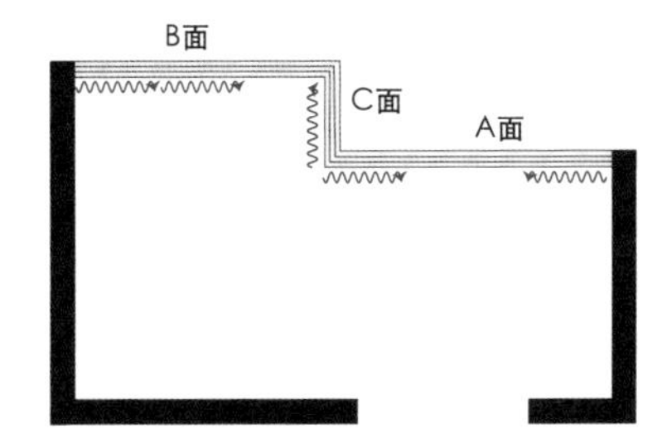

M 形转角窗平面图

M 形转角窗效果示意图

精要提炼

陈设为王，空间为念，动感是魂。

|解读|

①转角窗窗帘的设计是空间美感设计，陈设是核心。

②转角窗是一空间艺术感极强的现代窗型，在窗帘设计中运用单双帘的交替手法、对称与不对称的陈设手法、角饰与反角饰的对应手法，可以充分地表达窗帘的灵动与飘逸以及空间的虚实轻重。

9.5 八角窗

1. 概念描述

窗型名称

八角窗。

概念界定

八角窗是由一个正面窗和两侧两个呈钝角的窗构成的窗户。

特点描述

八角窗有单体和连体之分，前者是最常见的三窗结构，后者是由三个以上的窗组合而成的。八角窗分为等边八角窗和不等边八角窗：前者是排窗的一种特殊类型；后者具有主副关系，因此也叫主副窗。八角窗不是直线排列的，而是凸出在外，具有飘窗的属性。总之，八角窗是排窗、主副窗和飘窗的混合体，设计上可参照这三类窗的设计格式。

2. 设计原则

分段分饰，内外结合，对称平衡。

解读

八角窗由三个或三个以上的窗构成，是排窗的异型版，窗帘设计首先考虑分段分开设计，只有比较窄小的八角窗，才可以采用简单双帘设计。另外，内外帘的结合运用，也是八角窗的主要设计手法。八角窗窗帘设计还要注意三窗之间的对称平衡关系，尤其是拼接设计的窗帘。

3. 窗帘陈设常态

以中大型八角窗为例：四帘分饰、四帘分饰加内帘。

四帘分饰

四帘分饰加内帘

4. 设计案例分析

布帘设计

小型八角窗，双帘对开设计；中大型八角窗，分段设计。

两帘双开，两侧角形成反角

四帘分饰

内帘设计

小型八角窗可设计简单的单内帘，布帘可根据需要添加；中大型八角窗可选用内帘加布艺做搭配设计。

单内帘

内帘加外帘

纱帘设计

小型八角窗选用单纱帘；中大型八角窗选用双纱帘。

单纱帘

双纱帘

布纱设计

小型八角窗的窗墙空间局促，不适合布纱组合；中大型八角窗建议做两布三纱，不宜做四布三纱的碎片设计。

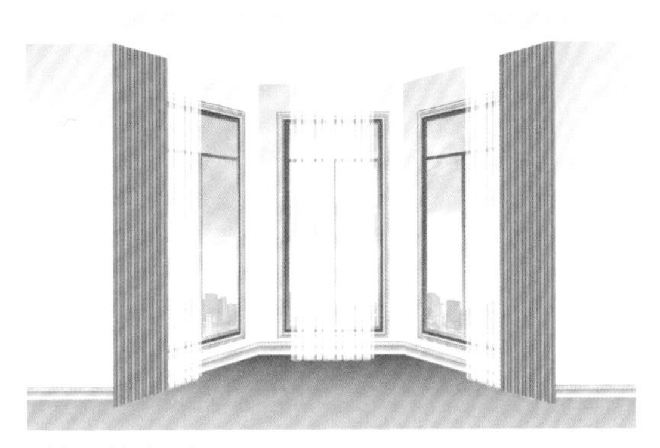

两布三纱（一）

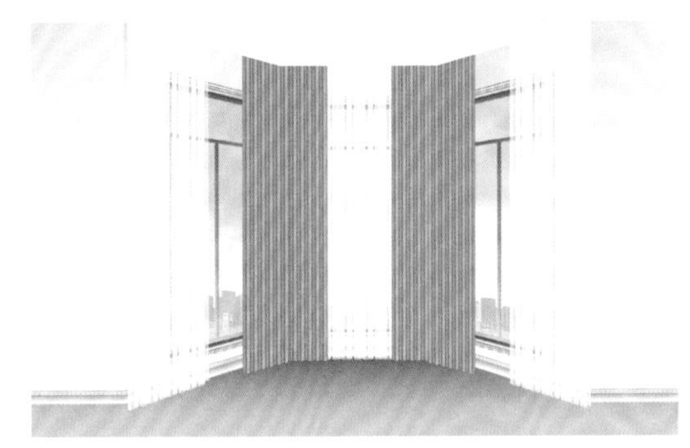

两布三纱（二）

角饰与反角饰设计

中大型八角窗选用静态布艺装饰，角饰与反角饰。

反角帘

反角帘与内角帘结合

拼接设计

小型八角窗选用双帘设计，拼边在内侧（不可在外侧）；中大型八角窗，中间两帘双拼接，外侧两帘单拼接，拼边设计在内侧。

双帘拼接设计

四帘拼接设计

幔饰

若是三窗以上的结构，需加幔饰，宜分幔不宜联幔。联幔会压低整体空间的高度。

内帘加幔分饰

不建议采用联幔设计

不当设计案例

八角窗是多窗结构窗型，这种大一统的设计不能说是错误的，但手法过于简单，貌似很高贵，其实并没有根据窗户结构来设计，没有抓住要点，应尽量避免这种“万金油”式的设计。

不当设计

精要提炼

帘数把控，内外把控，正反把控，对称把控，幔饰把控。

丨解读丨

八角窗的窗帘设计要把控好这几个要点：

①帘数上选择双帘或四帘。

②内帘与外帘的结合运用。

③陈设点位上选择正角位或反角位。

④拼接帘选择单边帘、双边拼，处理好单双拼之间的平衡关系。

⑤幔饰的节制性把控。

9.6 弧形窗

1. 概念描述

窗型名称

弧形窗。

概念界定

窗面呈弧线形的窗。

特点描述

弧形窗是大窗的异型体，同时具有飘窗的属性。弧形窗线条优美，视野开阔，采光好。弧形窗为弱饰窗，窗帘设计以轻饰为主。

2. 设计原则

参照大窗格式，又有别于大窗格式；突出窗户形体美感，轻饰、简约、无幔。

设计原则解读

①弧形窗窗帘的基本设计格式和大窗一样，以布纱为主，但在层数组合上有所不同。大窗的窗帘设计是布纱结合，层数以两层为主，一、三层为辅；弧形窗则不然，层数以单层为主，两层为辅，三层更不考虑。

②弧形窗的窗帘设计要以布帘的弧线造型为主，以表现布艺轻灵飘逸的美感为主题，宜选单薄的帘材和单层设计，层数过多、帘材过厚，只会掩盖窗体线条的美感。

③弧形窗的窗体也是设计表达的主体，幔饰会同时掩盖窗体和帘体的美感，实属多余。

3. 窗帘陈设常态

弧形窗的窗帘陈设以单层布帘或单层纱帘为主，双层布纱组合为辅。

弧形窗与窗帘

4. 设计案例分析

正体弧形窗

宽高比例相近的弧形窗采用单层纱或单层布帘。有特殊遮光要求的场所可以采用布纱组合的设计。

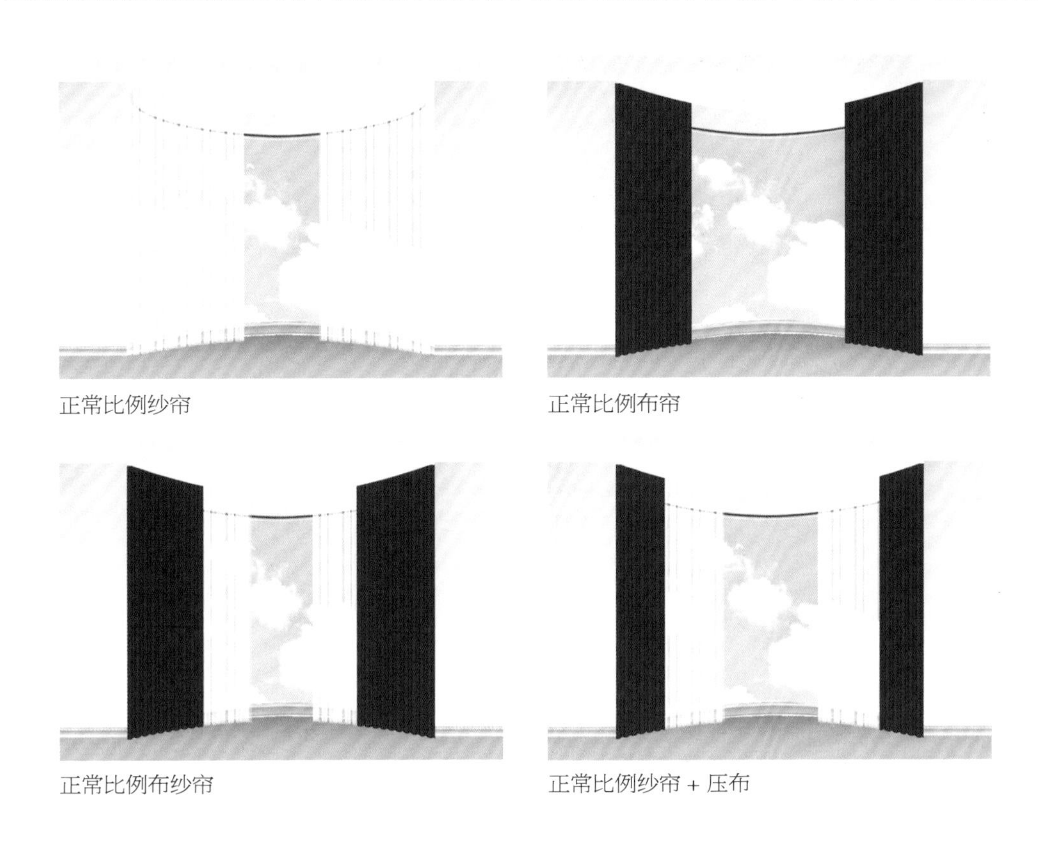

正常比例纱帘

正常比例布帘

正常比例布纱帘

正常比例纱帘 + 压布

宽体弧形窗（一）

宽体弧形窗以纱帘为主，双开陈设，不要做分段设计，以布帘为辅饰，采用分段压布设计。要保持帘体的整体性，最好增设电动控制设备。

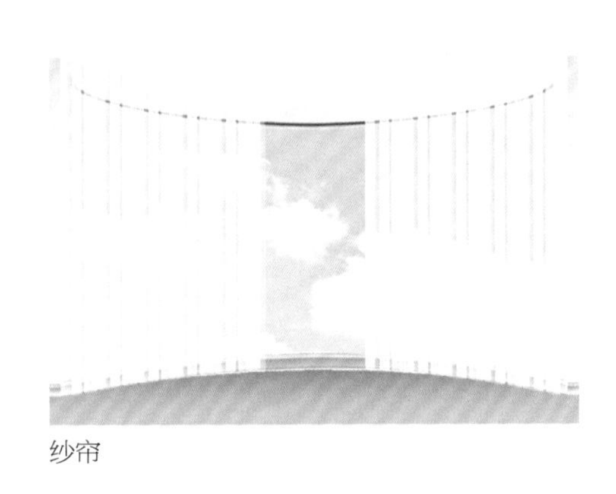

纱帘

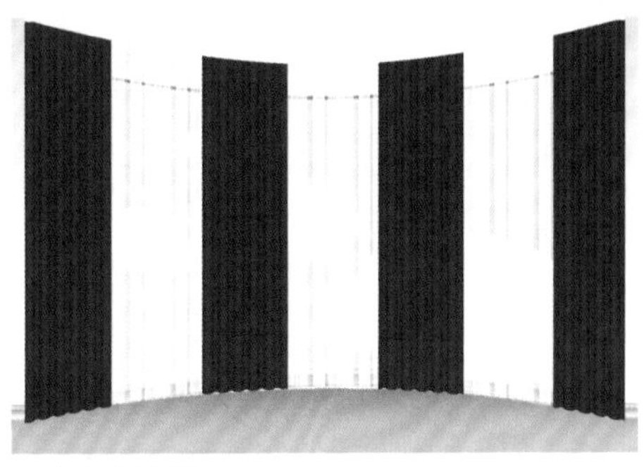

纱帘与布帘结合

宽体弧形窗（二）

布帘可以分段设计，纱帘不宜分段设计。前者起压布装饰作用，后者作为设计表达主体，应保持帘体的美感。

布帘可分段设计，有分隔效果

不建议纱帘分段碎片化设计

S 形弧形窗

S 形弧形窗窗帘以纱帘为主，双开陈设。不建议使用布帘，以最大化地突显窗体和帘体的美感。

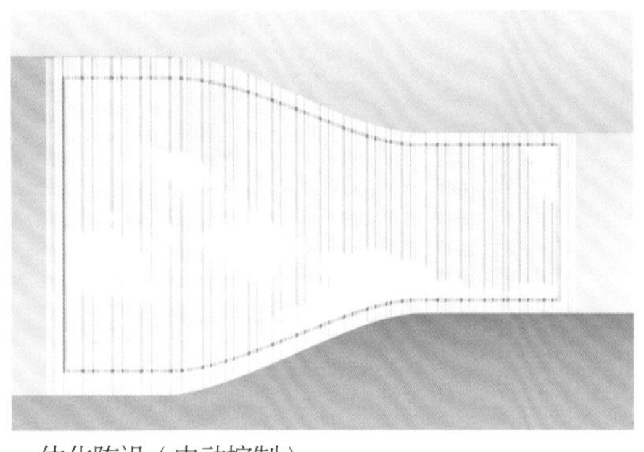
一体化陈设（电动控制）

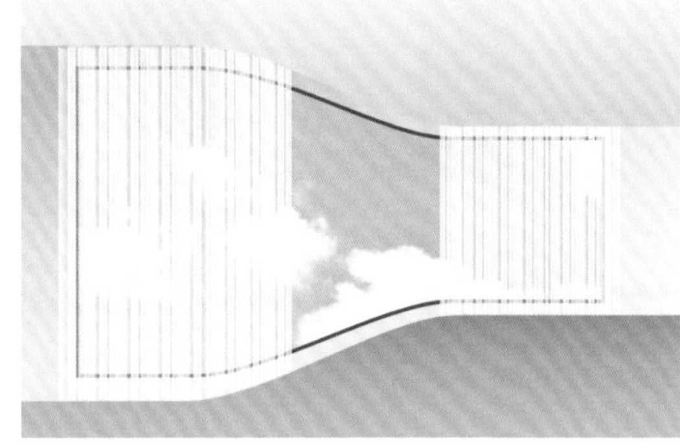
双开动态陈设

特种弧形帘材

市场上的特殊弧形帘材主要有柔纱垂直帘、蛇形帘及高温定型帘布，特殊弧形帘材可以让窗帘的弧线造型始终处于饱满圆润状态，与弧形窗的结构美感交相辉映，双双出彩。

柔纱垂直帘和蛇形帘都是饱满弧形形态

不当设计案例

①如果给弧形窗设计过多的窗帘层和幔饰层，就会掩盖弧形窗优美的造型。

②不建议给弧形窗做拼接设计。因为弧形窗要表现的是帘体的整体线条感，而不是突出单一的拼接设计美感。

不当设计（幔有干扰作用）

正确设计

精要提炼

管好两体，画好两线。

| 解读 |

①两体是指窗体和帘体，两线是指窗体的线条和帘材的线条。弧形窗的窗帘设计要把控好这两点。

②窗体的弧线美感是硬装的设计表达，窗帘宜轻宜简，不要抢风头。宜保持帘体的弧线美感，窗帘不要有多余的装饰，要以自身的形体美感取胜。

9.7 窄窗

1. 概念描述

窗型名称

窄窗。

概念界定

宽高比例超过 1 ： 4，且宽度小于 1 m 的窗。

特点描述

窗身修长，美感极佳。窗面虽窄，但因其高度高，垂直采光好，通透感强。窄窗因其形佳，装饰性很强，窗帘设计以弱饰为好，不必过多美化装饰。

2. 设计原则

以内为主，外帘轻饰，抑或裸窗，以窗膜替代。

解读

窄窗的窗帘设计大致有三种作业方法：

①内帘。百叶帘比较适合窄窗窗型。

②外帘。采用单层布帘或纱帘，一般不做布纱组合，布纱堆叠会掩盖窄窗的轻灵造型。

③窗膜。窄窗若过窄过高，也可以不设窗帘，用窗膜替代。裸窗可以充分采光，窗膜既可以保护隐私，又可以阻挡紫外线和光热。

3. 窗帘陈设常态

内帘，不加幔

外帘，单帘单开，不对称陈设

4. 设计案例分析

内帘作业

内帘以百叶为主，常用帘有柔纱百叶、木百叶、铝百叶、蜂巢帘、卷帘等。若窗高度有限时，应选择性使用布百叶。

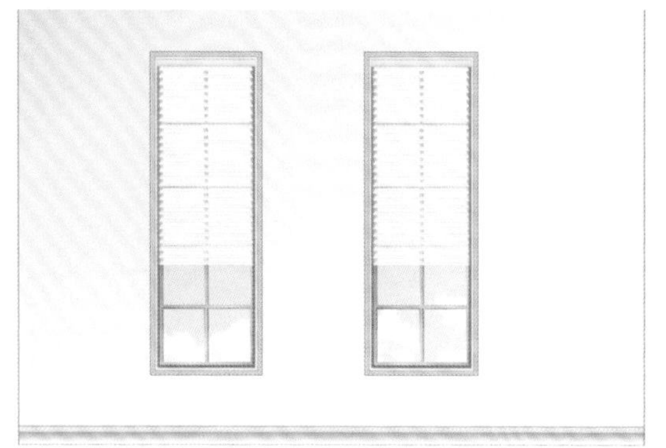

内置百叶帘

外帘作业

外帘以轻薄布帘或纱帘为主，单帘单开，不对称陈设。布帘可以做上下单色布拼接设计。

单挂帘

留白作业

对于有上下分层的窄窗，可以根据结构特点，做适当的留白设计。

内帘留白设计

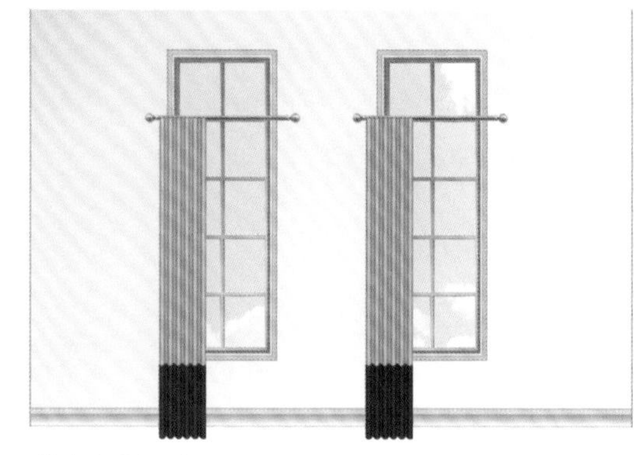

外帘留白设计

贴膜作业

窄窗若过窄过高或出于观景、采光等考量，不宜配窗帘的，可以采用贴膜设计。

贴膜设计

拼接设计

不推荐给窄窗做侧拼接设计，单侧拼接会加重对称的方向感，双侧拼接线条过多。上下拼接可以调节水平空间高度，可以采用。

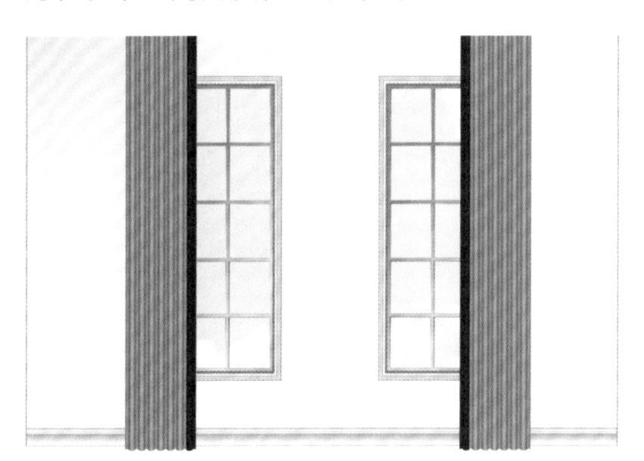

呆板有方向感

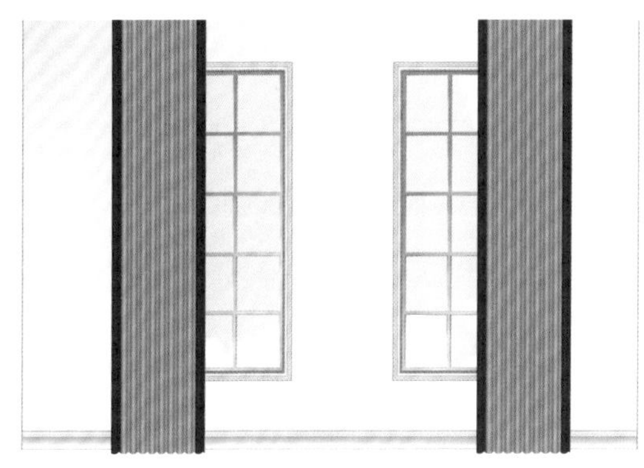

窗窄线条过多

不当设计案例

窗帘设计过于对称，显得呆板，不够轻灵，内外帘的加幔组合过于复杂、笨拙。

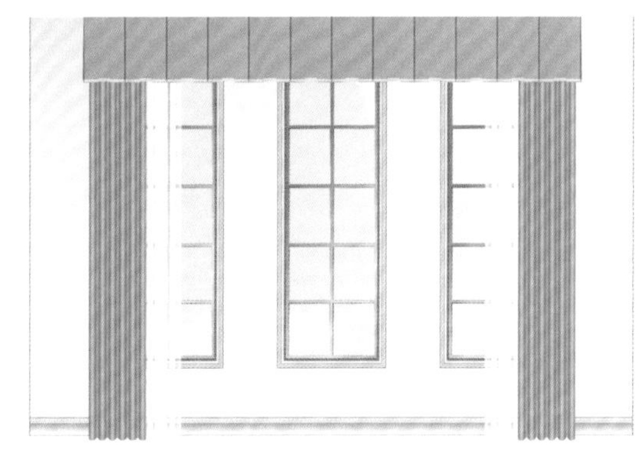

占面大，过于对称死板

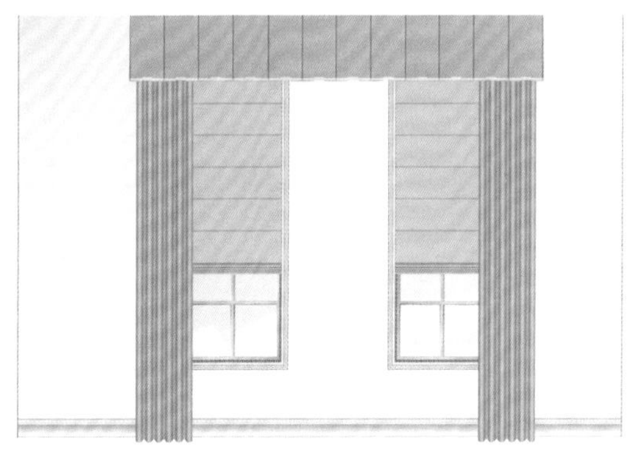

内外帘加幔过于复杂

可以有上下高度的调节

精要提炼

有内不外，有外不内，不可内外兼得。

无内无外，窗膜来贴。

无论窗多窗少，逐窗单饰为好，不宜合饰。

轻灵飘逸是魂，对称规正则显死板，尽量避免。

| 解读 |

①内外帘、布纱帘不宜组合在一起设计，宜选择其中一种。

②如果纱与布都不采用，还可用窗膜来代替。

③一窗一帘为好，不宜合在一起设计。

④轻巧灵动是窄窗设计的核心，尽量避免对称的设计，会显得死板。

第 10 章

窗型解构——关系、内道类窗户分析与设计

本章将关系类窗户和内道区域类窗户合在一起讲解。这两类窗在特征上有相似之处，窗与门道、楼道之间都有密切关联，是窗帘设计中容易犯错的地方。

10.1 联窗

1. 概念描述

窗型名称

联窗。

概念界定

门（同时也是窗）与窗同处一个立面，彼此构成对列或排列关系，故称为联窗。

特点描述

最常见的联窗是一门一窗，也有多门多窗的，窗户与门之间形成对列或排列的关系。联窗的宽高比例不对等，平衡感差，美感度较低，是一个需要修饰的窗型。

2. 设计原则

以空间平衡为节点，整体规划，分段设计。

设计原则解读

联窗在硬装设计阶段，以门窗共享一条窗帘箱来解决整体性的问题。窗帘设计则不然，可以有两种应对方法：

①采用标准法，即两布两纱设计，不要刻意对称和做规则陈设，而是要有意地做不规则陈设设计。

②采用多帘排饰设计，均衡分布，平衡空间。

3. 窗帘陈设常态

一门一窗式的联窗有三种常见陈设设计：两帘、三帘、四帘。

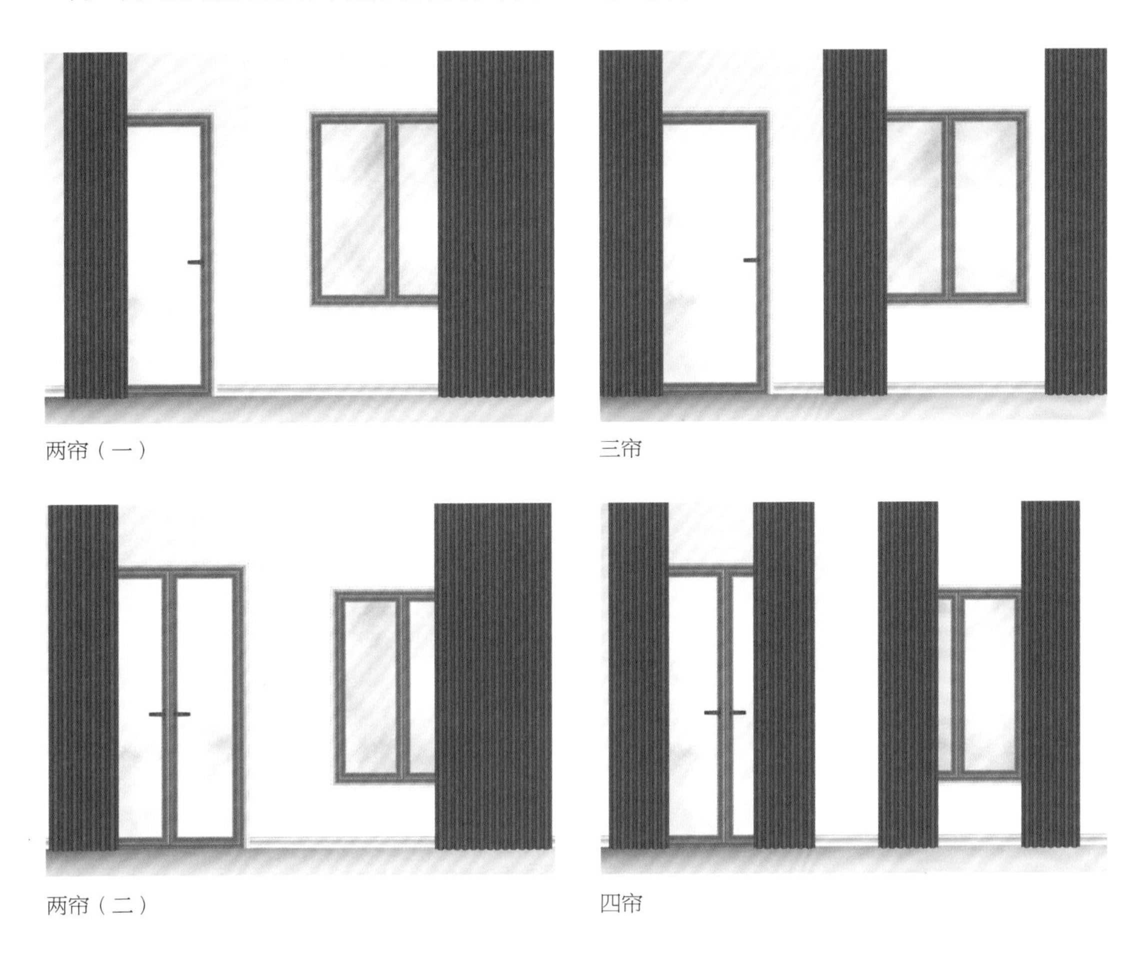

两帘（一）

三帘

两帘（二）

四帘

4. 设计案例分析

单门 + 中窗（中大窗）

特点：门窄，窗短较宽，高低落差较大。

错误设计：对称的设计不能改变不规则形态结构，拼接更加强化了设计的对称性，幔饰压低了空间的视觉高度，整个空间立面不仅左右不平衡，而且给人压抑之感。

正确设计：①双帘设计，不要帘带绑定，要保持适度的动态感，左右帘宽幅稍有大小区别，以平衡空间；②三帘设计，在三条线上完全平衡窗墙立面。

单门 + 中窗（中大窗）

错误的对称设计，没有改变空间的不平衡性

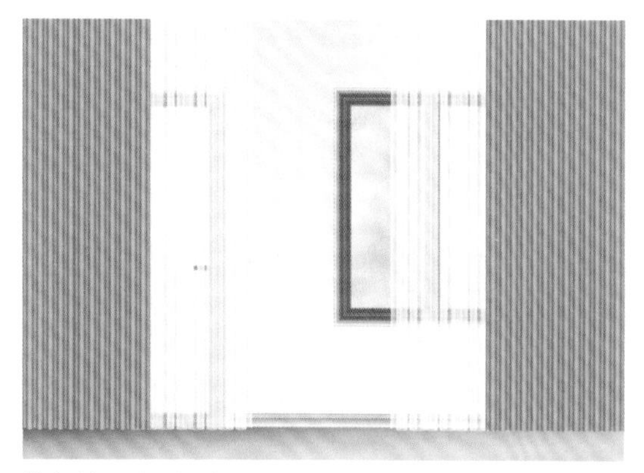

常规的双帘对称加纱窗的打底设计对空间的不平衡性有一定的改善作用

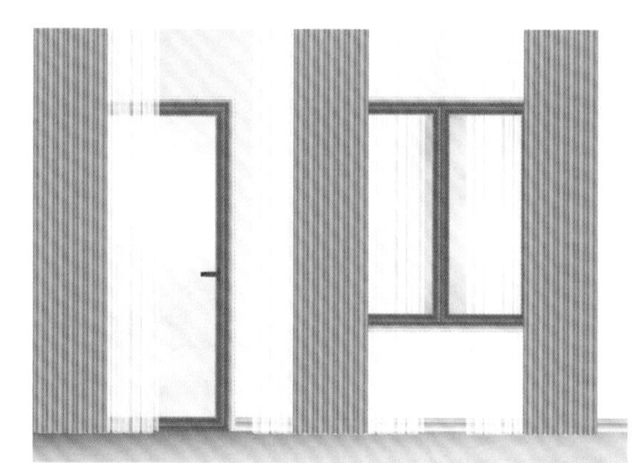

三帘分布均匀，平衡空间

中大门 + 小窗（小中窗）

特点：门大，窗小，左右严重不平衡。

错误设计：对称设计依旧错误，采取分而治之的设计同样也错。

正确设计：门与小窗仍然保持整体性，小窗不可分离，除了内帘还需加外帘。

中大门 + 小窗（小中窗）

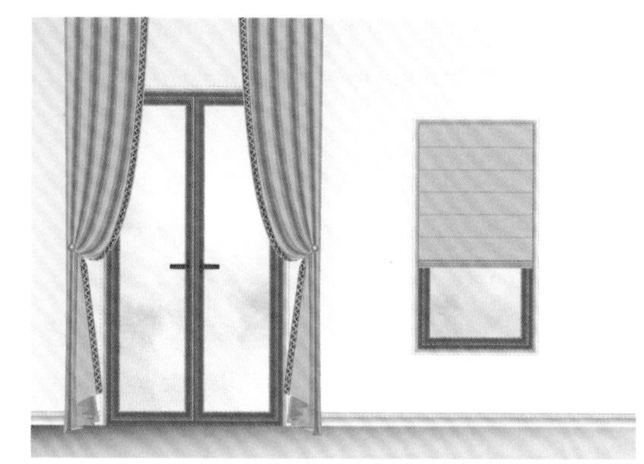

错误的分而治之设计

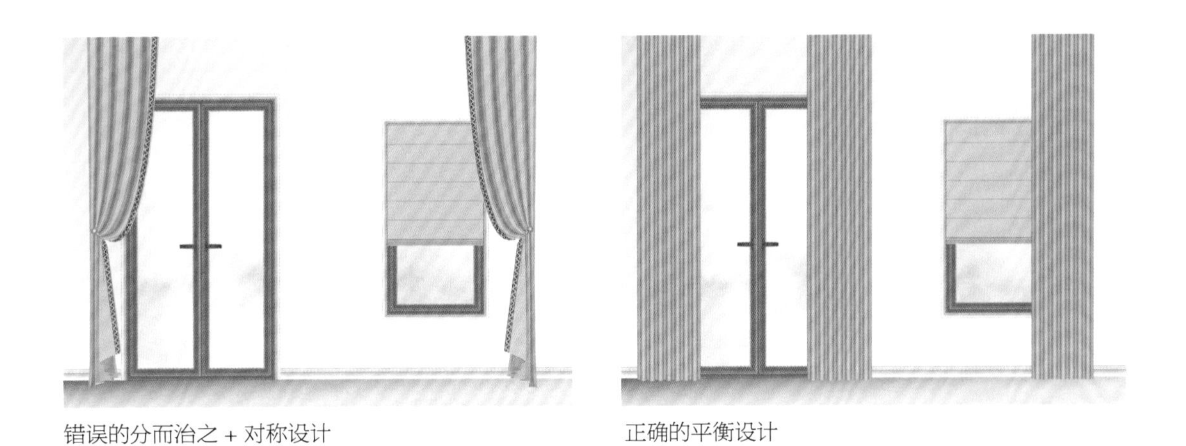

错误的分而治之 + 对称设计

正确的平衡设计

中大门 + 中大窗（中窗）

特点：体量接近，平衡性几乎不成问题，但窗与门高低错落的情况仍需要修饰。

窗帘设计：标准式对开设计，不能算错，但绝不是最好的空间分割设计；三段式设计过于单薄；四帘设计，既增强了空间平衡感，又有局部对称性，是最佳设计。

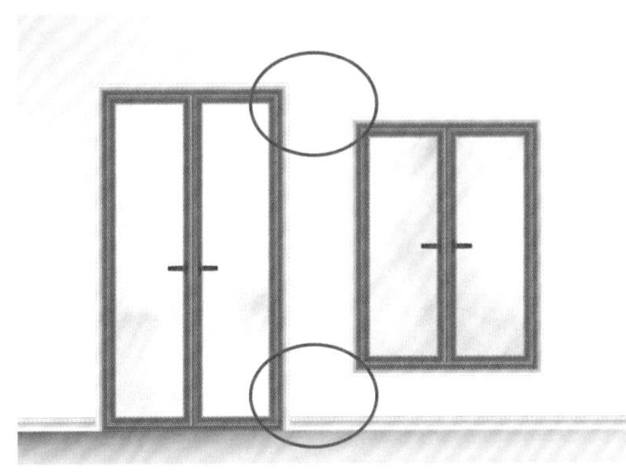

缺陷：窗角有落差

错误设计：没有达到修饰缺陷的目的

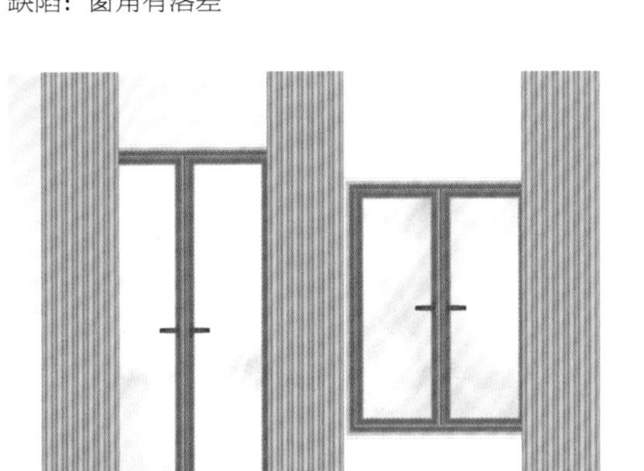

错误设计：力图掩盖立面缺陷，但效果不佳

正确设计：掩盖立面缺陷

精要提炼

空间布局为重，修饰手法为上。

| 解读 |

①联窗的窗帘设计，空间平衡是关键，控制好这一节点，就把控了联窗的窗帘设计。

②设计手法当以修饰为上选，如压布、齐平法、排饰法等，基本不考虑使用美饰手法。

10.2 错位窗

1. 概念描述

窗型名称

错位窗。

概念界定

两个或多个大小不一的窗户，在同一立面处于不同的位置，从而形成错位关系，称为错位窗。

特点描述

错位窗关系复杂，有对列、排列、叠加、排列加叠加等组合。错位窗，窗型不规则，排列不够整齐，立面视觉效果差，美感度低，是一个极需修饰的窗型。

2. 设计原则

以立面修饰为节点，兼顾空间平衡；整体规划，极忌单饰。

解读

①错位窗的窗帘设计虽与联窗的窗帘设计有相似之处，但错位窗是一个纯修饰窗型，美饰手法完全不可用。

②错位窗必须进行整体规划设计，无论窗户数量多少，均须将其视为一个整体来设计，单个装饰绝不可取。

③错位窗结构凌乱，要先以立面遮饰为主，然后再考虑是否分段分饰，要兼顾空间平衡。

3. 窗帘陈设常态

错位窗的窗帘设计以遮饰为主。主要有以下两种方法：双帘压布设计、四帘（或三帘）分段设计。这两种设计都要配以纱帘遮饰。

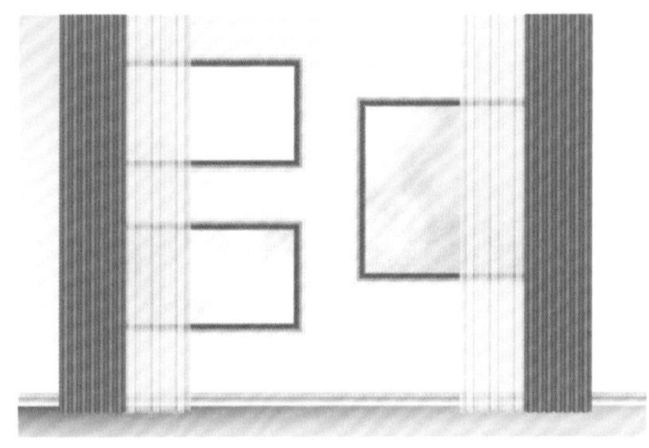

双帘加纱帘遮饰

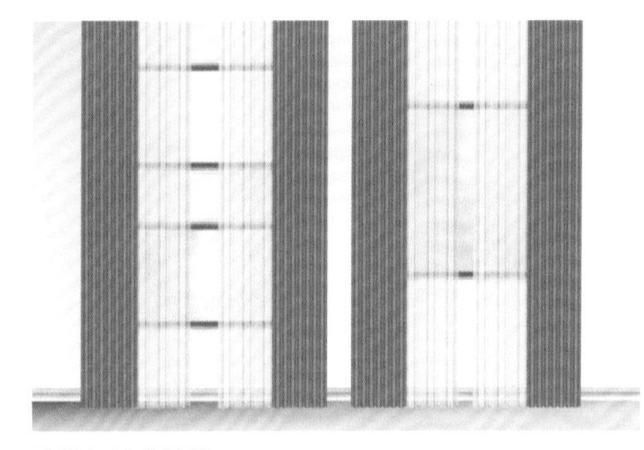

分段加纱帘遮饰

4. 设计案例分析

错位窗不管是两窗、三窗、四窗或更多窗，无论窗型结构多么凌乱，窗帘设计都万变不离其宗：先考虑纱帘的打底遮饰，再考虑分段、空间平衡设计。

布帘采用直线压布设计法，直线帘可以有规则地遮盖窗的错位部分，同时保留部分窗线条，使其与窗帘线条搭配。由于美饰法起不到这样的作用，故不采用。

两窗错位型

两窗错位缺陷

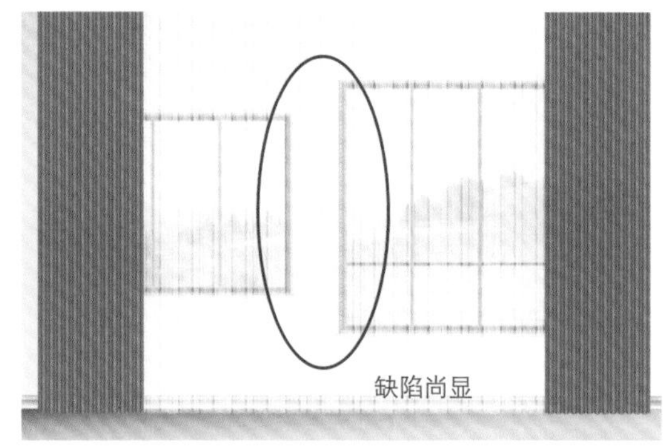

双帘无法掩盖缺陷

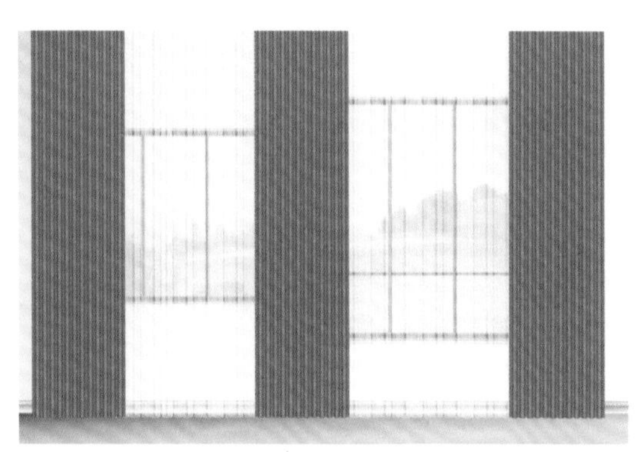

推荐：三帘压布 + 纱帘遮饰设计

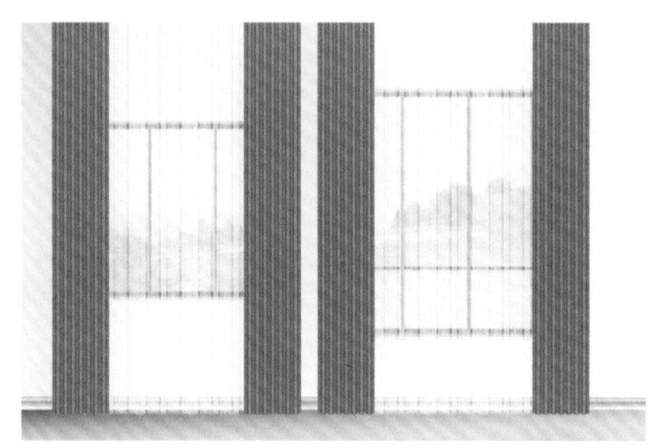

推荐：四帘压布 + 纱帘遮饰设计

错误设计，没有解决实际问题

不当设计，窗形不同，不可做规则设计

三窗错位型

在压布和遮饰的基础上又融入了拼接设计。拼接的搭配方式是精彩的手笔，可以收窄空间，提升美感。

三窗错位不规正

错误设计：缺陷依然显现

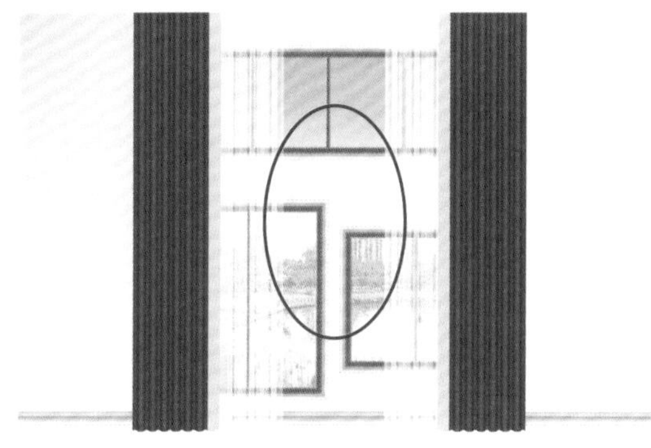

不当设计：双帘设计缺陷尚显

正确设计：多余边线被剪裁

四窗错位型

四窗错位更严重

错误设计：缺陷依然显现

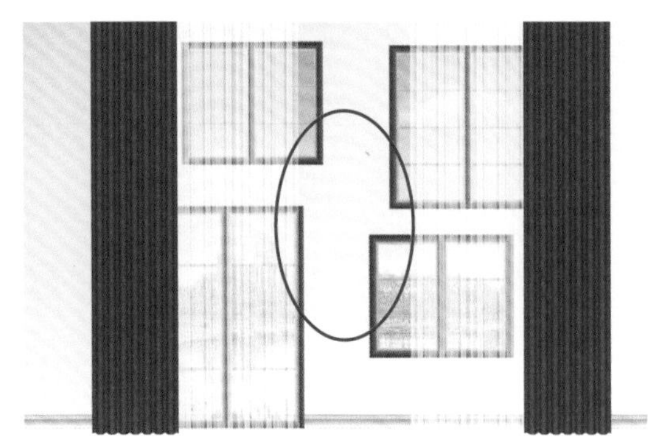

不当设计：双帘设计缺陷尚显

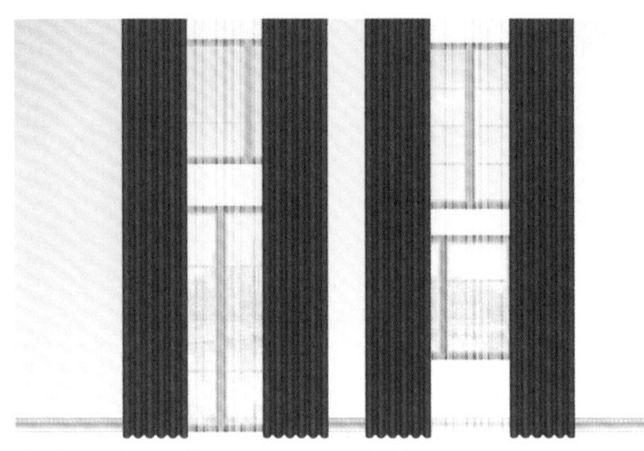

推荐设计：四帘压布 + 纱帘遮饰设计
修饰效果大为改观，平衡对称

精要提炼

任凭窗型诡异，直帘加纱应对。

| 解读 |

错位窗窗帘设计的关键是采用直线布帘（不可采用弧线帘），裁切掉错位的边线部分，然后纱帘打底，弱化凌乱的视觉效果。而其他美饰手法只会添乱，无益于问题的解决。

10.3 主副窗

1. 概念描述

窗型名称

主副窗。

概念界定

在一个或多个立面上，有一个中心窗，其他窗以中心窗为主轴形成对称关系，称为主副窗。

特点描述

主窗与副窗构成从属关系，主窗是立面的主轴与中心，副窗辅饰主窗。主副窗的平衡感比较好，美感度高。设计窗帘时既可以采用对称陈设，也可以采用不对称陈设或两者结合运用。无论采用何种手法，窗户整体形态始终会处于对称平衡的状态。

2. 设计原则

厘清主副关系，主强副弱，亦可反之；对称手法，结构平衡。

设计原则解读

①要弄懂主副窗的关系，需弄清楚谁为主窗，谁为副窗。主窗可重饰，副窗可轻饰。反之亦可，弱化主窗，强化副窗。

②用对称的设计手法，要始终保持窗的整体结构处于对称平衡的状态。

3. 窗帘陈设常态

①强化主窗，弱化副窗。

主窗强，副窗弱

②弱化主窗，强化副窗。

主窗弱，副窗强

4. 设计案例分析

中大窗 + 小窗组合

中窗的窗帘设计比较单调，以单布帘设计为主；小窗的窗帘设计比较灵活，如百叶帘与幔的组合。

强化主窗，弱化副窗。

主窗双帘（强），副窗单帘（弱）

主窗双帘（强），副窗单百叶帘（弱）

弱化主窗，强化副窗。

主窗双帘（弱），副窗单帘 + 百叶帘（强）

主窗双帘（弱），副窗百叶帘 + 幔饰（强）

中大门窗 + 圆拱窗组合

因圆拱窗的出现，窗帘可以增加弧线的设计和少量的百叶帘。

强化主窗，弱化副窗。

主窗双弧帘（强），副窗单弧幔（弱）

主窗双纱帘（强），副窗单纱帘（弱）

弱化主窗，强化副窗。

主窗双弧帘（弱），副窗单弧幔 + 百叶帘（强）

主窗双绷纱帘（弱），副窗纱帘（强）

精要提炼

主副关系虽然有别，设计表达却可颠倒。

| 解读 |

主副窗在关系结构上，有主导性和从属性之别，但在窗帘设计表达中，可以通过强弱手法，表达设计师想要表达的内涵。主窗弱，是用弱化的手法表达主窗的主体性；副窗强，是用强化的手法以衬托主窗的特质、格调。

从表面上看，主窗弱，副窗强。但从内涵上分析，主窗一点不弱，它造型独特，户外粗犷的树干形态也是设计表达的主题，精彩至极

10.4 门道窗

1. 概念描述

窗型名称

门道窗。

概念界定

门道窗是门道区与窗户的组合。

特点描述

门道是两个室内空间的交界与出入通道。门道的外面是窗，从正面看，门道与窗合叠在一个立面上，门窗合一是其最大特点。

门道窗具有承内启外的作用，连接着两个不同功能的空间，如内室连阳台（或书房、休闲区等）。不同的使用空间，需要加以区隔，隔断窗帘是最适合的设计。由门道、窗户再到户外，这三点构成了三个重要的空间节点，也是窗帘设计最重要的节点，可制造良好的景深效果。

2. 设计原则

门道有隔，窗帘有色，户外有景；设计表达上，门要轻，窗次之，景要重，三位一体。

解读

门道窗的窗帘设计要把握以下三点：

①门道，以隔断设计为主。

②外窗主要采用布纱帘，单色布帘为主，花色布帘为辅，色彩表达是关键。景观是设计表达的主题。

③设计表达轻重有度，从轻到重依次为门道、窗户、景观，顺序不可颠倒。

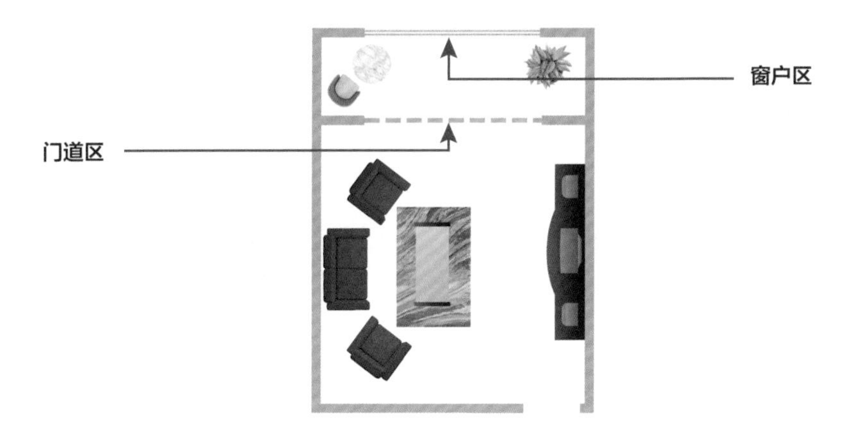

门道与窗户示意图

3. 窗帘陈设常态

隔断帘、布帘（纱帘）。

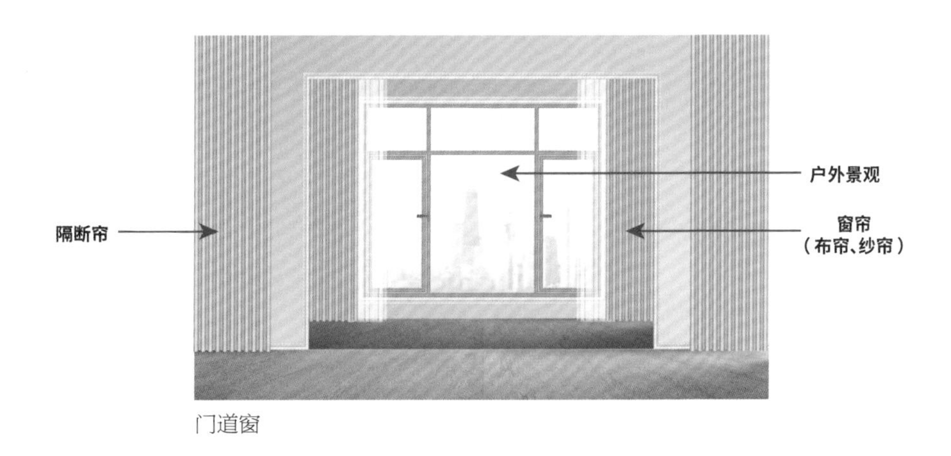

门道窗

4. 设计案例分析

普通立面装饰门道窗

普通的白墙或简单装饰的立面，窗帘可以直接覆盖。

单色布帘加上线条的拼接设计，把门道、窗户、户外景观三点连成一线，把景深效果表达得淋漓尽致。

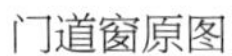
门道窗原图

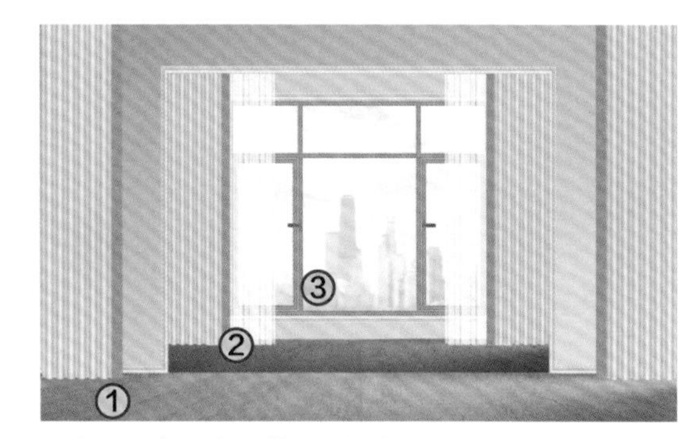

门窗景三点一线，增强景深感

遵从设计表达顺序原则，门道不可抢窗户的戏，窗户不要抢景观的戏。

门道帘的设计表达要弱于窗帘

不可采用，门道帘抢戏

饰面装饰门道窗

立面为木作、大理石等饰面装饰，窗帘不可以将其覆盖，要留白设计。

木饰面门道窗原图

门道区饰面不能做隔断帘

门道框的隔断帘设计

无论是普通立面装饰，还是饰立面装饰，门道区的隔断帘都可以安装在门道框内。门道框壁厚度超过 20 cm 的，优先考虑采用内嵌帘。这种内嵌设计在窗帘设计中不仅是允许的，而且是门道区重要的装饰手法。

隔断帘设置在门道内框是可以的

门道内框隔断帘允许轨道外露

容易犯的设计错误

把门道当作窗户来设计，采用造型复杂的重饰手法是错误的。复杂的帘幔饰，通过色彩与造型的影响力，抢了外景的戏，转移了人的视觉焦点，同时强烈地暗示人们：空间到此为止！这与门道窗的设计目的完全背道而驰。

错误侵占饰立面破坏硬装装饰效果

精要提炼

把控三点，注意顺序：门轻，窗色，外景。

| 解读 |

①门道窗的窗帘设计需将门道、窗户、户外景观进行整体考虑，不可偏废。

②门道隔断帘不要抢戏。

③窗帘以色彩表达为主，通过调控色彩调节前后关系。

④户外景观是精彩的背景，应尽力去呈现。

10.5 楼道窗

1. 概念描述

窗型名称

楼道窗。

概念界定

楼道窗是与楼道毗邻的窗户。

特点描述

楼道窗与普通窗户并没有太大区别，区别之处在于楼道窗所处的位置较特别，以及它空间特别狭小，而且高低不平。楼道窗的出现是基于采光的诉求，相较平地而言，在楼道行走有一定的危险性，因此楼道窗窗帘的设计，首先要考虑采光，其次是背景装饰。

2. 设计原则

当好绿叶，辅饰红花；

弱化手法，背景为主；

确保采光，保障安全；

节省空间，让道于人。

解读

设计楼道窗的窗帘时要先厘清楼道窗与楼道扶梯之间的关系。

①楼梯与扶栏是楼道室内设计重要的装饰内容，也是楼道室内装饰永恒的设计主体与主题。楼梯与扶栏，往往是设计的主轴，窗与窗帘常常是设计的副轴。

②楼道窗的窗帘设计需遵循三个词汇：副轴、弱化、功用。

●副轴。窗帘是副轴角色，纯粹是配饰，背景装饰要衬托楼道楼梯。

●弱化。手法宜弱化，形态宜单一，层次宜简单，帘材宜轻薄，色彩宜素雅。

●功用。设计要考量功能，同时避免窗帘占用过多的楼道空间。一是确保足够的采光，二是让道于人，不与人抢占地盘。

3. 窗帘陈设常态

以单色轻薄布帘为主，单层为宜，也可配纱，造型宜简单。

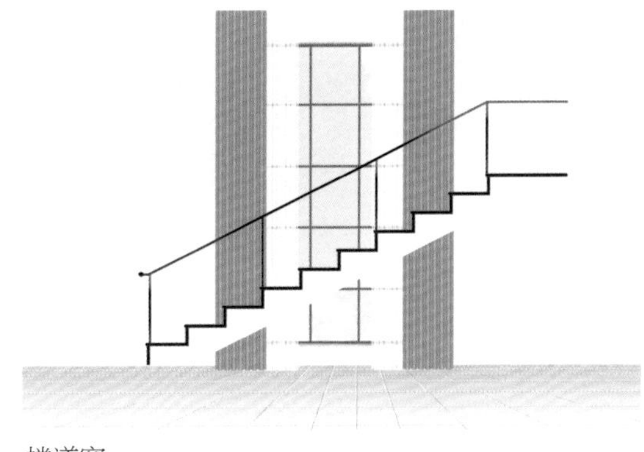
楼道窗

4. 设计案例分析

正确主流设计
永远把楼梯与扶栏放在主轴位置，窗帘做背景，不抢戏

正确佳好设计
拼接设计需谨慎，点到为止，主布、拼布均以单色布为主

正确佳好设计
可采用横条纹布帘设计，窗帘与楼道呼应，色彩要把控好，在设计表达上保持内敛与克制

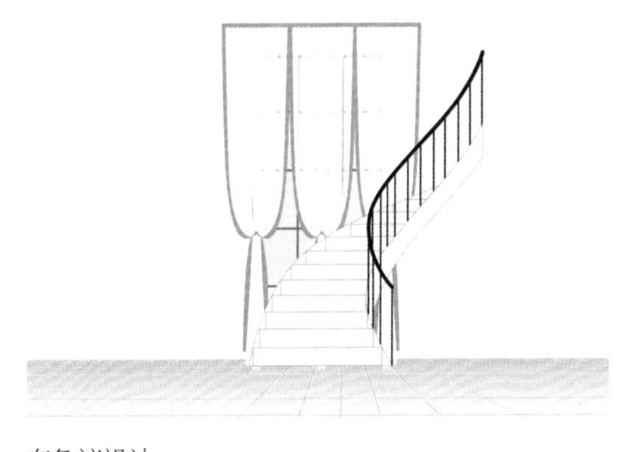
有争议设计
多帘拼接设计，谨防线条过多，以免喧宾夺主干扰主题的表达

不当设计一
不可采用色彩浓艳的花色布帘，花色加拼接更是添乱，不足取用

不当设计二
帘幔的色（彩）、形（造型、拼接）过于复杂、显眼，抢占了楼梯的设计表达

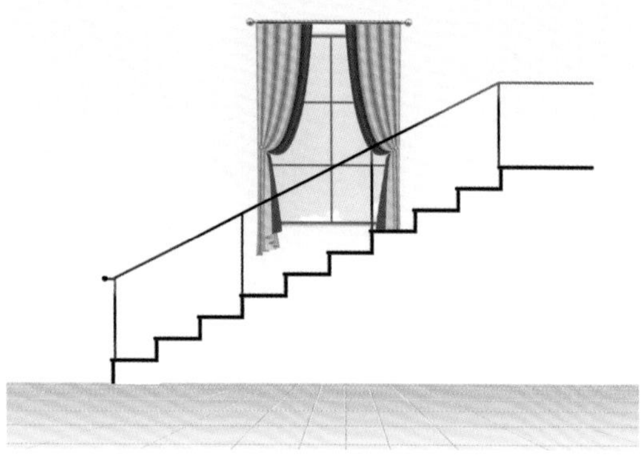

减少外挂设计
楼道空间狭小，任何需要占用空间的软饰都不可取

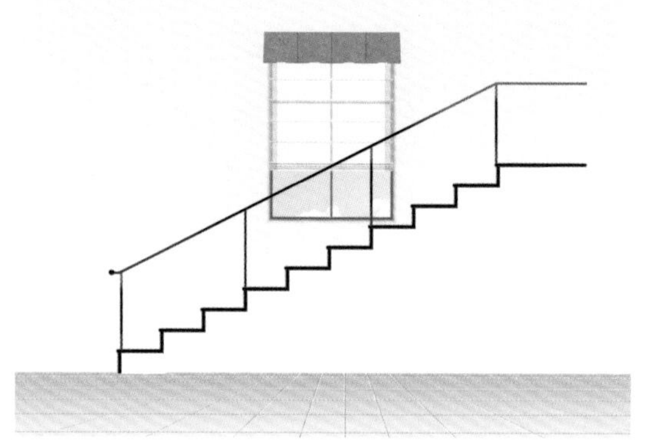

采用内嵌设计
窗帘尽量采取内嵌设计，减少耗占空间的外挂设计

精要提炼

分清主次，注重功能；先求简单，再求变化；节省空间，确保行走安全。

| 解读 |

①对窗帘而言，楼道是一个弱装饰区，应以硬装（楼梯与扶栏）为主，软饰（背景配饰）为辅。

②借助适当的拼接设计和色彩搭配，令窗帘设计出彩。

③楼道是用来通行的，不要肆意滥占行走空间。

第 11 章

窗型解构——装饰、风格类窗户分析与设计

本章将装饰类窗和风格类窗合在一起讲解。这两类窗都跟硬装相关，跟窗户的材质相关，是窗帘设计中易错、难把控的窗型。

11.1 饰框窗

1. 概念描述

窗型名称

饰框窗。

概念界定

窗体的边围部分，经木、石等材料再装饰的窗户。

特点描述

饰框是立面硬装饰的重要构成部分。饰框窗的框架经装饰后，往往凸出墙面，形成较深的窗台壁，以帘入框设计为好。饰框有两个作用：一是保护窗体，使之更坚固、耐磨损；二是起装饰作用。

2. 设计原则

避开框线，入框为上，少占框线，边搭、眉搭为下。

分清主次关系，框线为主，窗帘为辅。

解读

饰框窗以表现饰框线条美感为主，所以要控制帘幔的表现力度，不要盖过饰框效果。饰框窗的窗帘设计有三种处理方式：

①入框设计，即帘入框内，框线与帘线互不干扰。

②边搭设计，即帘压在两侧框线上，但仍有大部分框线显露出来。

③眉搭设计，即窗幔盖在窗框上部位置，但仍有大部分框线显露出来。

这三种方式，入框设计是最理想的方式，边搭与眉搭次之。

3. 窗帘陈设常态

饰框窗窗帘有三种基本陈设常态：内框帘、外框帘、幔饰。这三种陈设可以自由组合，演变成其他形式。

入框设计

边搭设计

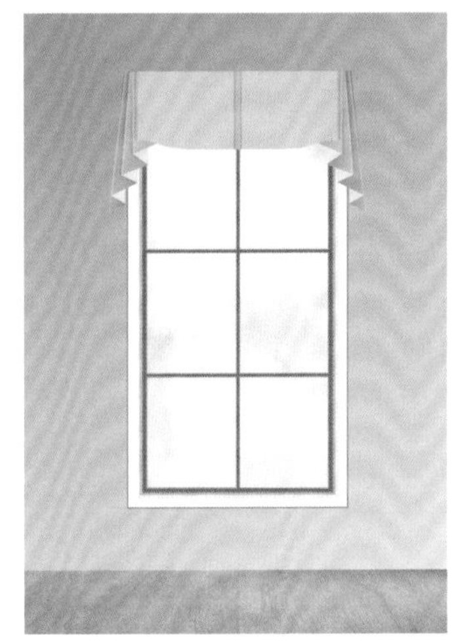
眉搭设计

4. 设计案例分析

入框设计

①饰框窗的饰框与硬装饰息息相关，是硬装的设计表达主题。

②饰框窗的窗帘设计，要分清窗帘与饰框的主副关系：饰框（硬装）为主，窗帘（软装）为副。窗帘在形态和色彩上，绝不可抢戏。

③饰框窗的窗帘入框设计，可以避开框线，各取一方空间，互不干扰。

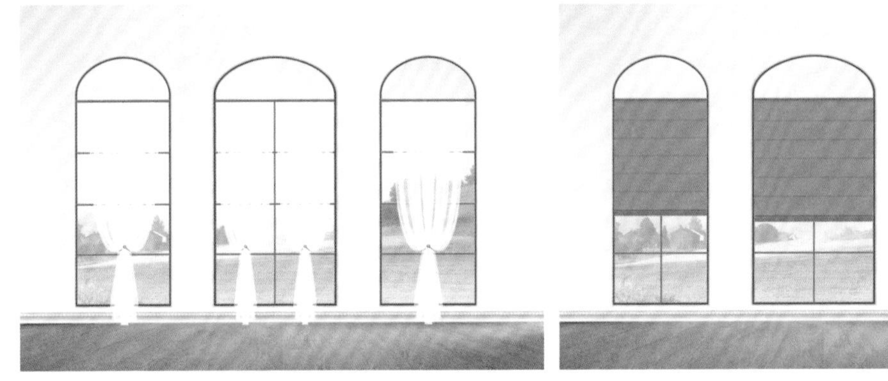
正确设计，避开框线入框设计

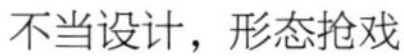
不当设计，形态抢戏

不当设计，色彩抢戏

边搭设计

饰框窗的饰框线条并不是完全不能遮盖（也不现实），关键是遮盖的程度。边搭设计，即布帘压边，盖住窗框 1/3，其余留白。

压边设计，局部掩盖

压布设计中加入拼接设计，注意拼接线条的数量控制，以免抢戏。布帘以单色为主，慎用花色布帘。

布帘拼边，线条不抢戏

布帘拼边，线条稍多些

眉搭设计

与边搭设计同理，窗帘可以遮盖饰框的顶部。眉搭以幔饰为主，幔在窗框上部，盖住窗框 1/4，其余留白。

眉搭设计

眉搭设计，单独幔饰

眉搭加内帘组合

饰框加饰立面装饰

既有饰框又有饰立面装饰的窗户，一定优先考虑硬装饰，采用窗帘入框的设计，基本不考虑边搭或眉搭设计。

饰框 + 饰立面装饰

必须入框设计

不建议外挂设计

精要提炼

饰框窗，往内钻；不能钻，靠边站；多配合，少抢戏。

| 解读 |

饰框窗的窗帘设计若能避开框线，尽量避开；若不能，则可贴边挂靠，少占饰框为好。

突出饰框设计主题，注意力度把控。

11.2 无饰框窗

1. 概念描述

窗型名称

无饰框窗。

概念界定

窗体的边围部分未经木、石等材料特殊装饰，直接由墙面收口到窗体，这种裸框窗称为无饰框窗。

特点描述

窗体直接嵌入墙内，窗墙边围不加额外装饰。墙立面一般采用墙涂处理，表面光滑，色调简单，风格现代。无饰框窗的窗台壁有深有浅，窗帘既可内嵌，又可外挂，因需而定。

无饰框窗

2. 设计原则

空间自由，内外皆宜；形式简单，风格现代。

解读

①饰框窗风格偏欧式，无饰框窗则以现代风格居多，窗帘设计风格以现代为主，形式上不宜做复杂的造型美饰。

②陈设上宜动（态）不宜静（态），色彩宜素雅。

③帘材与结构层次上以轻薄单层为主。

3. 窗帘陈设常态

无饰框窗的窗帘设计陈设常态有两种：外帘、内帘。内外结合形式也不受限制，但属非常态类型。

外帘

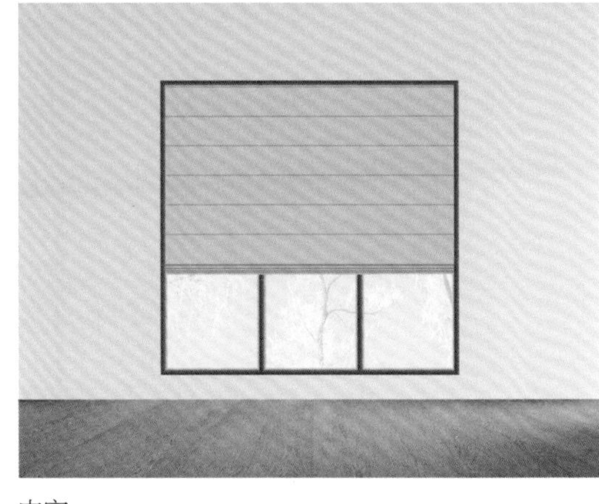

内帘

4. 设计案例分析

外帘的形式不限定，对开陈设或不对称陈设均可。其中，不对称陈设尤显轻松、不羁。

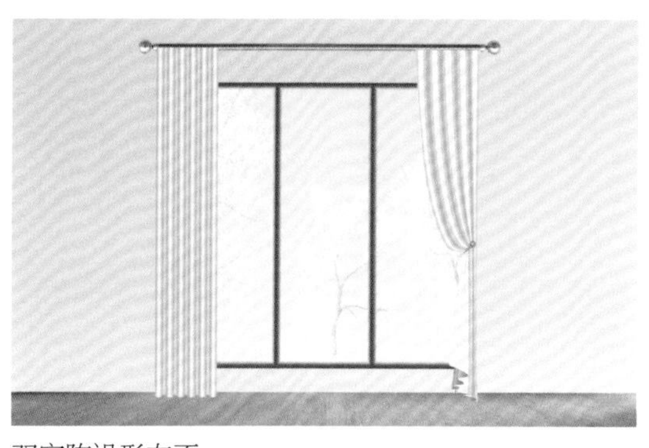

双帘陈设形态不一

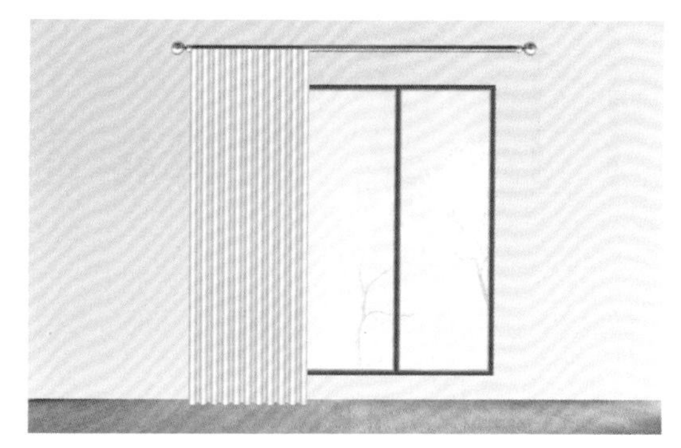

双帘单边倒

内帘以遮阳窗帘或布百叶帘（适合小中窗）为主。如果有需要，还可以配置外帘。

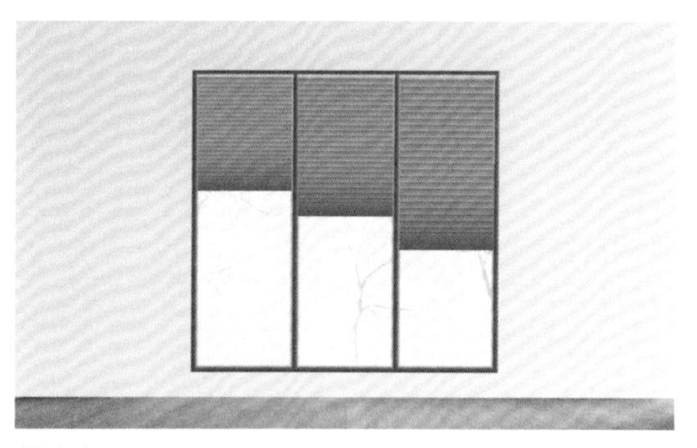

单内帘

内帘加外帘组合

可以有适度的拼接设计。严格控制幔的使用，除非有遮饰需要，否则不建议采用幔饰，因为幔饰会使风格走样。

可以采用弧线帘加拼接

可以加平幔装饰

精要提炼

把握现代风格特点，其他不限定。

| 解读 |

①无饰框窗，风格偏现代，不宜繁复设计。

②无饰框窗，空间灵活，可内可外，外多于内。

③形式自由，可动可静，动多于静。

11.3 复饰框窗

1. 概念描述

窗型名称

复饰框窗。

概念界定

在窗户的外层再定制一个窗套，前后形成夹层，这种双层结构窗称为复饰框窗。

特点描述

复饰框窗是欧式风格建筑特有的窗，是专门为窗帘而设计的硬装饰。复饰框设计的目的是塑造窗帘形态，硬装饰包装软装饰。复饰框下的窗帘，以静态陈设为主，装饰性要大于实用性。

2. 设计原则

以传统欧式风格为主，宜对称、工整、规则、平衡、静态。

解读

①复饰框窗的窗帘设计要体现欧式装饰风格的特征。窗帘设计讲究工整、陈设的规则性、对称性以及空间的平衡性，并可以有多层的设计和幔的加饰。

②复饰框窗的窗帘，以静态装饰窗帘为主。

3. 窗帘陈设常态

双帘对开陈设、弧线造型。

复饰框窗

4. 设计案例分析

复饰框窗的窗帘款式以欧式风格为主，如弧线帘（高腰、中腰、低腰、燕尾、反弧、不对称弧等），弧线幔可以加部分直线帘，弧线帘与直线帘也可以结合运用。

传统欧式装饰弧线帘（加边缀）

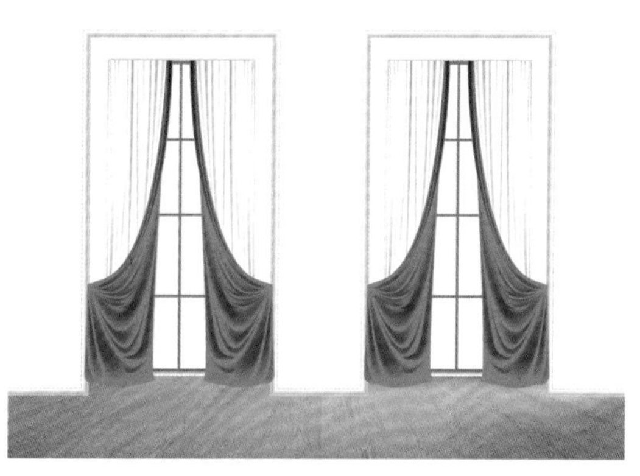

传统欧式燕尾装饰帘

高腰弧线装饰帘

弧线装饰帘与直线帘结合

现代欧式双色帘

现代欧式拼接帘

现代欧式弧线帘 + 弧线幔

现代直线帘 + 弧线幔

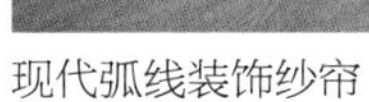

现代弧线装饰纱帘

古典水波纱帘

精要提炼

欧式风格，装饰窗帘，形式多样，手法现代。

| 解读 |

①复饰框窗的窗帘设计以欧式风格为主，以欧式弧线帘为主要表现形式，也可以融入现代直线帘和拼接设计。

②窗帘设计的形式可以多样，如单层与多层的结合、弧线（为主）与直线（为辅）的结合、帘幔的结合运用等。

③复饰框窗的窗帘设计以装饰窗帘为主，需静态陈设，弱化实用性。

11.4 现代窗

1. 概念描述

窗型名称

现代窗。

概念界定

窗框材料以金属及其合成材料为主，窗户框架为直线或其他几何线条。

特点描述

以金属质感和直线条为特色。结构简单，线条粗犷、冷峻、硬朗，柔美性较弱，工业风特征明显。现代窗是现代建筑的标志与符号，总体上是一个需要遮饰的窗型。

2. 设计原则

形式简约，帘为主角，几乎无幔；

线条美感应为设计表达主题；

动态陈设为主，静态陈设为辅；

多种帘材运用，单色为主，花色为辅；

突出纱帘的遮饰效果；

发挥拼接的点金作用。

解读

现代窗的窗帘设计，融汇了现代窗帘风格的所有设计要素：

①在形式上，布帘和纱帘可单独运用也可两者结合，基本不考虑幔的装饰。

②线条美感是窗帘设计的主题。现代窗可表现的线条形式：布艺褶皱线条、色彩线条；窗体结构线条；粗、中、细型线条；规则型线条和不规则型线条。

③窗帘的陈设：随意挂，不加帘带；双开或单开；对称或不对称；多段式，自由游动散居；静动态陈设均可。

④帘材可以是布艺类也可以是非布艺类。布艺类是主要的设计类型，其中以单色布帘为主，花色布帘为辅。

⑤纱帘在现代窗的设计中，扮演的是主材的角色，绝不是可有可无的陪衬。

⑥线条之间的布帘拼接设计，是现代窗窗帘的重要设计手法。

3. 窗帘陈设常态

以褶皱直线帘为主；常用单色无幔布帘；布纱结合，或布纱单用。

现代窗布纱帘

4. 设计案例分析

窗帘的线条美感设计表达

线条美感是现代窗帘设计的表达主题，布艺的褶皱线条是布艺窗帘的灵魂。

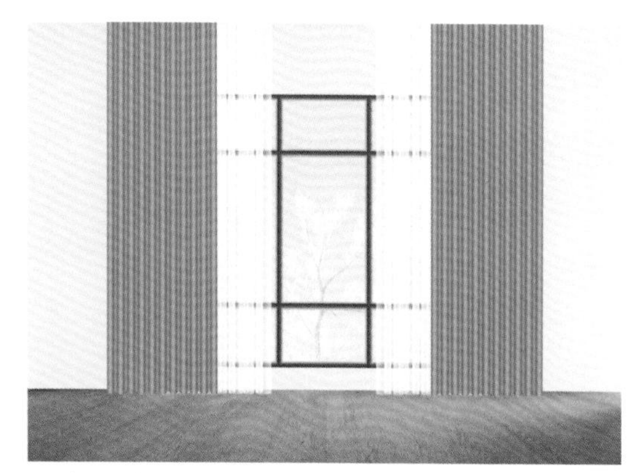

细腻、内敛、时尚、沉稳的细褶线

粗犷、简洁、休闲、随意的中粗型褶线

严谨的规则型线条

松散自由的不规则型线条

布帘的色彩线条既可以做单独的设计表达，也可以与窗线、室内软硬装饰及户外景色搭配。

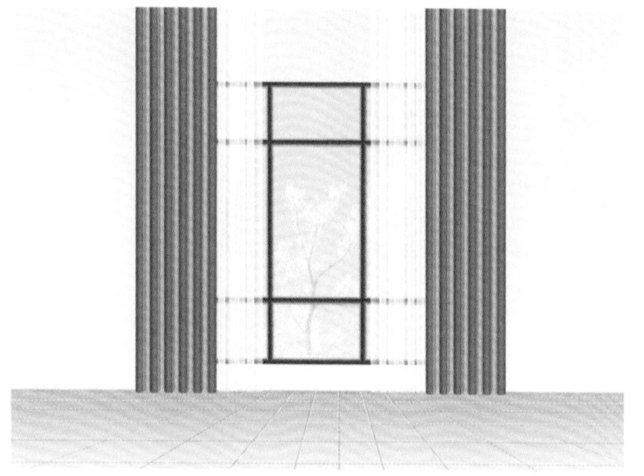

布帘色彩线条增加垂感

布帘色彩线条增加动感

单色或花色布帘的拼接设计，可以与窗线、室内软硬装饰及外景搭配，有修饰窗户立面、改变窗墙空间视觉效果的作用。

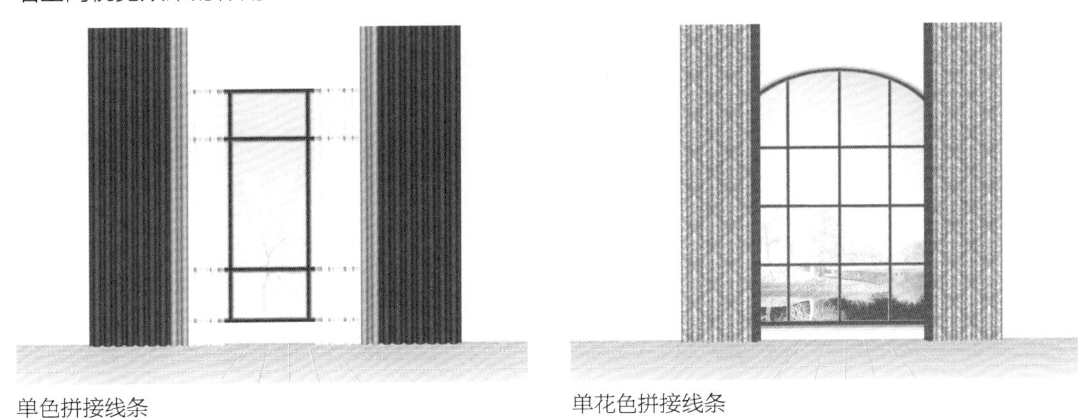

单色拼接线条

单花色拼接线条

现代遮阳窗帘作为一种实用性窗帘，不仅好用，在结构上线条分明，还与现代窗的形态高度匹配。因此，可将其作为一个重要的设计帘种对待，而不是补充。若配以布艺，则会使现代窗的设计更显完美。

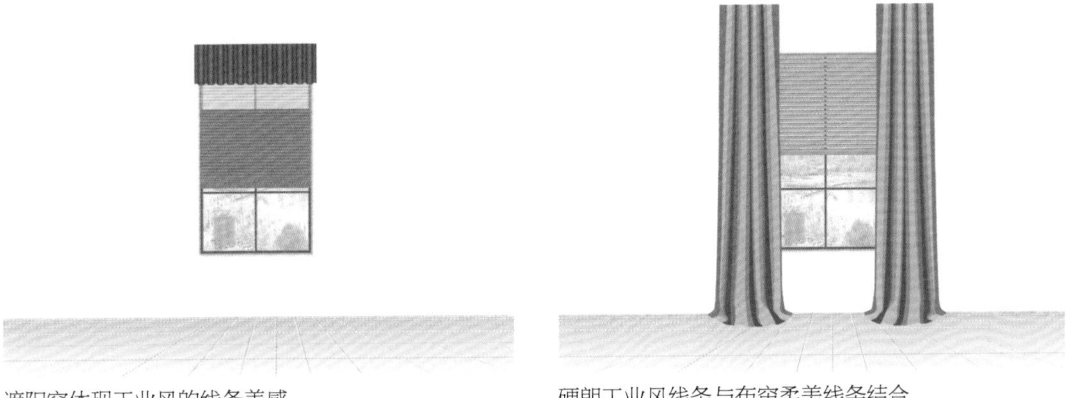

遮阳帘体现工业风的线条美感

硬朗工业风线条与布帘柔美线条结合

窗体的线条美感，也是现代窗的设计主题之一。有时窗户的呈现比窗帘的呈现更重要。窗为红花，帘为绿叶，布帘做背景装饰，纱帘做遮饰，省略不必要的拼接设计，以免抢戏。

突出窗框线条美感，让窗帘做背景装饰

窗帘的陈设设计表达

现代窗的窗帘陈设可动可静，以动态为主、静态为辅。

窗帘无固定位置，不对称、不规则、松散，且无帘带绑定，按需改变陈设位置

窗帘被分成四块，均匀分布，处于相对固定的位置，虽静犹动

纱帘的遮饰设计表达

现代窗的窗帘设计，帘材是关键，纱帘是主要的帘材，其次是轻质半透布帘。色彩以浅单色为主，极忌色彩浓烈的花型纱材。

纱帘与现代窗的关系

纱是布艺中最柔软的饰物，既有柔度又有暖度，正好可以弱化现代窗的刚硬和冰冷感。

纱具有半透半遮特性，既可保证室内通透性和采光，又可遮饰现代窗粗简形态。纱帘无论是直线还是弧线，都能与现代窗的线条匹配，刚柔相济。

现代窗窗帘以单色或单色暗底花纹纱帘为主，遮饰效果最佳

花色纱帘需谨慎使用，具有一定的风险，会干扰视觉效果，要掌控好纱帘与布帘色彩力度

现代窗窗帘常见设计错误

首先，设计思维混乱，主体与主题分不清，认为帘是主、窗是副，要特别装饰，其实不然。

其次，设计手法混乱，用美饰手法代替修饰手法，而现代窗恰恰需要修饰为主的设计。

再次，空间概念混乱，使用过多的幔饰，人为降低空间视觉高度，耗占空间，而现代窗恰恰需要释放空间。

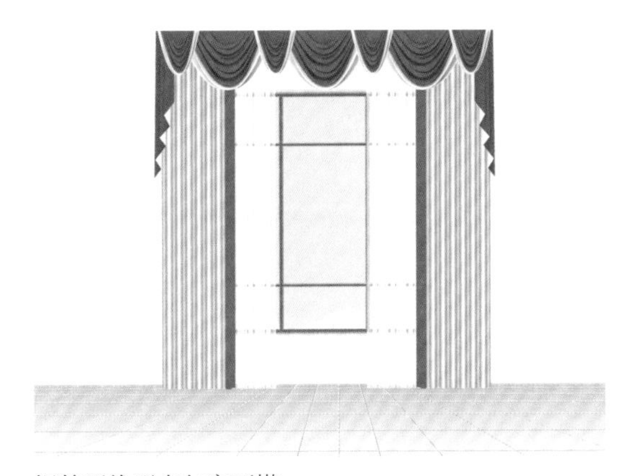

幔的弧线形态与窗不搭

窗帘抢戏，幔耗占空间高度

窗帘过于抢戏，窗户是主、帘是辅。另外风格判断有误，将现代圆拱窗误认为是欧式弧形窗

布帘与纱帘的花色相互干扰，幔又乱上加乱

精要提炼

简化形态，突出线条美感，活用陈设，拼接变化，纱帘遮饰。

| 解读 |

现代窗的窗帘设计以简约的线条美感取胜，不可采用多层繁复的弧线和帘幔合一的设计；重点表现材质质感的时尚性；窗帘陈设动静结合；拼接设计可增加变化的多样性；发挥纱帘的遮饰作用。

11.5 中式窗

1. 概念描述

窗型名称

中式窗。

概念界定

以中式线格纹饰为主要装饰元素的窗户。

特点描述

中式窗以线格纹饰为主要装饰元素，形式多样。线条构成以直线居多，其次是圆弧线，抑或是两者都有。中式窗，造型简练，结构严谨，工制精细，纹理质朴而典雅。中式窗以线为主，以线为美，线格纹饰是中式窗帘设计表达的主体与主题。

2. 设计原则

弄清中式窗与现代窗的关系，精准设计；窗为主，帘为辅，窗重帘轻，背景陪衬，线条配合；充分考虑实用性；选对帘材、图纹及色彩元素。

解读

要做好中式窗的窗帘设计，就要先要弄清中式窗与现代窗及其风格的关系：

首先是窗户关系。中式窗是中式建筑的装饰形式，在线条形态上虽与现代窗有共同特征，但属两个不同的窗型概念。其次是风格关系。现代窗可以配置中式风格窗帘；中式窗既可以配置中式风格窗帘，也可以配置现代风格窗帘。因为现代中式窗帘本来就是从现代直线帘演变而成的，两者之间有渊源关系。无论是中式窗还是现代窗，在演绎中式风格时，窗帘设计都必须遵从窗户（硬装）为主、窗帘（软装）为副的设计原则。再次是在尊重硬装饰的同时，要充分考虑使用者的功能需求。最后在帘材选择上，布艺、植物、金属、非金属（无纺布之类）等材质均可作为为帘材。

3. 窗帘陈设常态

以窗户的线条形态为主要设计表达，突出窗户美感，弱化遮饰效果。

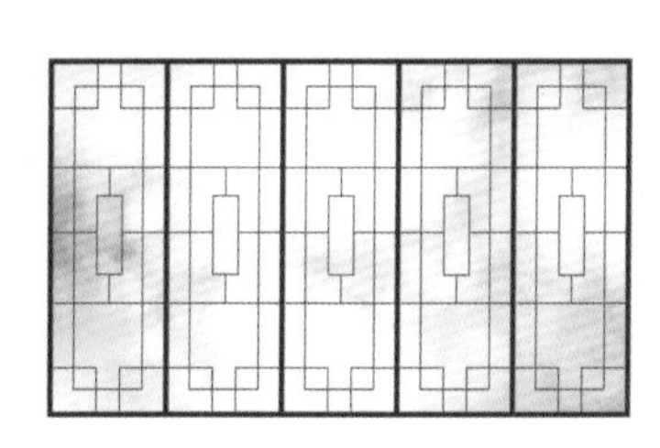

中式窗

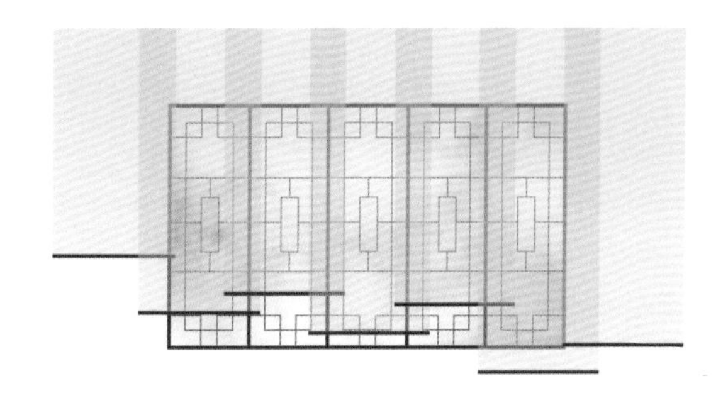

突出中式窗的美感，弱化遮饰效果

4. 设计案例分析

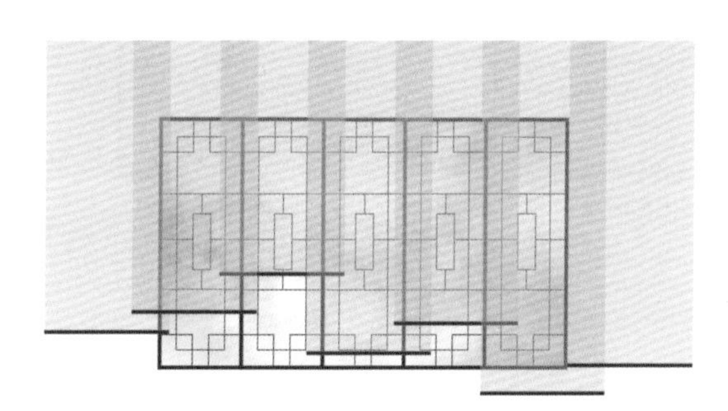

中式单色透景卷轴挂帘，双层交叠，错落有致。窗体轮廓线半隐半显，帘轴线与窗线呼应

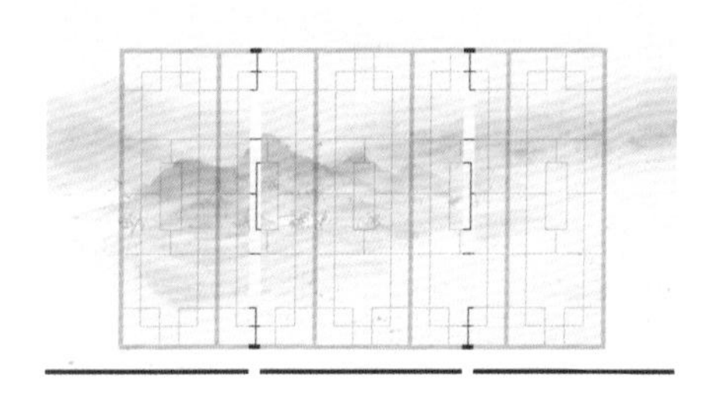

选用中式图案透景卷轴挂帘时，要处理好图案与窗体线条的关系，分清谁主谁副，不宜兼得，要有所取舍

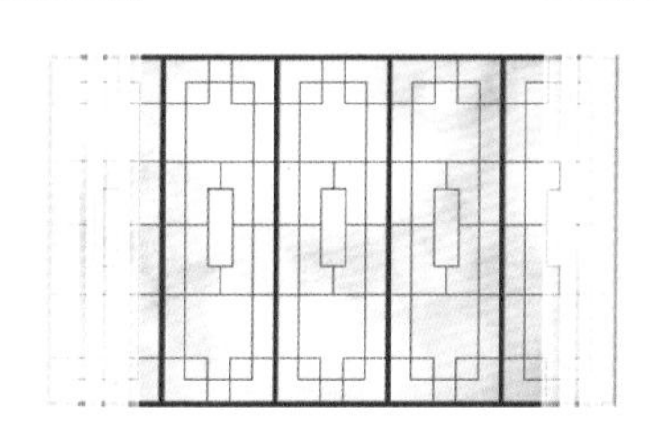

现代遮阳柔纱垂直帘完全适合中式窗：一不抢窗户戏，主副分明；二线条挺直，匹配性好；三使用方便

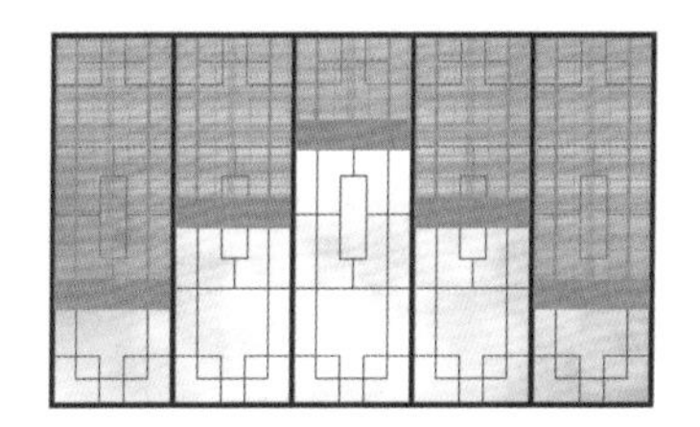

植编帘依窗分隔，不但实用，而且在风格上也与中式窗比较吻合，稍显不足的是透景效果弱些

卧室中式窗窗帘可以做布加纱的组合设计。帘材宜以单色为主，不要加图案元素，以免抢戏

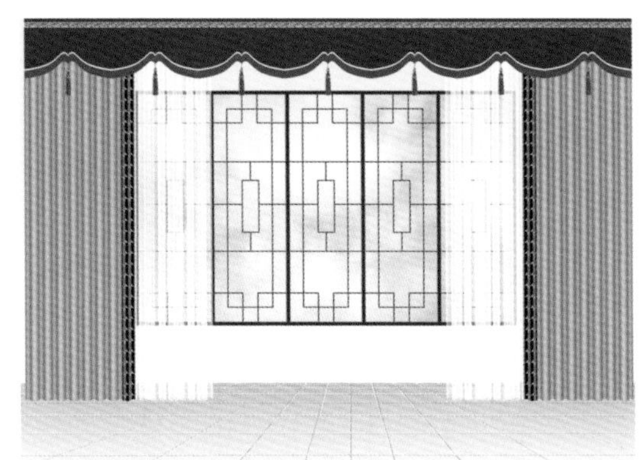

对于中式窗而言，幔饰和拼接设计都会抢戏，尤其线条侧拼，会干扰窗户线条，不建议这样设计

现代单色无拼接直线帘配中式窗

现代拼接装饰帘配中式窗，可以有适度的弧线表达

传统中式双层屏风装饰帘，是以帘为主的设计。在常态陈设下，这样会忽视窗的设计表达，这是在特殊需求下的特殊应用

中式小中窗，可以配置欧式幔帘二者合一，中西混搭

中式小中窗，从使用功能上考虑，可配以内嵌式百叶帘，百叶帘风格现代（包括现代遮阳帘）、中式均可

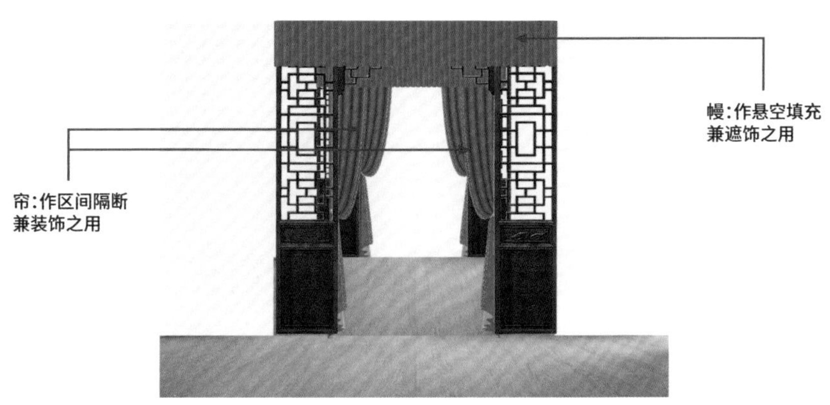

中式门道窗，以现代手法装饰中式传统建筑

精要提炼

中窗中用，中窗今用，今窗中用；以窗为主，帘做配饰。

| 解读 |

①中式窗可以采用传统中式窗帘。

②中式窗也可以采用现代直线帘。

③现代窗也可以采用中式窗帘，演绎中式风格。

④突出窗的设计表达，帘不要过于抢戏。

第12章

窗型解构——环境类窗户分析与设计

本章诸窗均与户外环境有关。室外环境是影响窗帘设计的重要因素，对窗帘设计来说，户外景观、自然光线、隐私保护，都是必须考虑的户外因素。

12.1 景观窗

1. 概念描述

窗型名称

景观窗。

概念界定

能够观赏窗外景观的窗户。

特点描述

景观窗是将户外优美的景观作为室内装饰的元素，借外饰内，内外一体。在这里，窗户不再是简单的窗口，装饰精美的窗框或可成为一个大画框，而外景成为天然的巨幅画卷。

2. 设计原则

景观为主，窗帘为辅；纱帘为主，布帘为辅；

把控色彩，中性色调；形式减简，不抢景戏。

解读

①景为主、帘为副，窗帘要辅饰景观。

②纱为主、帘为副，纱能透景，布帘要辅饰纱帘。

③弱化色彩效果，窗帘以中性色为主。

④窗帘形式宜简单，要减少层次。

3. 窗帘陈设常态

采用单色布帘或纱帘，以单层为主，也可布纱结合。

景观窗的三大设计要素及其关系：景观是主轴，窗户是视角，窗帘是副轴做背景装饰。

景观窗示意图

4. 设计案例分析

布帘以基本款为主，宜为单色布帘、中性色调，装饰背景的同时，兼具实用性

纱帘宜取无花纹素色面料，不阻碍视线，透视感好

景观窗不建议做拼接设计，拼接线条会将人的视线焦点拉回室内

深色帘布和花边色彩过于抢戏，面料与色彩均选配不当

遮阳纱帘是景观窗的理想帘材之一，除了透景效果好，遮阳性能也好

遮阳帘配布帘，可以改变遮阳帘的单调性，提升装饰性的同时，也增强了实用性（如遮光等）

蜂巢帘虽然遮挡部分窗户以致阻挡视线，但是上下移动方便，可以随时改变窗帘位置

日夜式蜂巢帘，将纱与帘连在一起，实用性与观赏景观兼顾

阳光卷帘，虽然普通，但有很好的透景感

窗膜，不属于窗帘帘材，但属窗户设计材料。窗膜有安全防爆及隔热等性能，还无碍观赏景观

对于景观窗而言，这种幔帘合一的多层设计，都属于错误的窗帘设计。景观窗不可以脱离环境，勿以窗帘为中心，户外景观才是表达主题

精要提炼

把握中心，控好色形；透景帘材，形式多样。

| 解读 |

①景观窗的窗帘设计要把握以外为主这个中心点，控制好色彩的表现力度。

②窗帘形态不可复杂化，外重内轻。可以采用多种透景帘材，纱帘是主材。

12.2 隐私窗

1. 概念描述

窗型名称

隐私窗。

概念界定

隐私窗是能与本窗对面建筑互窥隐私的窗户。

特点描述

隐私窗的出现，是因为建筑之间的间距太近，窗与窗面面相对，能够窥见对方的活动情形。现代建筑为了追求土地利用率，人为拉近建筑之间的距离，5 ~ 10 m 的间距是常见的。隐私窗在城市公寓、联排住宅、别墅中都存在，是一个需要特别遮饰的窗型。

2. 设计原则

纱帘当头，多帘配合，改变陈设，外窗遮饰。

解读

①隐私窗的窗帘要突出纱帘的设计。包括加饰图案、选用厚材、加大褶皱倍数等。

②除了纱帘，还可选用遮阳帘做配饰，多层布纱帘和遮饰帘进行交叉重叠的组合。

③改变窗帘的陈设，例如将对称陈设改为不对称陈设，多帘分段设计，根据需要来移动窗帘。

④还可以在楼层不高的窗户外面加遮饰帘。

3. 窗帘陈设常态

以布纱帘为主，纱帘比一般窗户的窗帘要厚实些，褶皱倍数在两倍以上（标准为两倍）。

隐私窗

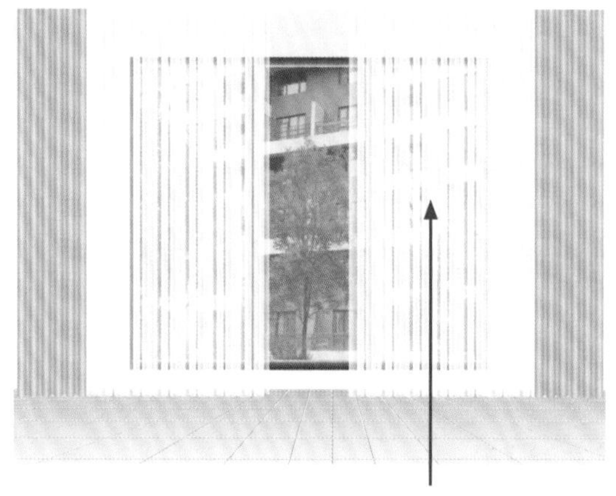

正常的布纱组合，纱加厚，褶皱倍数加大

4. 设计案例分析

标准设计是纱帘加大褶皱倍数，或帘材加厚

不需考虑遮光的客厅或餐厅，可以采用双纱设计，即打底薄纱加厚实遮饰纱（或轻布）组合，底纱帘褶皱倍数适当加大

采用印花或织花纱帘，可以干扰对面窥视

采用绘画图案装饰帘，可以干扰对面窥视

改变窗帘陈设方式，采用动态陈设或不对称陈设，通过位置的移动保护隐私

采用三帘或四帘分段设计法，缩小窗帘之间的间距，等于缩小被窥视区域

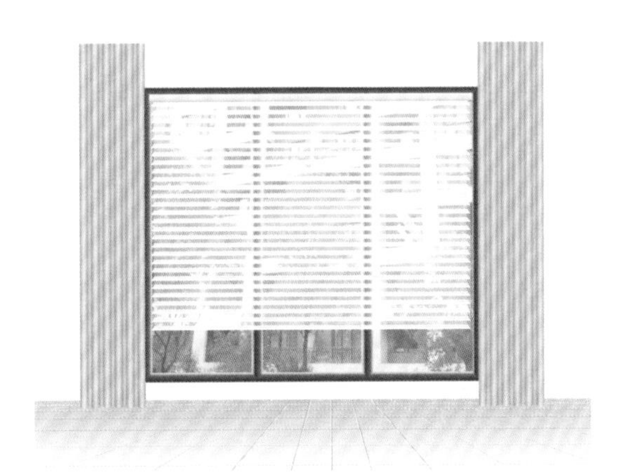

布帘结合柔纱百叶帘，通过百叶帘的调节，遮挡隐私

布帘结合蜂巢帘，通过蜂巢帘上下位置的灵活调整，遮挡隐私

两内帘一布帘的交叠组合，增强遮饰效果

两纱帘一布帘的交叠组合，集装饰、遮饰及实用于一体

在楼层不太高的窗户外面，可以外置遮饰帘

精要提炼

多度，多帘，多层。

| 解读 |

①多度是指纱帘的密度、厚度、花色度。可以通过增加纱帘的密度（即褶皱倍数）、厚度及花色度，提升遮饰的有效性。

②多帘可以结合遮阳帘的运用。

③多层可以采用三层帘的作业方式。

12.3 阳光窗

1. 概念描述

窗型名称

阳光窗。

概念界定

能够大面积接受阳光照射的窗户。

特点描述

阳光窗受光面积大，受光热量大。阳光窗最大的敌人是自己，过多的光辐射给室内带来了过多热量。如何在夏季避免灼热的光照，已成为阳光窗窗帘设计的核心课题。

2. 设计原则

遮阳帘材为主，布帘作配饰。

解读

①阳光窗是一个纯功能性的窗型，必须选用阻隔光热性能优异的遮阳帘，布帘仅仅做简单的配饰。

②最适合阳光窗的遮阳帘材要数蜂巢帘和窗膜。窗膜虽然不属于窗帘的范畴，但是在窗帘设计中是不可或缺的材料。窗膜与窗帘搭配使用，可以解决很多窗帘所不能解决的问题。

3. 窗帘陈设常态

阳光窗通常配隔热遮阳帘，或配窗膜。

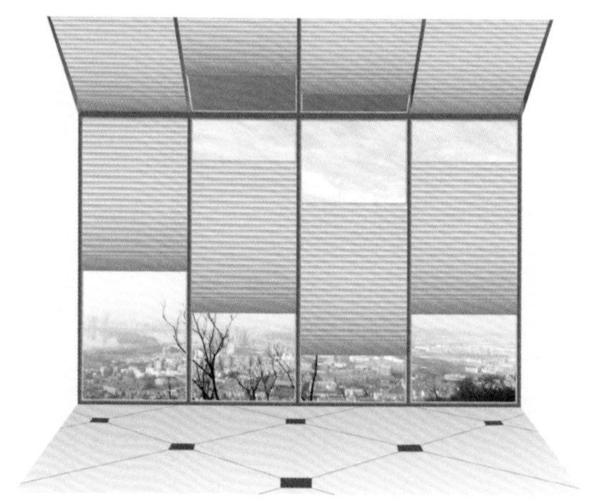

阳光窗与遮阳帘

阳光窗与蜂巢帘

蜂巢帘是遮阳性能比较好的帘材。蜂巢帘具有隔热保温的作用。帘面具有高光线反射和低热能渗透性能，加上中空蜂窝式结构，能有效阻隔热量。夏季外面热量较难透入，冬季室内热量也较难外散，故有夏隔热、冬保温之效。蜂巢帘还能够阻隔紫外线。不同面材类型，其紫外线的阻隔率在 65% ~ 98% 之间。蜂巢帘还有吸声降噪、耐污防尘等功效。

蜂巢帘

阳光窗与窗膜

窗膜保护了建筑物最薄弱的部位，将普通的玻璃窗转化为高性能隔热保温玻璃窗，一层膜的隔热性能与 24 cm 厚的砖墙相当。

窗膜能将高达 79% 的太阳热能和 99% 的紫外线阻隔在室外，从而达到防爆防晒的效果。在炎热的夏季可以起到节能作用，保证室内温度不会升高太多，从而节省空调费用。在冬季可以将室内的热源反射回室内，起到保温作用。

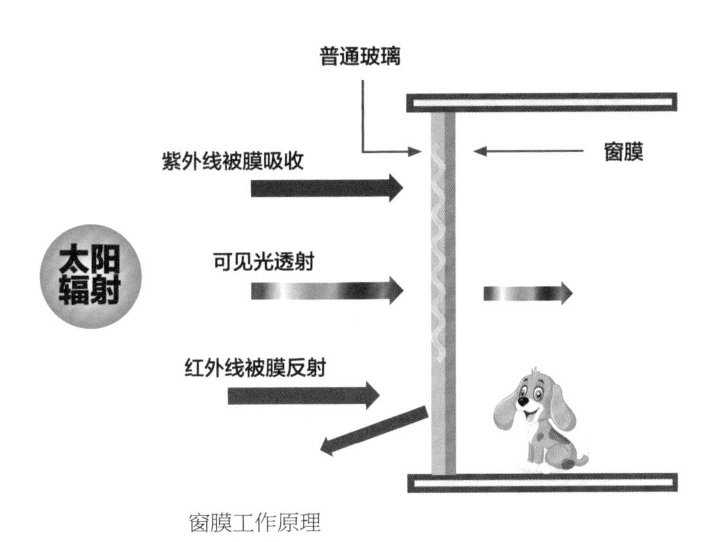

窗膜工作原理

4. 设计案例分析

配置可上下移动的遮阳蜂巢帘，或者选用隔热窗膜配布帘。

配置可上下移动的遮阳蜂巢帘

窗膜配布帘

窗膜配隔热性能较弱的透景卷帘

窗膜配隔热性能较弱的柔纱透景百叶帘

天窗的窗户不大，但受热量大，光靠蜂巢帘功效不够，另需加贴窗膜。

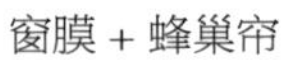

窗膜 + 蜂巢帘

窗膜 + 蜂巢帘

精要提炼

隔热帘，隔热膜，布配饰。

| 解读 |

阳光窗的窗帘设计无非选用三种材质：一是隔热遮阳帘，二是隔热窗膜，三是布帘。三者结合，形式多种多样，可以满足不同的设计需求。

第 13 章

现代窗帘陈设设计手法（上）

窗帘的陈设，简言之，就是窗帘的空间布置。窗帘成型后，不是简单的一挂就了事，窗帘在空间中如何展示是需要精心设计的。窗帘陈设设计涉及诸多方面：窗帘陈设位置的合理定位，窗帘体量的大小及不同造型对空间的影响，窗帘色彩的强弱与空间关系，窗帘与其他软硬装饰如何合理分配空间等。

窗帘陈设是一门艺术，窗帘的陈设是窗帘在立面空间的艺术表现。窗帘的陈设艺术，通过陈设手法来表达。现代窗帘的陈设设计手法十分丰富，总结起来，可概括为：

①可疏可密。即疏白，或密实。②可弱可强。即弱化，或强化。

③可静可动。即静态，或动态。④可加可减。即加法，或减法。

⑤可高可低。即挑高，或低挂。⑥可内可外。即内嵌，或外挂。

⑦可褶可平。即褶皱，或平展。⑧可整可零。即整片，或划零。

⑨可多可少。即占墙，或占窗。⑩可正可偏。即对称，或不对称。

⑪可肃可俗。即规则，或不规则。⑫可分可合。即分段式，或标准式。

⑬可收可放。即线性表达，或面的展示。

13.1 压布法

1. 概念描述

压布法是指在窗的两侧分别压两条一定比例的装饰布帘。压布法是一种布艺装饰手法，不是一般概念的窗帘设计。压布法之下的窗帘是装饰性窗帘，不是实用性窗帘。

压布法分为两种，一种是窄压法，另一种是宽压法。

标准的布帘宽幅是窗宽的两倍（即两倍褶皱），少于这个标准的是窄压法，多于这个标准的是宽压法。压布边界，一种以窗框为基线，另一种以边墙为基线。

压布法的布艺用量没有标准，可多可少，完全根据美感经验来确定。

通常按门幅来计算。常规的布帘门幅为 1.4 m 或 2.8 m，压布设计会习惯压一个门幅、两个门幅或多个门幅。按门幅计算的好处是不需要过多的裁剪，能保持帘态花型的完整性，也容易拼花对接。

压布法具有减少或增加布艺体量、修饰窗墙、增加装饰感的作用。

压布边界，以窗为基线

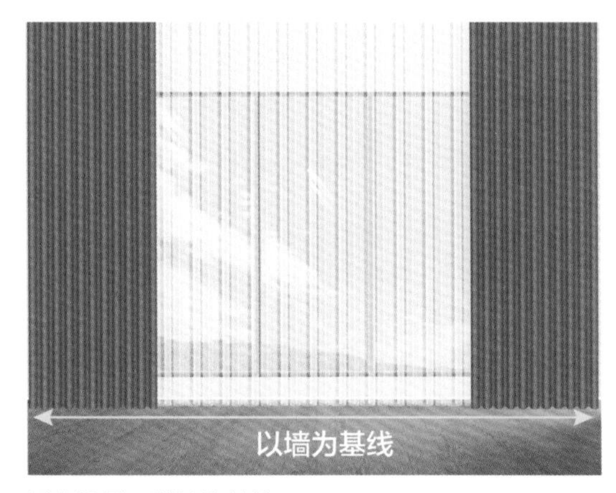

压布边界，以墙为基线

2. 设计示范

减少布艺体量

有些高大宽体窗，不需要按正常的窗帘宽幅比例来设计窗帘，如对私密性要求不高的客厅、餐厅等。如果一个客厅的窗宽为 6 m，12 m 宽幅的布帘会显得体量太大、太密，容易出现堆布的现象，所以要减少布帘的体量。若不用布帘只用纱帘，空间会显得空荡、轻飘，所以需要一定体量的布艺压色。

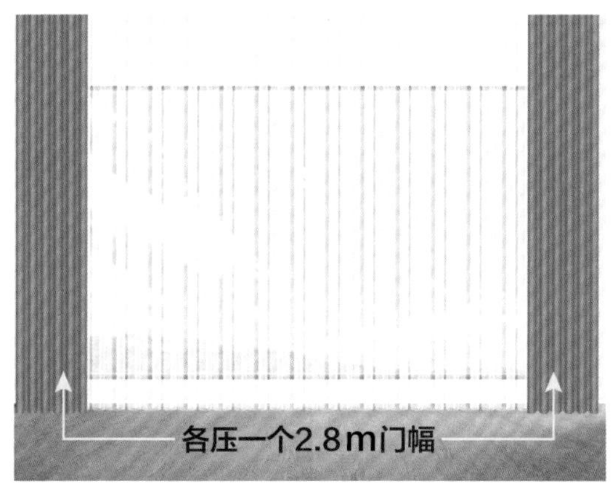

单幅压布

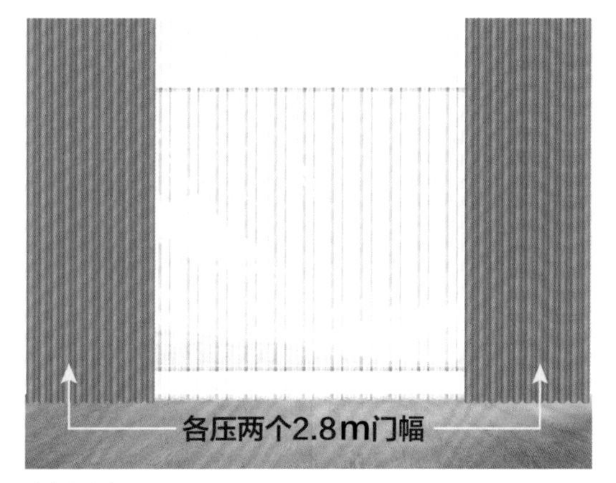

多幅压布

修饰窗形

压布是一种修饰窗形的重要设计手法。方正、高大、扁平的宽体大窗都具有体宽形粗、大气有余、细腻不够的特点。这类窗的窗帘需要做压布瘦身设计，布帘将窗体宽度自两侧向中间收窄，让窗型瘦身，增加视觉美感度，这是压布设计的主要目的。

窗户形态过于方正

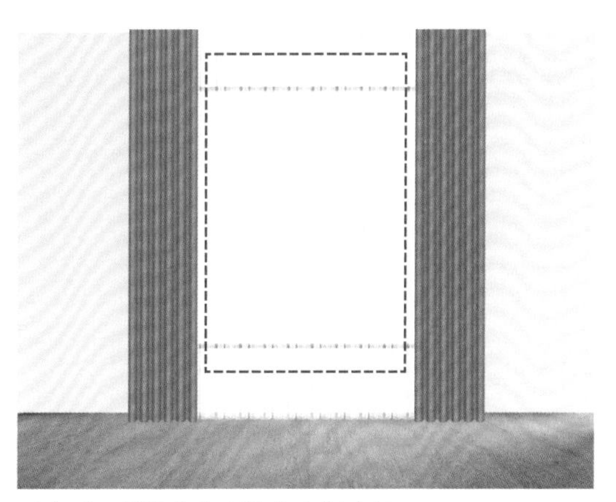

压布后，视觉上窗形收窄变得瘦长

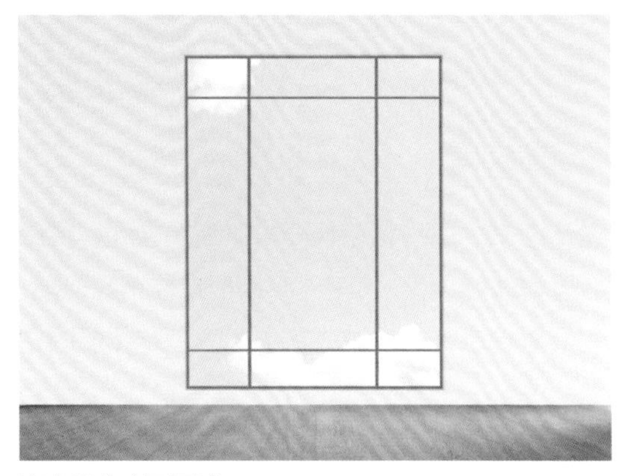

窗户形态高而不瘦

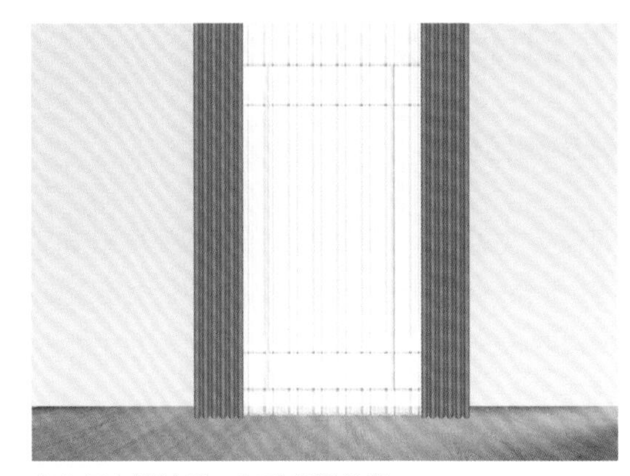

窗帘压布设计后，窗形变得高瘦

修饰墙面及窗

窗窄墙宽，用布帘给墙面做背景装饰。

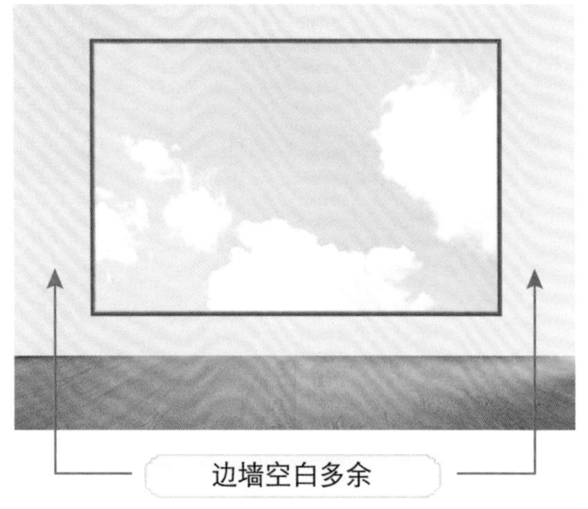

帘做背景装饰

增加装饰感

通过布帘的花色纹理，增加室内色彩效果。

静态花色装饰帘，平时不展开

美式压布法，用短杆控制宽幅

如何处理装饰与实用的关系

有些空间既需要装饰性压布设计，又需要实用性窗帘设计，应如何处理?

有两种方法。一是双层设计，装饰性压布帘加纱帘，以纱帘为主。二是三层设计，装饰性压布帘加实用性窗帘加纱帘。如果采用三层设计且窗帘箱空间不够的话，则让装饰性压布帘与实用性窗帘同在一根轨道，可拼接也可不拼接。

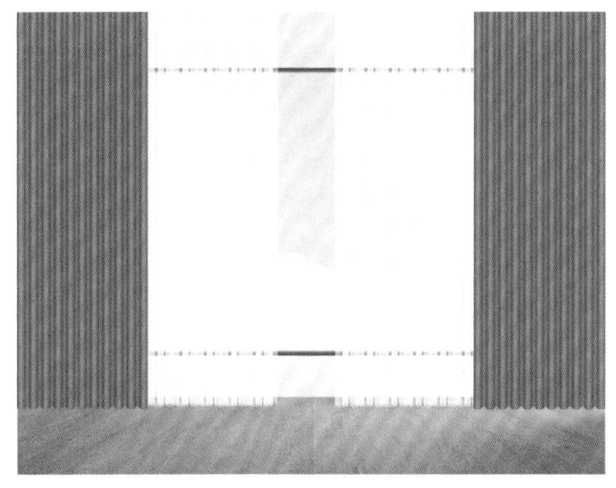

双层设计（装饰性压布帘 + 纱帘），纱帘为实用性窗帘

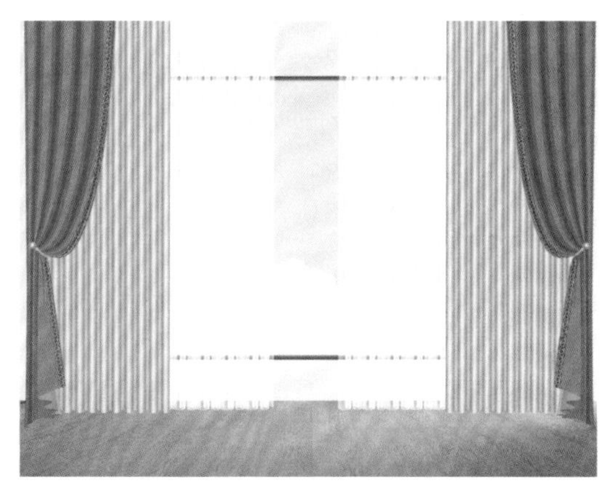

三层设计（装饰性压布帘 + 实用窗帘 + 实用纱帘）

精要提炼

①压布法是装饰性窗帘的修饰性手法。

②压布法以直线帘为主，弧线帘为辅。

③压布法以单色布帘为主，花色布帘为辅。

④处理好压布设计装饰性与实用性的关系。

⑤压布法是一种布艺的高级装饰设计，应针对性设计。

13.2 齐平法

1. 概念描述

在立面上，有两个或多个窗不等高、错落排列时，此时窗帘一定要采用等高设计，以修正视觉效果，这种窗帘的等高设计称为齐平法。

齐平法应对的窗户，都是高低错落不平的，如联窗、错位窗等，视觉美感度比较低，需要修饰。

齐平法利用布艺的色彩或图案元素，以特定效果呈现，转移人的视觉焦点，是一种修饰立面视觉效果的手法。齐平法选用的布帘以单色布为主，花色布偶有被采用。

2. 设计示范

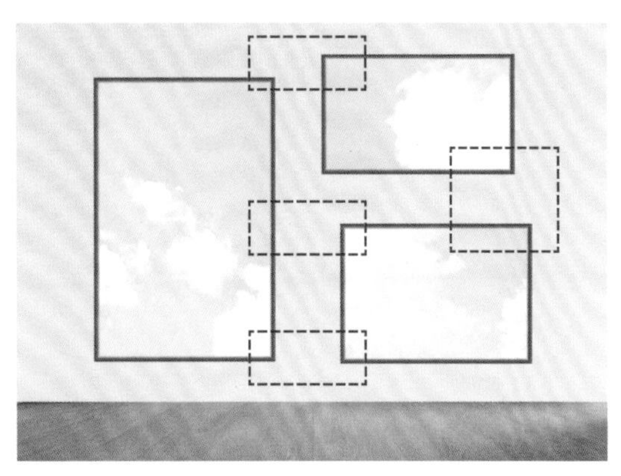

纵横向都有错落处需修边

修边后效果

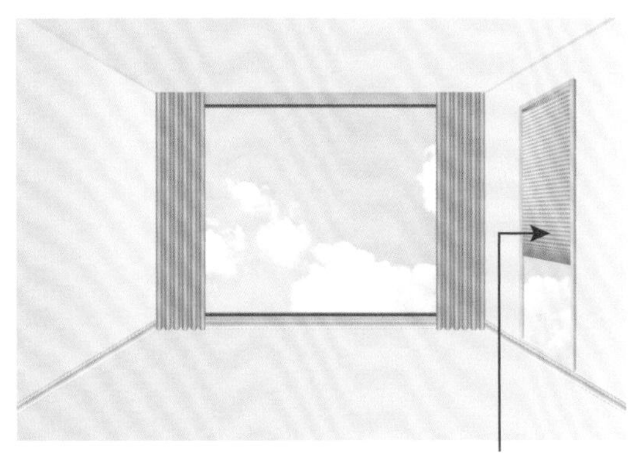

转角立面不推荐这样设计

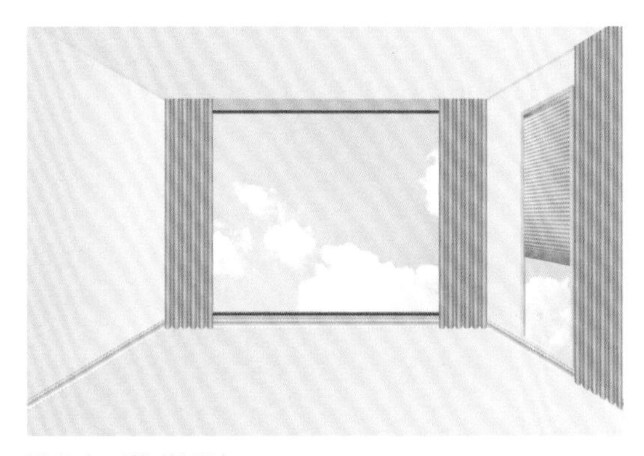

转角立面推荐设计

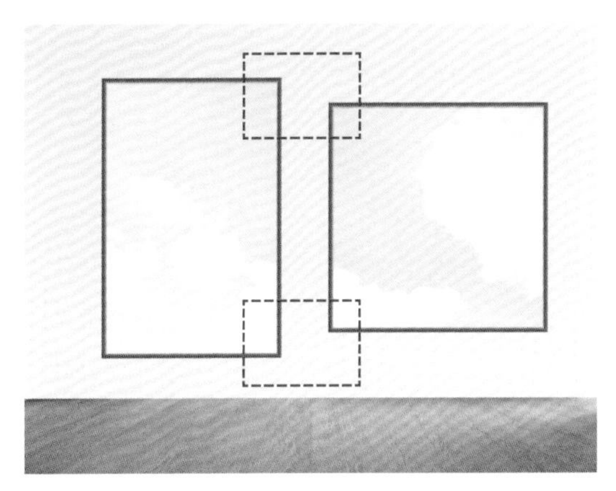

错落处需修边

四帘的设计可以修饰不规则的窗户边角

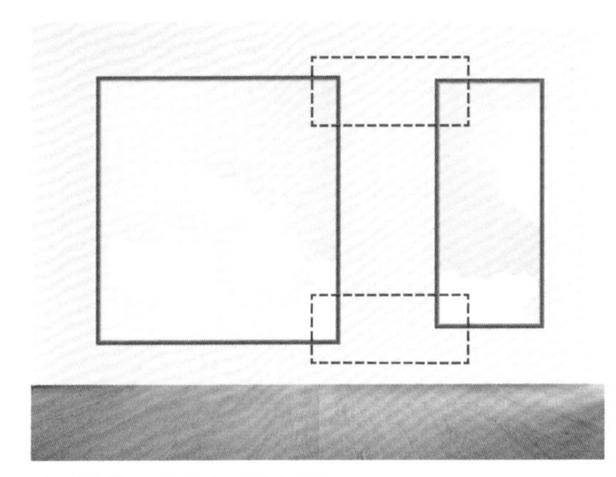

除了错落还有左右平衡问题

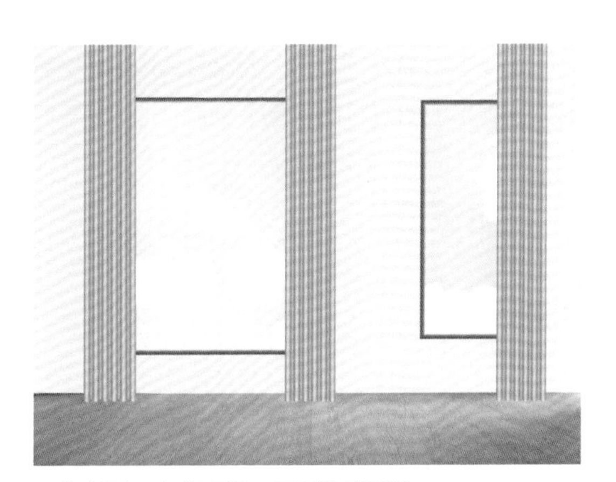

三帘齐平，左右平衡，不可单列设计

精要提炼

①窗帘陈设以直线帘和单色布为主。

②花色布图案不规则，修饰效果较单色布差些，建议少用。

13.3 排饰法

1. 概念描述

在一个或多个窗户上，有三条以上连贯排列的窗帘，称为排饰法，又称分段法。常见的排饰有三帘、四帘和多帘。排饰法应对的窗户类型有排窗、宽体大窗、高窗等。

排饰法是窗帘的修饰手法，具有均匀分布的特点。多排帘可以改变窗户形态，即通过窗帘帘数的编排，将呆板的方、扁、高、宽等类型窗户，变成“直立”瘦美型窗户。

2. 设计示范

宽窗体划小

通过多帘化设计将庞大的双开帘体分段划小，使之小型化，将庞大窗户变成一个个小窗。

标准双开，帘体过于庞大

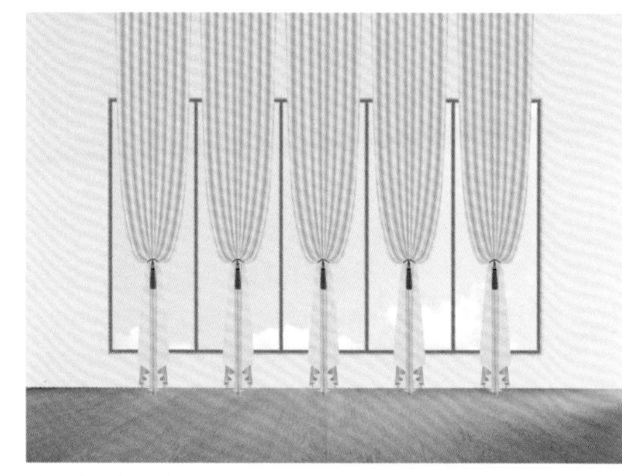
分段划小，帘体小型化

方正窗变窄

这种窗过于方正，粗犷简单，大气有余，精细不够。设计成三帘或者四帘，将方窗分隔成直立窗，美感度陡增。

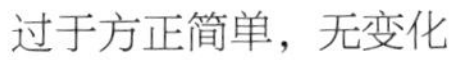

过于方正简单，无变化

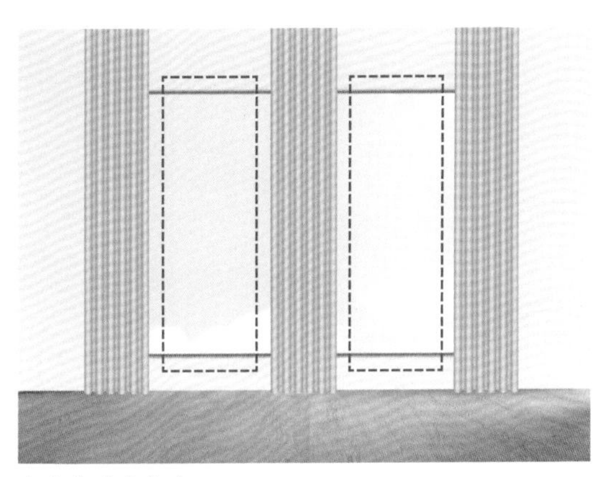

窗户变成直立窗

多窗结构均衡化

多窗结构尤其是窗体宽度不等的窗户结构，通过排饰使空间平衡感提升，视觉效果也更佳。

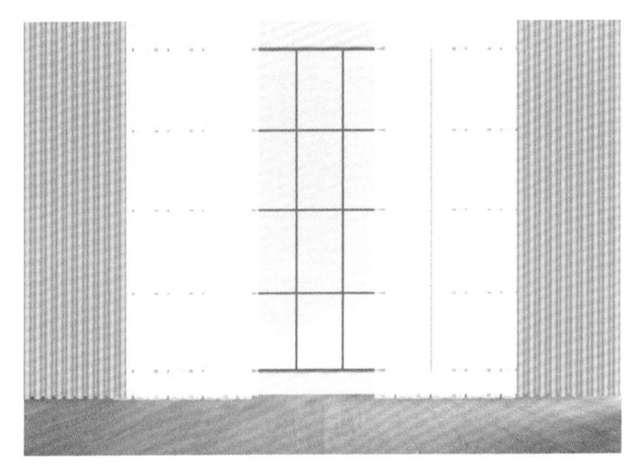

过于简单，无变化

空间分布均匀，平衡性好

奇数帘与偶数帘结合

窗体宽度不等，可以将奇数帘与偶数帘结合运用，让立面空间更有变化，且连贯、流畅、均衡。

双开太死板，且左右不均衡

三帘和双帘组合

一宽一窄不可分而治之，也不可双开

四帘与单帘组合

精要提炼

①排饰法是平衡窗墙空间的设计手法。

②常用排饰帘以三帘、四帘居多。

三排帘，奇数帘，打破了死板的对开陈设，新奇、有趣、有变化、不单调；

四排帘，帘数适中，等分适中，四平八稳，平衡感与均衡性好；

多帘，呈现一定规模，气势强大。

③排饰帘动静结合，既可饰，又可用，“饰”可做半开放式背景装饰，“用”可做实用性窗帘。

④排饰帘帘式造型以单色基本款为主，花色帘为辅，不需要做过于复杂的设计。

⑤排饰法要与标准法（双开帘）和单帘结合运用，可以有更多的设计变化。

13.4 低挂法

1. 概念描述

窗帘的低挂陈设，是指基于室内通风、采光及使用方便性等因素的考虑，将窗帘固定位置适当降低，称为低挂法。

低挂法可以节省立面的窗墙空间，同时也特别考验窗帘设计对空间的装饰能力。

首先，窗帘高度的降低，有利于自然光线的引入，保持室内良好的通透性和采光。

其次，窗帘高度的降低，可以降低帘高带来的压迫感，提升人的视觉舒适度，烘托室内温馨气氛。

2. 设计示范

中窗低挂，使用方便

圆拱窗低挂，利于采光留白

高窗低挂，利于采光留白

叠窗低挂，利于采光留白

小窗内帘低挂，利于通风采光

门窗绷纱帘低挂，利于采光

精要提炼

①低挂是窗帘对立面视觉空间的收缩设计。

②低挂可以减轻帘高对人的压迫感，提升舒适感。

③低挂具有使用方便以及通风、采光好的优点。

13.5 挑高法

1. 概念描述

窗帘的挑高陈设，是指窗帘从天花板顶端（窗帘箱位置）一直垂到地面，上触顶，下着地，称为挑高法。挑高法有两个作用：

①挑高法可把窗户变“大”、变“高”。特别是小而低的中小窗户，看上去过于小气，用挑高法陈设，可以增大立面空间的视觉效果，体现空间的大气感。

②做背景装饰，挑高法通过窗帘的色彩遮饰，转移视觉焦点，掩饰窗户位置不正、框架结构杂乱等美感不足的缺陷。

2. 设计示范

中窗挑高，使中窗视觉上变大

圆拱窗挑高，拉升视觉高度，使整体空间协调

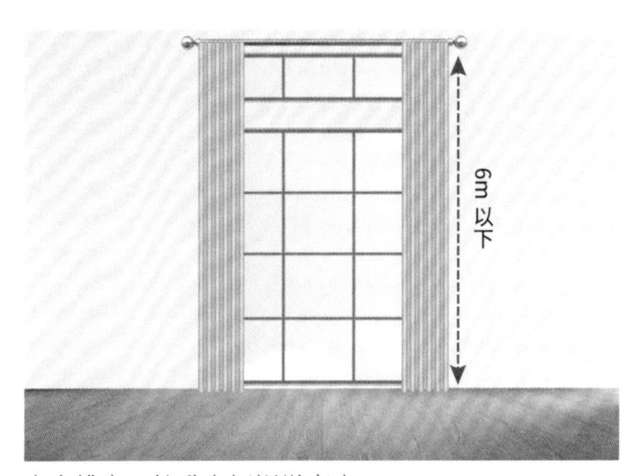

高窗挑高，拉升空间视觉高度

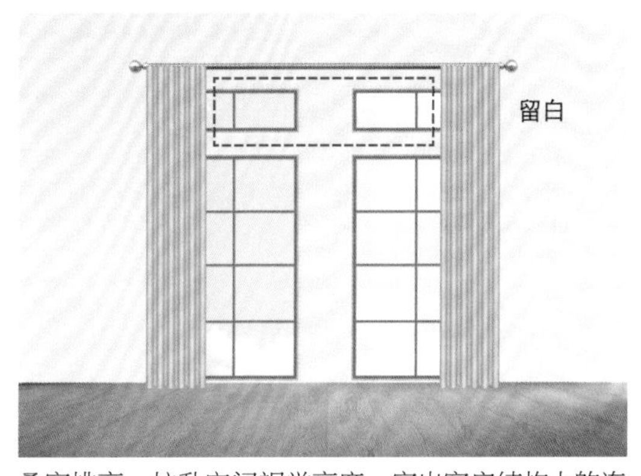

叠窗挑高，拉升空间视觉高度，突出窗户结构上的连贯性

扁平窗挑高，具有修饰作用，使窗户看起来变长窄

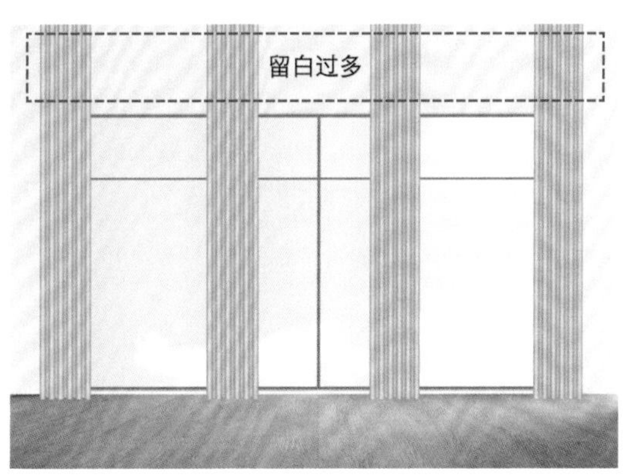

下偏窗挑高，具有修饰作用，掩盖上部白墙过多的缺陷

精要提炼

①“挑高”是通过窗帘对立面视觉空间的“放大”设计。

②挑高可以弱化窗墙空间给人的局促感，可释放空间容量，展示空间高度。

13.6 加减法

1. 概念描述

窗帘的加减陈设法是在窗帘标准陈设的基础上，对窗帘帘数做增加与减少的编排。

正常的窗帘帘数配置应该是：一窗两帘，两窗四帘，三窗六帘，以此类推，逐窗成双递增。高于标准配置的是加法作业，低于标准配置的是减法作业。

窗帘的加减陈设法对帘数的增或减，没有固定的帘数标准，要根据窗户的宽度、窗户数量、窗帘间距等因素来做增减的安排，原则是把窗户的形态变得更加生动。窗帘的加减陈设法，是窗帘帘数编排的艺术。

加减陈设法的量化区别

减法	标准法	加法
一窗一帘	一窗两帘	一窗三帘以上
两窗一至三帘	两窗四帘	两窗五帘以上
三窗一至五帘	三窗六帘	三窗七帘以上
……	……	……

2. 设计示范

加法作业

双帘标准式

一窗四帘或三帘

双帘标准式

一窗多帘

减法作业（不含内帘）

一窗一帘

两窗三帘

三窗四帘

四窗五帘

四窗四帘，中间无帘，两窗合成大窗（变成一大两小，形成主副关系，故称为黄金省略）

四窗三帘，四小窗合成两大窗

三窗两帘，突出主窗，两侧窗简化

一窗一帘，两窗三帘，三窗两帘有变化

精要提炼

①加法作业可以使空间布局更严谨、细腻、规则、有序、均衡。

②减法作业可以使空间布局更灵动、有趣、活跃、简约、有变化。

13.7 外挂法

1. 概念描述

窗帘的外挂陈设，是将窗帘固定在窗的外边侧，称为外挂法。常见的陈设方式有双边（也叫对开）陈设、单边陈设、多边陈设等。

外挂法张扬、奔放、很有气势，能够很好地体现布艺窗帘的柔美性。

外挂法几乎适合所有的窗户类型，唯一不足的是外挂法比较耗占窗墙立面空间。

2. 设计示范

传统着地外挂

现代离地外挂

现代单外挂

布叶帘外挂

精要提炼

外挂陈设是软装为硬装饰身，窗帘通过其形、色、花的综合展示，装饰立面空间。

13.8 内嵌法

1. 概念描述

窗帘的内嵌陈设，是将窗帘装置在窗框内侧，称为内嵌法，是源自欧式装饰风格的一种窗帘陈设方式。

窗帘被窗框围合，硬装为软装提升美感度。软硬装饰在立面窗墙上泾渭分明，互不干扰，各领风骚。

内嵌式窗帘给人的感觉是正肃、内敛、拘谨、高贵、优雅。内嵌窗帘能有效利用窗户的内格，不占外框空间。

2. 设计示范

欧式传统内嵌帘

现代内嵌帘

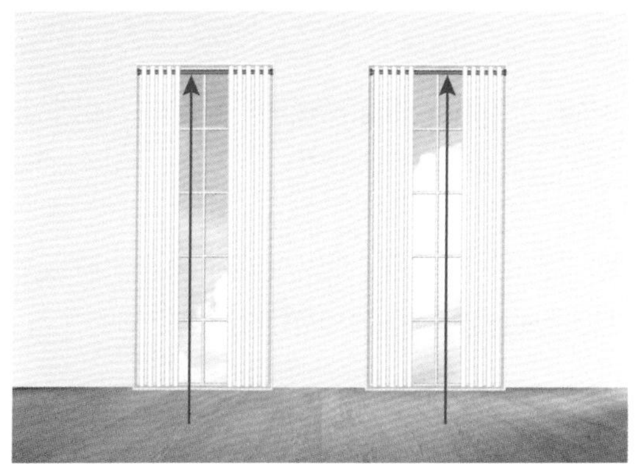

罗马杆也是一种装饰

现代悬轨可以外露

内嵌外露，纱帘为主，彰显小资情调

罗马帘，天然的内嵌帘，体现围合之美

精要提炼

内嵌陈设是硬装为软装塑身，窗帘通过硬装的围合，体现围合之美，格调优雅、高贵。

13.9 美瘦法

1. 概念描述

美瘦法，只用少量的布（通常窄幅为 1.4 m）、简单的几个褶皱、细细长长的一条布带，悬空于立面，故此种窗帘称美瘦帘。

美瘦法是用来表达空间高度的窗帘设计手法，帘起到“量尺”的作用。因为帘瘦而纤细，所以空间显得高而大气。美瘦帘拉升了空间视觉高度，层高标示更直观、醒目，从而衬托出空间的大气。美瘦帘，可用罗马杆来定位，高度可调节。

2. 设计示范

欧式美瘦帘（一）

欧式美瘦帘（二）

高窗美瘦帘

中窗美瘦帘

精要提炼

窗帘的空间展示，可收可放，美瘦法是“收”的陈设。美瘦帘的“收”是一种空间纵向高度的展示，它表达的是“线”的视觉效果。

13.10 排面法

1. 概念描述

排面法，是指用布帘将整个窗墙立面全部遮饰，或大部分遮饰。

排面帘以背景装饰为主要表达形式。这种形式，偏重于环境装饰，属于装饰窗帘设计范畴。

排面帘的作用：装饰，配合或代替立面硬装达到一定的效果；遮盖，对立面进行遮盖修饰。

2. 设计示范

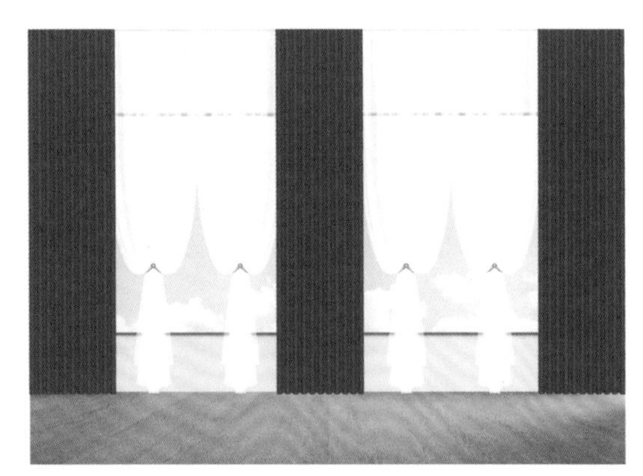
布饰墙，纱遮窗，布帘做背景装饰

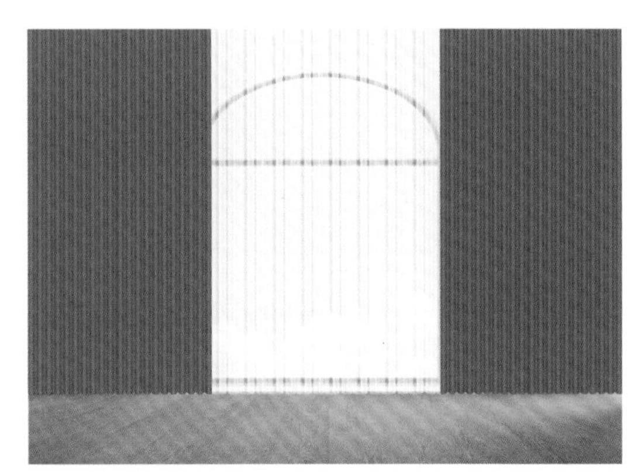
布饰墙，纱遮窗，布纱做背景装饰

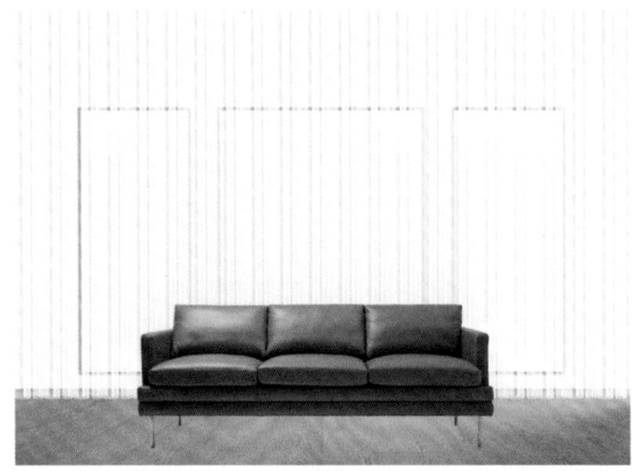
纱帘做窗墙遮饰

布帘做窗墙背景装饰

布帘做墙背景装饰

精要提炼

窗帘的空间展示，可收可放，排面法是“放”的陈设。排面帘的“放”是一种空间的横向宽度展示，它表达的是“面”的视觉效果。

第 14 章

现代窗帘陈设设计手法（下）

上一章主要讲解了窗帘的修饰手法以及窗帘在立面空间的简单布局手法。本章将讲述窗帘的陈设诸法，更具综合性。

①空间概念的深化，不仅有立面空间的再述，还有整体空间的思考。

②窗帘色彩、造型、体量三者关系的处理手法。色彩的轻弱强重、形态造型的繁简以及窗帘体量的大小，三者如何协调与掌控，均有明确的讲述。

③窗帘陈设的静动美感设计、逻辑编排法以及规则与不规则手法的运用。

14.1 疏白法

1. 概念描述

“疏”，稀疏，是指窗帘的体量小。正常情况下，窗帘的展开幅度要能遮住整个窗户，若不能达到这个设计标准，就称为“疏”。“白”，留白，窗户不能被窗帘遮盖的地方，就称为“白”。疏白的概念是基于环境和装饰设计的考量。环境考量，如景观、光线等元素。窗帘的出现，不能以牺牲光与景为代价，相反有时候帘要让于光、景。装饰考量，作为布艺装饰，在体量上有可多可少的设计表达。疏白法之下的窗帘设计，不仅仅是帘体量的减少，而且和薄联系在一起。体量减小、帘材轻薄是疏白法的特点。

2. 设计示范

传统欧式装饰性小帘，宜疏宜白。

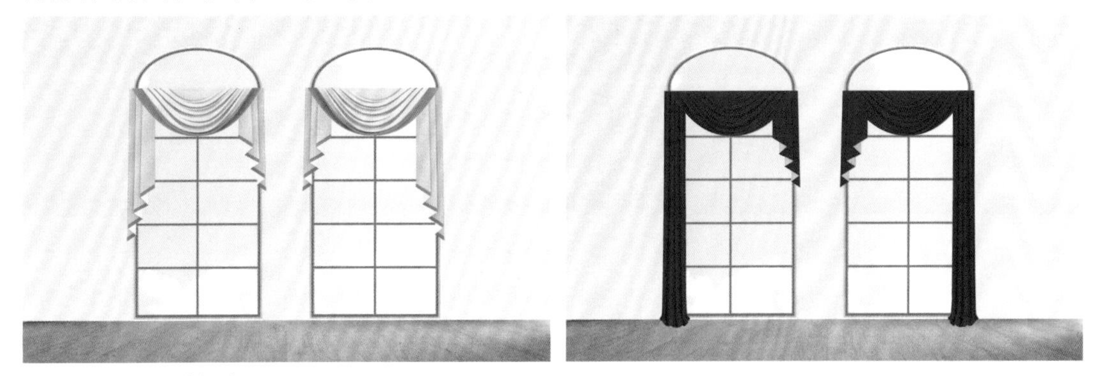

搭帘的留白与少疏设计

景观窗窗帘设计表达，帘宜疏，留白宜多，需营造一种舒适、休闲、清静的氛围。

景观窗窗帘的疏白设计

表达窗体的结构美感和户外景观，窗户需要更多留白，窗帘占面可以被压缩至边角。

窗体的疏白设计

以光线设计为主，将室外自然光线引入室内，增加采光度，窗帘最大限度地留白，且布帘做疏的小饰。

光线的疏白设计

精要提炼

疏白法

疏白法是以外为主的设计手法，注重户外空间因素对室内的影响，如光线、景观等。围绕这些设计元素给窗帘做适当的设计表达。

14.2 密实法

1. 概念描述

所谓“密”，就是多。窗帘覆盖立面，不但占窗位，而且占墙位，即整个窗墙立面都占。所谓“实”，就是面料厚实、色重、体量大。当然也可以用面料轻薄、色弱的帘材，但帘体量一定要大。密实法不是简单的窗帘设计手法，而是偏重于布艺装饰，自然也不需要按照窗帘的标准来做设计。

室内环境密实陈设

密实法的作用在于：营造环境氛围。大面积布艺的铺展运用，有利于营造安静的环境，并赋予空间神秘感。

2. 设计示范

密实法有助于营造一个安静的、不受外界干扰的活动环境，让需要宁静的空间更显宁静，让需要私密的空间更加私密。

安静的餐厅

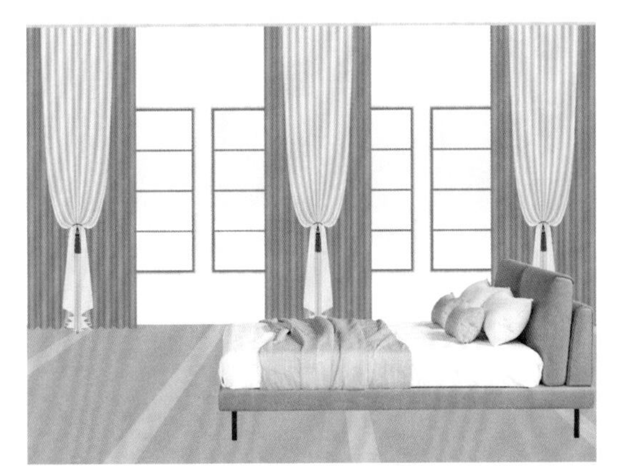

私密的卧室

庄重的客厅

肃穆的商务区

娱乐场所和某些商业空间，如家庭影院、歌厅、养生健体会所等地，窗帘需要密实且厚重，以期打造神秘莫测的氛围。同时对于特殊的音效场所，密实的布艺装饰还要具备吸声降噪的功能。

神秘炫酷的娱乐区

精要提炼

密实法

密实法是以内为主的设计手法，注重室内环境氛围的营造，户外环境不作为主要考量要素。

14.3 弱化法

1. 概念描述

弱化法是指：窗帘的体量减弱，即帘体收缩；窗帘的色彩减弱，颜色以灰、米、白等浅淡色为主；窗帘的款式造型简洁，以基本款为主。

弱化是窗帘陈设艺术的一个很重要的设计概念。它采用的是以弱示强的手法，外表柔弱但装饰效果很好。很多设计师不谙此道，一味地用大、多、厚、重、繁等蛮力手法设计窗帘，实际效果并不好。凡大师者，必是弱化高手。弱化法的三要素是：体量的大与小，色彩的强与弱，造型的繁与简。其中有两项要素为弱，则称为中弱；三项要素为弱，则称为低弱。

要素	弱化级别			
	中弱	中弱	中弱	低弱
体量（大 / 小）	大	小	小	小
色彩（强 / 弱）	弱	强	弱	弱
造型（繁 / 简）	简	简	繁	简

2. 设计示范

窗帘体量大者，色彩和造型要减弱

窗帘色彩浓艳者，体量和造型要减弱

窗帘造型复杂者，体量和色彩要减弱

窗帘体量、色彩和造型皆弱者，谓之低弱，是弱化手法的最高层次

精要提炼

弱化法

在窗帘的体量、色彩、形态中，弱化法要遵从“一强二弱”的原则，这也是弱化法的基本设计理念。

若体量大，则色彩要弱，形态要简；若色彩强，则形态要简，体量要缩；若形复态杂，则体量要小，色彩要弱。

14.4 强化法

1. 概念描述

强化法设计的窗帘体量大，色彩浓艳，造型复杂（主要是幔的结构造型）。

①强化法可以使窗帘在整个空间装饰中处于绝对的主体地位，对其他软饰乃至硬饰的影响极大。

②强化法的副作用十分明显，强化不当的话往往形成过度装饰，达不到窗帘设计应有的装饰效果。

要素	强化级别			
	中强	中强	中强	高强
体量（大 / 小）	大	大	小	大
色彩（强 / 弱）	弱	强	强	强
造型（繁 / 简）	繁	简	繁	繁

2. 设计示范

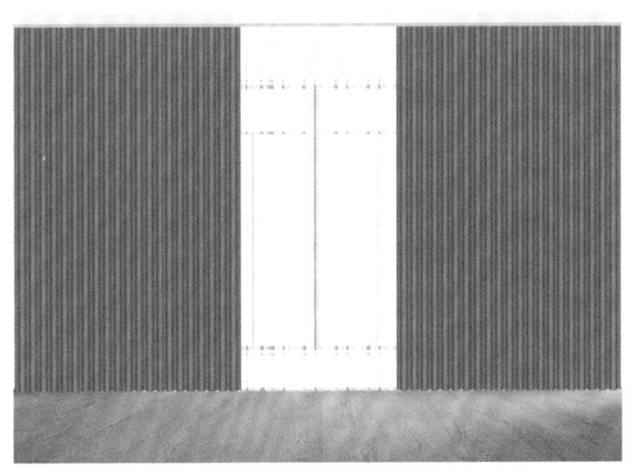

窗帘体量大且色彩浓艳者，造型为弱

第14章 现代窗帘陈设设计手法（下）

窗帘体量大且造型复杂者，色彩为弱。

窗帘色彩浓艳且造型复杂者，体量为弱。

窗帘体量、色彩和造型皆强者，谓之高强，是强化手法的最高层次，风险也最高

精要提炼

强化法

在窗帘的“体量、色彩、形态”三者关系之间，强化法须恪守“两强一弱”的平衡关系；三者均强，难度极大，风险最高。

若体量大且色彩强，则形态要简；若色彩强且形态繁，则体量要缩；若形态繁且体量大，则色彩要弱。若三者都强，则难以把控风险，要慎而为之。

14.5 静态法

1. 概念描述

窗帘静态陈设是指窗帘保持在一个相对固定的陈设状态，平时不动，故称静态帘，又称为造型帘。

静态帘帘体优雅、高贵、严谨、含蓄、内敛，装饰感极强。

静态帘是纯装饰性窗帘，不是实用性窗帘。

静态帘以布艺为主，并通过布艺的图案、色彩、线条和造型呈现立体装饰美感。

2. 设计示范

欧式传统窗帘大多以静态帘为主，是纯装饰性窗帘。欧式静态帘与硬装饰融为一体，是整体装饰的重要构成部分，被称为软装中的硬装。

欧式静态装饰帘（一）

欧式静态帘，以弧线帘为主，形式多样、结构复杂，与其他装饰融为一体。

欧式静态装饰帘（二）

美式静态帘用装饰帘杆和固钉做配饰，让静态帘更显静态，造型更丰富，形式更多样，装饰感更强。

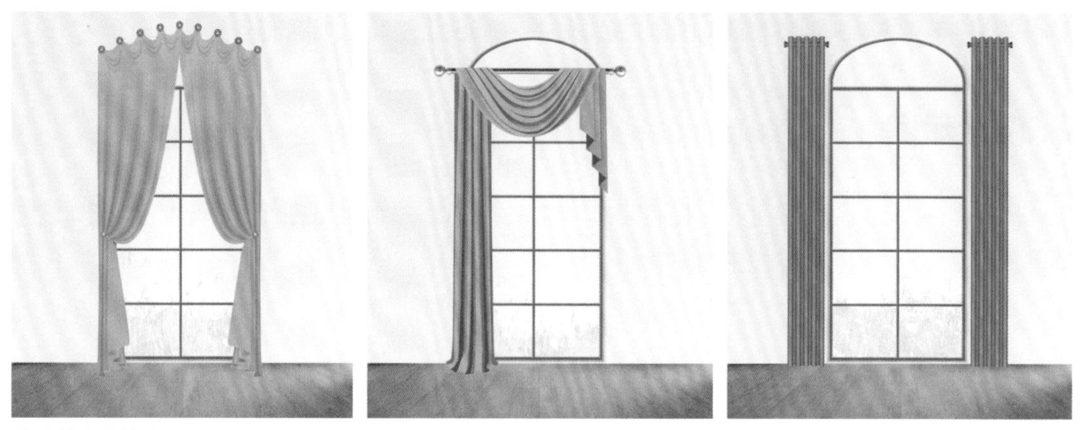

美式静态装饰帘

中式静态帘以传统屏风帘、书画帘、挂轴帘以及现代帘为主要表现形式，装饰性非常强，装饰范围不限于窗，过道、墙面及悬空空间等都可以涉及。

中式静态装饰帘

随着时代的发展，静态帘的内涵也在变化。现代静态帘作为背景装饰，既可静也可动，以静为主，静大于动，比起传统静态帘的只静不动，界限稍模糊了些。

现代静（态）动（态）结合帘

精要提炼

静态法

静态法是装饰性窗帘的陈设手法，是窗帘陈设精彩、经典的表现形式，其所有的形态造型做窗帘设计时都值得细细研究，全面掌握。

14.6 动态法

1. 概念描述

窗帘动态陈设是指窗帘没有固定的形态，没有固定的位置，处于自然移动的状态，故称之为动态帘。

动态帘帘体简洁，给人一种无拘无束的感觉，契合现代人的追求与向往。动态陈设符合现代建筑的特点，符合现代人的生活方式，表达的是人的个性和自由以及追求环境的舒适度和艺术品位的诉求。

2. 设计示范

动态帘抛弃了中规中矩的对开陈设，没有确定的陈设位置，无须帘带绑定，无须计算帘幅，无拘无束，可营造一种慵懒散漫的氛围。

动态帘形式具有多样性，或集中堆积；或片段式散居；或停留在某一点位遮人视线，为特定的时间和特定的活动服务；或大段地留白；又或特立独行地大面积不对称单边挂，表现手法具有强烈的艺术气息，有较高的欣赏品位。

可以均匀分布

可以向特定位置（看使用需要）移动

卧室床头隐私遮掩

卧室光照采光

休闲区的慵懒状态

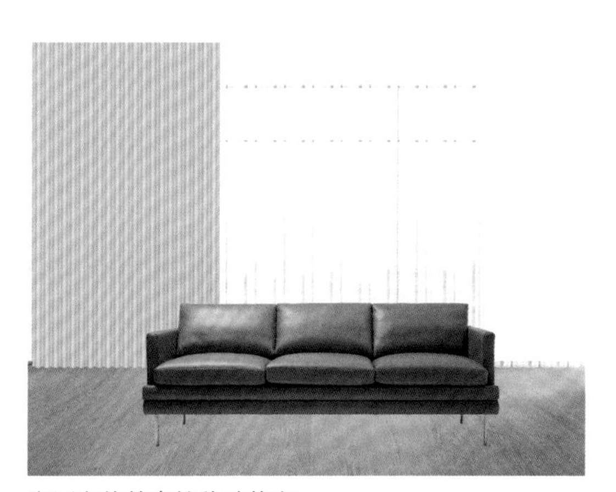
客厅帘体的自然移动状态

精要提炼

动态法

动态法是实用性窗帘的陈设手法，是实用性窗帘的艺术化表现形式。动态帘是人的品位、格调、个性的表达与宣泄，是现代人的现代生活方式之写照，是现代窗帘陈设设计极为重要的手法。

14.7 对称法

1. 概念描述

窗帘的对称陈设主要是指偶数帘对开挂法，形成对称平衡关系，又称对开帘。

对开帘以双帘为主，四帘或更多偶数帘为辅。对开帘给人以平衡、稳重、安静、平和的陈设美感。但同时也有稳重有余、活泼不足和庄重过度、生气不够的弊病。

2. 设计示范

窗帘的对称陈设要考虑整个大环境装饰的平衡布局，要处理好局部软装饰的主次关系。窗帘作为其中的一个装饰元素，要与其他元素协调统一。具体陈设要整齐划一，不要出现左右不均衡的状况，展示幅度不能大小不一。

单窗对称陈设

双窗对称陈设

不要有方向感的陈设。窗帘对称陈设，既要与大环境装饰对称平衡，还要自身对称平衡。单向帘不具备自身对称性，故不建议用于对称陈设。

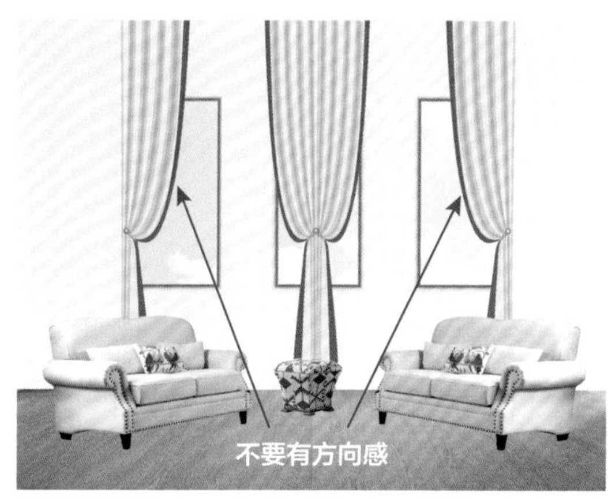

不宜采用单向弧线陈设

双弧线帘对称陈设

对称法对幔饰的要求：单个窗不宜加幔饰，两窗可以加幔饰，前者是相对性对称，后者是绝对性对称。特别是单个窗，已经有中轴对称点物时，不要加幔横加干扰，新增轴点，会过于混乱。

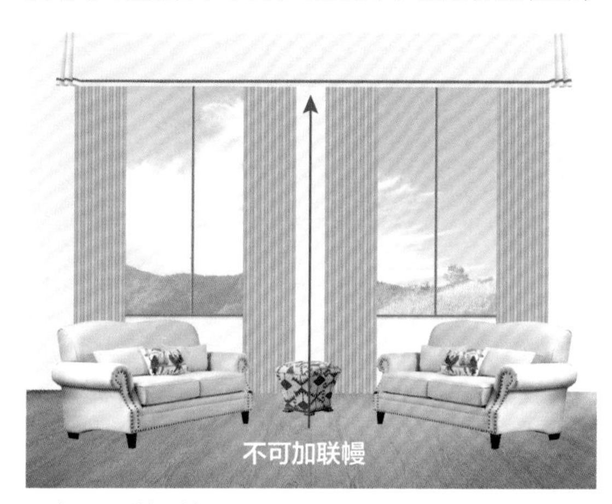

双窗不可联幔陈设

分幔陈设

宽大的窗体，窗帘不一定居于窗墙侧边（虽然也是对称陈设），也可以放在靠中间的位置，要有一定的灵活性，不要太死板。也可以分段陈设，前提是窗帘必须均匀分布，确保对称的平衡美感。

双帘居中对称陈设

四帘居中对称陈设

三个以上的多窗结构，可以构成组合式对称设计。

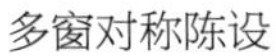
多窗对称陈设

多窗主帘加副帘对称陈设

对称陈设的窗必须是正窗，偏、弯、斜、转角等异型的窗不适合对称设计。

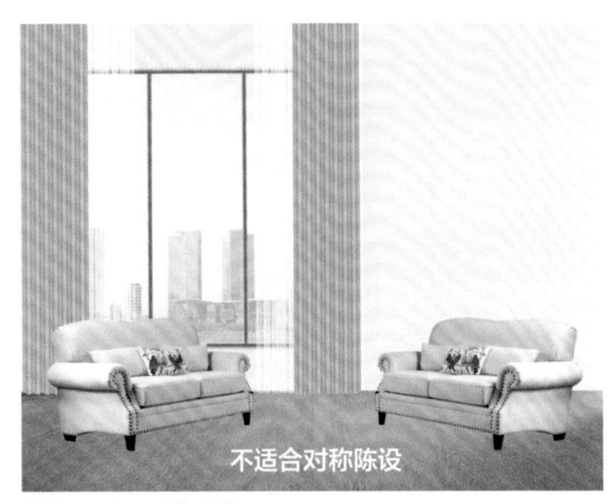

偏窗不采用对称陈设

窗户大小不一时不采用对称陈设

精要提炼

对称法

窗帘的对称法是一种正的设计。所谓“正”有三层含义：

①立面空间必须居正，偏移、转角、斜歪等不规则窗墙空间不可采用对称设计。

②窗帘帘体必须居正，左右要对称平衡。

③窗帘与大环境装饰物（沙发、桌椅、灯具、饰品、挂画等）必须居正，彼此构成对称平衡关系。

唯有如此，才能取得整个空间的平衡、协调和统一。

14.8 不对称法

1. 概念描述

窗帘的不对称陈设是指窗帘的形态、陈设位置呈不均匀分布状态。

不对称陈设具有新奇、有趣、个性、自由、时尚、叛逆、张扬、神秘、灵动、高傲、冷酷、冒险的特点。

不对称陈设舍弃掉了一切中规中矩的方式，不再强调厚薄均匀，不再受严格的对称约束，完全颠覆了对称设计的古板形象，以自由的表达方式，演绎现代窗帘自然舒适的装饰理念。

不对称陈设法要弄清楚两层关系：

一是不对称陈设与不平衡的关系。不对称并不表示不平衡，不对称陈设是在用不对称的手法寻求立面平衡。有时不对称陈设也故意寻求立面不平衡，以彰显个性及出于其他使用考量。

二是不对称陈设与动态陈设的关系。动态陈设仅仅是窗帘陈设位置的移动设计。不对称陈设包括三方面的设计：移动位置的不对称设计，空间陈设的不对称设计，窗帘自身形态的不对称设计。因此不对称陈设的内涵要比动态陈设广些。

2. 设计示范

空间不对称

窗户空间位置不对称不平衡，窗帘采用不对称法加以修正，以求立面空间装饰元素的协调和平衡陈设的不对称。

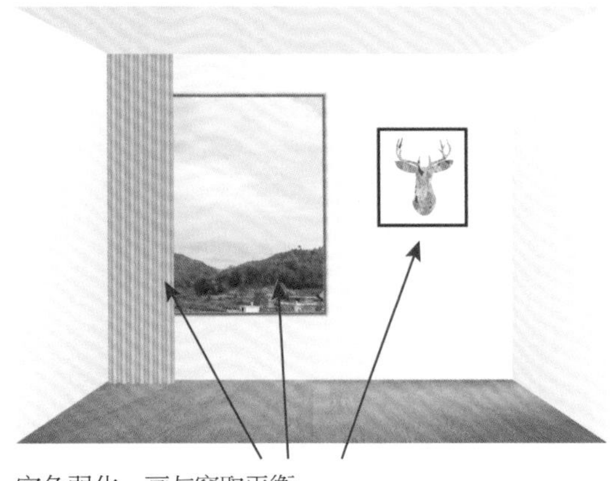

帘色弱化，画与窗取平衡

布帘与立柜取平衡

帘色强化，帘居中与窗取平衡

帘与窗取平衡

陈设不对称

当窗户空间处于对称平衡状态时，窗帘设计采用不对称法。这种“故意”不对称陈设主要是人的需求所致，如个性炫示、方便使用、神秘氛围营造以及从舒适度、隐私考量等。

出于观赏景观考量采用不对称设计

出于使用性考量采用不对称陈设

形态不对称

窗帘左右两帘形态结构和体量大小不同或采用不规则单帘，而形成的不对称关系。

形态不对称陈设（一）

形态不对称陈设（二）

形态不对称陈设（三）

展幅不对称陈设

精要提炼

不对称法

窗帘的不对称陈设是一种对立的设计。

在不正的空间，采用不对称法，寻求平衡。

在正的空间，采用不对称法，“故意”寻求不平衡。

前者跟空间有关系，后者跟人的需求有关系。

14.9 规则法

1. 概念描述

通常可以将窗帘的规则陈设理解为一窗两帘的标准格式。

规则法具有正统性的特点，严谨、庄重。正统性适合正式场合，居家空间如正式客厅、餐厅、主卧等，商业空间如宾馆会所的客房、大堂、餐厅、会议室场所等。层级越高的场所，越需规则的窗帘陈设。

规则法的缺点：在窗户数量较多（比如三个以上）的空间，会出现堆帘的现象。所以规则法特别强调窗帘帘态的简洁性，以基本款式为主，不做复杂设计，严格控制幔的使用。

2. 设计示范

规则法从形式上来讲就是按一窗两帘的标准设计，逐窗分项作业。不管窗多、窗少，一律按标配设计，这种手法看似死板，实为严谨。

一窗两帘

一窗两帘一幔

即便有多重转折立面，也不简化设计，可谓墙变，帘不变。

多窗仍保持严谨规则陈设

转角窗变形（不规则）仍保持严谨规则陈设

帘态不可过于随意、松散，要用帘带固定位置，相对保持静态不变；也不可采用简约式的排帘陈设。

过于松散休闲且左右不统一

不可简约式作业

精要提炼

规则法

规则法是一种标准的窗帘陈设法（即一窗两帘对开陈设），有严格规范的设计要求，适合正式场所和空间。

14.10 不规则法

1. 概念描述

窗帘的不规则设计法是一种非标准格式陈设法。

不规则法：随意，没有固定的程式、特点，全凭个人的喜好、意愿自由表达。不规则法，不仅用于窗帘陈设，还可以在窗户以外的空间运用。

2. 设计示范

①帘材不统一。同时采用两种以上的帘材。

采用布帘和百叶帘两种帘材

②帘色不统一。同时采用两种以上的帘色。

采用两种帘色

③帘态不统一。同时采用两种以上的帘态。

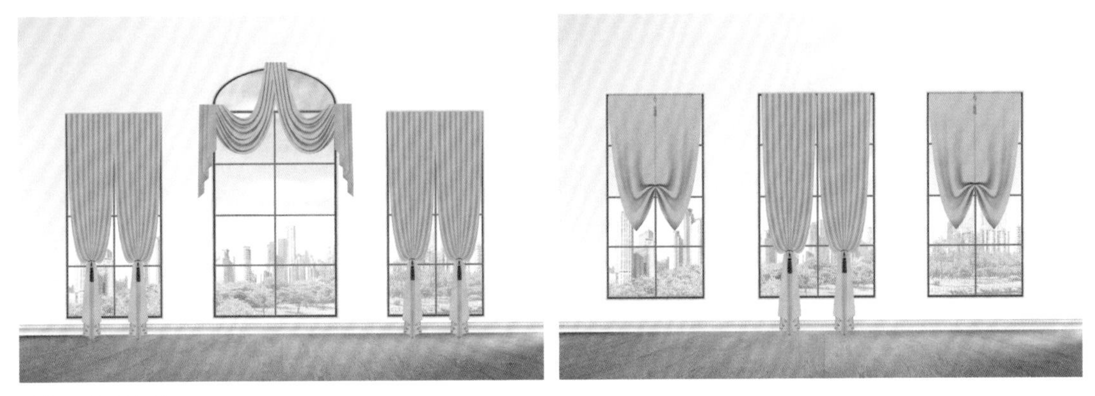

采用两种窗帘形态

④陈设排列不统一。窗帘陈设位置不固定，动态调整。

没有固定陈设位置，排列不统一

精要提炼

不规则法

不规则法是一种非标准的窗帘陈设法，没有严格规范的要求，适合非正式场所和空间。不规则法，颇具创意，彰显个性，是带有明显个人喜好的设计表达方式。运用此法，要充分考虑人的审美差异性、趣味性，设计要因人而异。

第15章 窗幔设计与窗帘拼接设计

帘若如衣，幔则如帽。幔的形式多种多样，就如人的帽子一样。幔配帘有风格上的要求，这一点很受设计师重视。但这只是其中的一方面，幔饰还受建筑空间的影响，这一点却被很多人忽视。在现代建筑中，窗幔常受到空间的限制，不仅有层高的限制，还有空间容量大小的限制。

本章对幔饰的讲解，着重于幔饰在现代建筑空间如何正确运用。拼接设计，最早在美式别墅用得比较多，现代住宅的居室功能比较简单，空间局促，拼接设计是否有必要？回答是肯定的。拼接设计能给单调的现代居室空间带来多样性。拼接设计，不仅解决了多样性的问题，还有空间的释放与收缩设计考量、拼布对主布帘的加饰反衬效果等设计表达。

拼接设计不是万能设计，当下窗帘设计有一种十分不好的倾向，即窗帘设计无帘不拼接，拼接泛滥，这是不对的。拼接设计得当，可以起到画龙点睛的作用；如果拼接不得法，则会影响整个居室空间的设计效果。

15.1 窗幔

1. 窗幔的形态结构及其属性

窗幔的形态结构及其属性，有其内在的设计含义。窗帘设计要弄懂、厘清这些含义，否则，会出现类似衣帽不搭的问题，例如今衣古帽，做出贻笑大方的设计。窗幔的形态结构主要分为以下几种:

波

有多层波形褶皱状，称为“波”。波幔，形如水波荡漾，具有柔美、静态感。波幔分为有巾波幔和无巾波幔。巾，取围巾之意，为幔的边侧垂挂装饰，形如瀑布，垂泄、流畅，富有动态感。

波巾合一，如高峡飞瀑，上静下动，柔中显刚，是美感度极高的一种布艺装饰形态。因此，波幔成为欧式窗帘的标志性配置，是欧式窗帘中用得最多、最广的一种形式。波幔也是对整个窗帘设计影响力最大的装饰形态。

有巾波幔

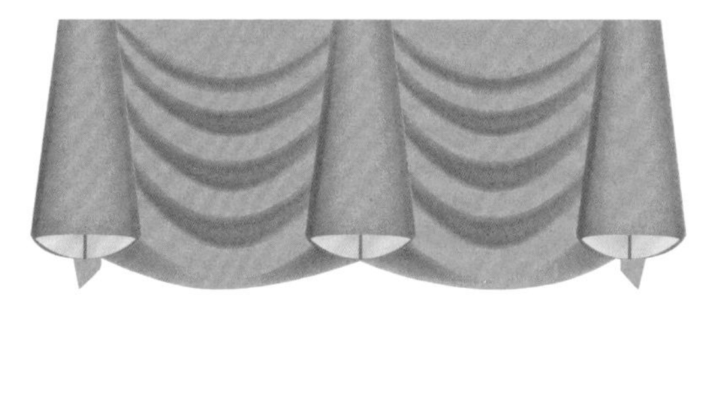

无巾波幔

线

表面为线性结构，称为“线”。线幔中的线有弧线、直线、折线、斜线等形式。线幔，外形较简约、刚性、大气。

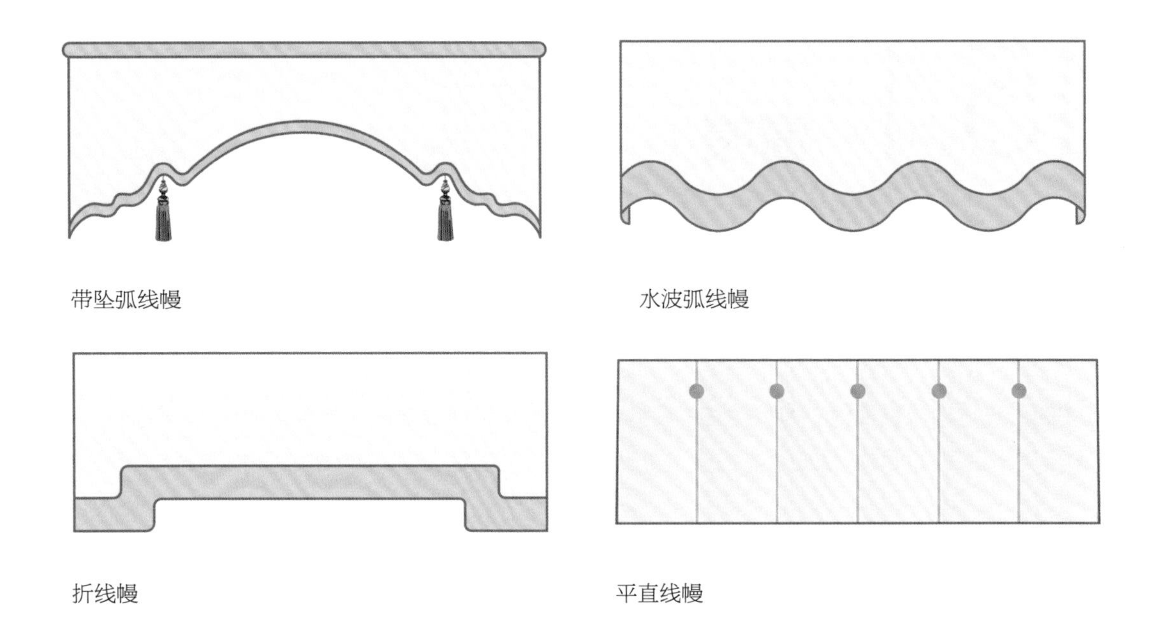

带坠弧线幔　水波弧线幔

折线幔　平直线幔

折

表面收缩折叠成褶皱状，称为“折”。折幔，也叫折叠幔。折幔中的“折”有平折、反折、抽折、工折、扣折、挂折、钉折等形式。

折幔，线条工整、褶皱均匀、遮盖性好，大众化、平民化，实用性比较强。

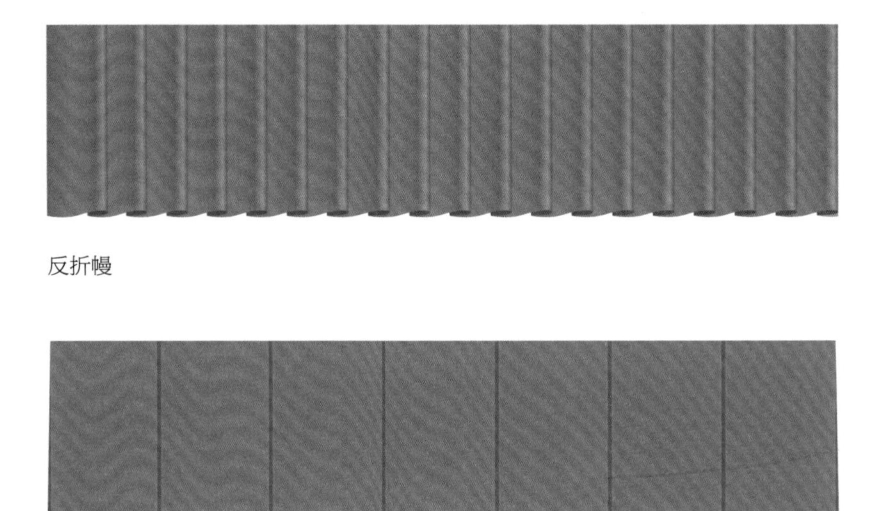

反折幔

工折幔

抽折幔

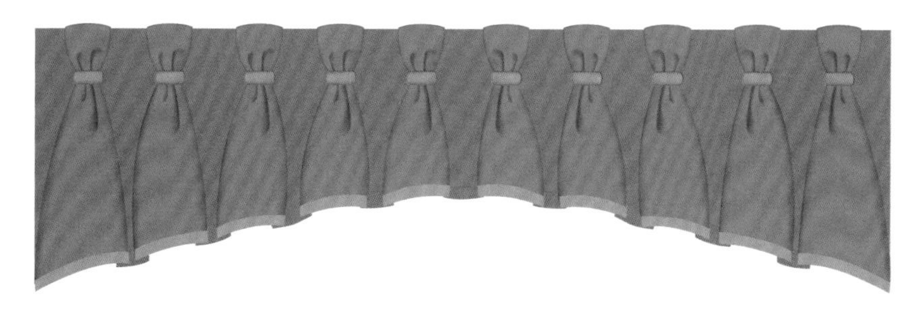

造型折幔

波、线、折三种结构形式混合运用

波折幔

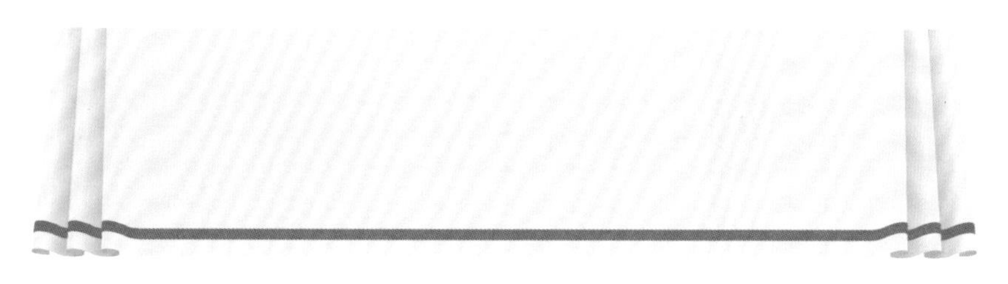

线折幔

2. 窗幔在窗帘设计中的作用

①窗幔是装饰窗帘的配套装饰物（非标配）；非装饰性的实用窗帘，可配可不配。

②窗幔可以作为帘头的遮饰物，遮盖不必要外露的帘杆、帘轨或美观度不佳的硬装表面。

15.2 窗幔设计

窗幔设计要考虑的几个方面

窗幔设计受空间、色彩、结构层次、风格等因素的影响，其中空间是最大的制约因素。窗幔设计要考虑这几个方面：

高度

指天花板到地面的垂直高度。高度是幔设计的重要考虑因素，幔忌高，空间高度越高，幔的形态和花色越要简单，甚至不要幔饰。高度超过 6 m 的，一定不要幔饰。

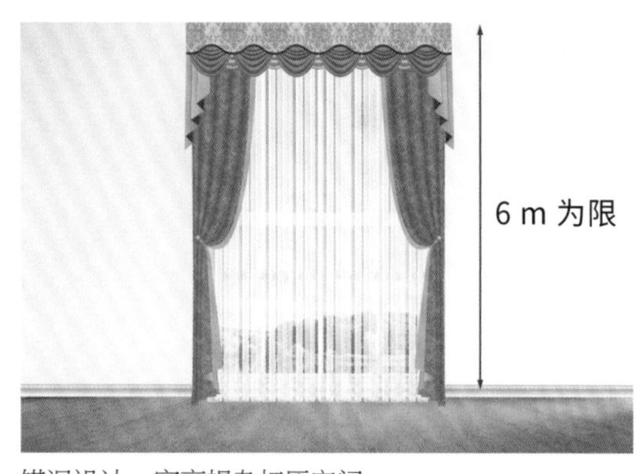

错误设计，窗高幔杂打压空间

正确设计，窗高幔简

宽度

指窗墙水平宽度。幔忌宽。幔的宽度越窄，幔饰越显美观，空间越显高大，则通透感增加；反之，幔的宽度越宽，空间越显得低矮，则堵塞感增加。

错误设计，幔横占面过大

正确设计，幔的宽度收窄，帘幔形体修长优雅

角度

指窗户在立面空间处于正或偏的位置。凡是左右偏或上下偏的不正窗户，一定不要加幔饰。

错误设计，幔正窗歪，整体严重不匀衡

错误设计，幔正窗歪，帘虽进行了左右修正，但整体仍不匀衡

错误设计，幔加重左右不匀衡

正确设计

容纳度

指空间的容纳程度。空间面积越大，对各种软装饰物的包容性就越大，幔饰可适度复杂些；反之，空间面积越小，空间包容性就越小，不仅幔饰复杂程度要减弱，其他软装元素也要简化。

错误设计，小空间元素堆积多，幔帘过于复杂

正确设计，小空间的幔做弱化设计

幅色度

指幔的颜色、图案、边缀及结构层次的组合。幅是指幔的结构层数，色是指幔的花色。多幅层结构，应以单色为主；单幅层结构，可适当采取花色图案。在现代窗帘设计中，幔的幅层与花色受到严格限制。

正确设计，多幅层帘宜单色

正确设计，单幅层帘可有一定花色

错误设计，现代建筑窗帘忌多幅层加花色

正确设计，现代建筑窗帘设计宜简洁

匹配度

指窗幔的形态要与建筑装饰形态相匹配。

正确设计，欧式窗幔弧线形态居多，多为多层结构加边缀设计

正确设计，现代窗幔以直线为主，单层结构，拼边设计

正确设计，窗户、窗帘和窗幔的线条形态相匹配

错误设计，窗户、窗帘和窗幔的线条形态不符

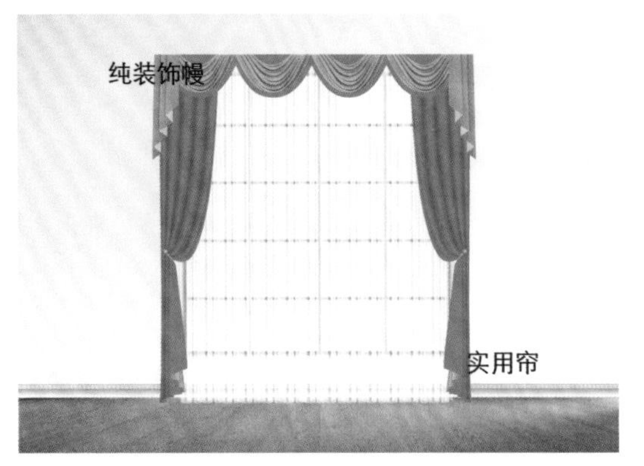

错误设计，实用性窗帘不要配纯装饰性幔，帘幔形态不匹配

正确设计，实用性窗帘要配实用性幔，帘幔形态匹配

精要提炼

现代窗幔设计

①现代窗幔设计是空间的设计，不能离开空间谈（幔）装饰性。

②现代窗幔设计的结构层次力求简单，掌控好色彩浓淡比例。

③现代窗幔设计要与建筑形态相匹配，要与窗帘形态相匹配。

15.3 侧边拼接设计

1. 拼接类型

布艺的侧边拼接（简称“侧拼接”）设计是窗帘拼接设计的主要形式，常用拼接类型如下：

拼接类型	主布	拼布	边缀	主拼布关系	设计主题表达
单单型	单布色	单布色	可配可不配	主布为副，拼布为主	拼接线条
单花型	单布色	花布色	可配可不配	主布为副，拼布为主	花色线条
花单型	花布色	单布色	可配可不配	主布、拼布均为主	给花色布设定边界
花花型	花布色	花布色	不配	主布、拼布均为主	增加趣味性

单单型　单花型　花单型　花花型

2. 侧边拼接设计的作用

①做点缀色，凸显拼边的少数颜色。

②勾勒帘体的轮廓线，表现帘体的线条美感。

③标示空间高度，拼线拉升空间视觉高度。

④调整窗户视觉宽度，将窗体变得更瘦窄美观。

⑤帘体边界警示，限定花色图案的展开幅度。

⑥体现线条的联动与搭配性，拼线起到承上启下的作用。

点缀色表达

帘体线条美感表达

拉升空间视觉高度

收窄窗户宽度，提升窗形美感

限定花色帘边界

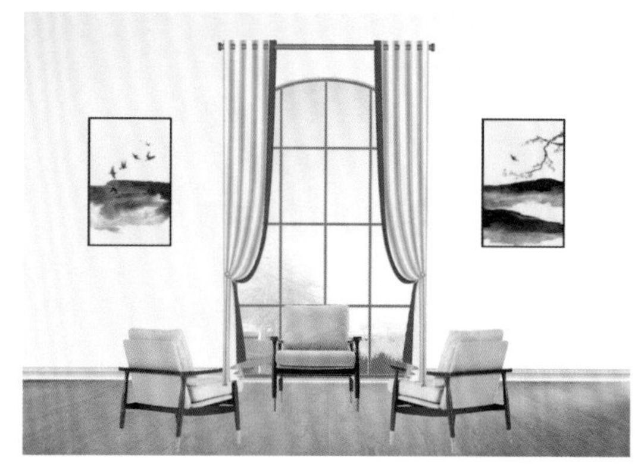

实现整体空间线条的联动互搭（帘杆、窗框线、帘拼线、画框线和椅脚线）

精要提炼

侧边拼接设计

①单色布与花色布拼接，以线条（花边）的设计表达为主，主布为副，拼布为主。

②花色布与单色布拼接，花色图案和拼布均为主，拼线约束花布的展示。

③花色布与花色布拼接，可以增加趣味性，营造空间轻松、活泼的氛围。

15.4 上下拼接设计

1. 布艺的上下拼接设计的常用类型

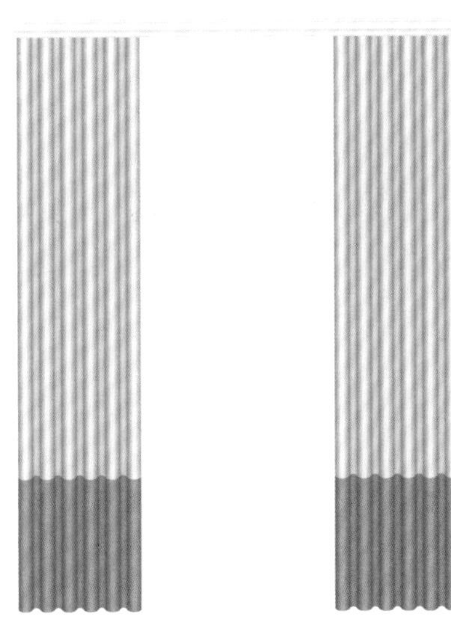

单色拼接（双色）

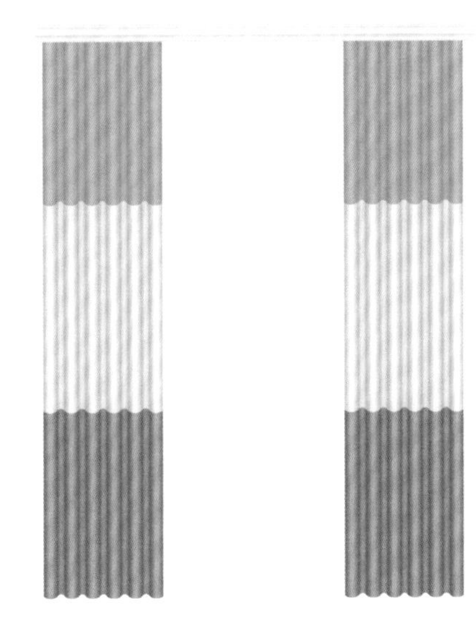

单色拼接（三色）

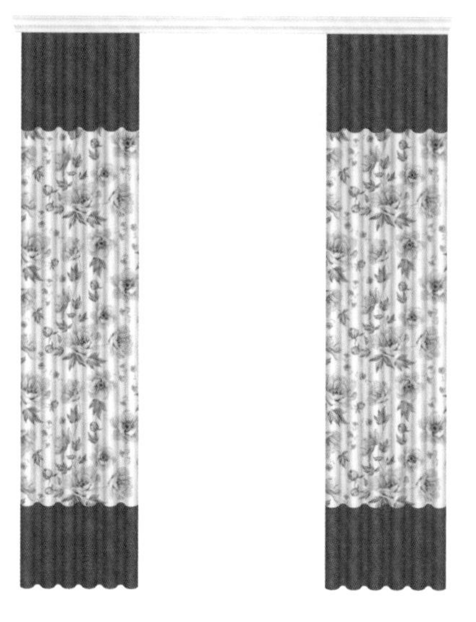

单花色拼接（双色）

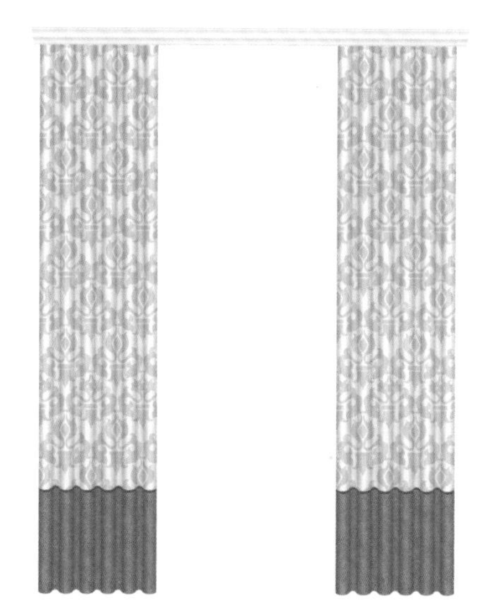

单花色拼接（双色）

2. 上下拼接设计的作用

①工艺高度延伸，通过拼接，既可解决工艺问题，又可增加色彩的搭配组合。

②调节空间视觉高度，减轻重色布帘带来的压迫感，增加空间视觉高度。

工艺制作高度的延伸

调节空间视觉高度

③花色搭配局部组合，可以很好地控制色彩与图案比例。

花色搭配局部组合

④色彩的高低错落搭配，三维效果明显，层次饱满。

色彩的高低错落搭配

⑤改变色彩的单调性，增加趣味性，童趣浓厚。

增加趣味性改变单调性

⑥功能设计的需要，布纱帘的组合，增加遮盖性和垂重感。

布纱结合增加垂重感

精要提炼

上下拼接设计

上下拼接设计要发挥好这几个作用：

①色彩的空间设计作用。即上下高度的调节、三维空间的多种色彩搭配、色彩比例的调节作用。

②不同的拼布组合带来形式上的多样性和功能上的实用性。

第 16 章

窗帘产品及其艺术表现形式分析

现代窗帘产品有多种艺术表现形式，每种形式都有其独特的设计语言和设计内涵。窗帘设计需精准把握每种形式的特征以及与其他帘类的细微差别，熟稔于心，方能正确运用。

常用的窗帘产品艺术表现形式，大致有以下 4 种类型：

挂法类，以帘杆为主要表现形式。

帘态类，以形态结构为主要表现形式。

环艺类，以环境装饰为主要表现形式。

功能性，以实用功能为主要表现形式。

16.1 挂法类

1. 圈杆帘

概念界定

圈杆是指窗帘的挂圈与挂杆部分，窗帘移动主要通过挂圈在挂杆上的滑动来实现，故称圈杆帘。

特点描述

①圈杆是布艺窗帘装饰艺术的“耳环”，是欧式窗帘的一个标志性符号和重要的表达元素。

②圈杆帘具有高贵与优雅的气质，是窗帘最具代表性的形式。

③圈杆帘有强烈的艺术表现力，它与居室空间中的其他装饰元素（如：灯、画、家具、天花板中的木梁、立面的框线）的互动性最强，是最活跃的装饰搭配元素。窗帘的装饰艺术，离不开圈杆的艺术表达，两者本为一体，无轻重主次之别。有人把窗帘的圈杆看成窗帘设计的附属配件，这种观念是不对的。

材质

圈杆主要分为木质圈杆和金属圈杆。前者具有古典传统气质，后者带有现代自由气息。

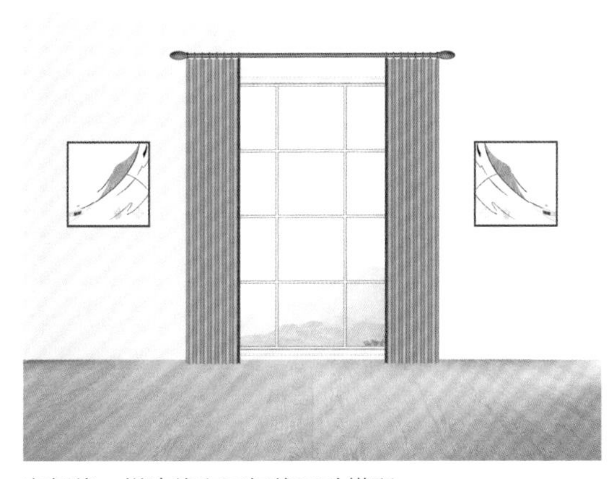

帘杆线、拼边线和画框线互动搭配

帘杆线、灯具线、窗框线和椅脚线互动搭配，窗帘做背景装饰

适用范围

以欧式风格为主，也被大量运用于现代建筑，不适合中式风格。

2. 穿扣帘

概念界定

在帘布上安装金属钻扣，布帘通过扣眼在帘杆上自由滑动实现开合，故名穿扣帘。

特点描述

线条简洁、粗犷，休闲风格。由于采用穿扣式挂法，面料被正反穿挂，凹凸分明，立体感强，表面弧线感更丰富。穿扣帘的常态陈设为垂挂式，不用帘带固定，随意性强。穿扣帘以表现线条力度为主，排斥幔饰，幔与帘不可兼用。

材质

以厚质帘材为主，轻质帘材为辅，两种帘材呈现不同的效果。厚重面料（如雪尼尔、粗棉麻等），直线表现力度大、饱满，是所有窗帘线条表现力度最强的一种。轻质面料（如棉麻纱），线条稍显凌乱，呈不规则状，从而显得更具飘逸和随性感。

适用氛围

穿扣帘用于非正式场所较多，如休闲睡房、起居室、小型餐厅、儿童房、背景装饰、床饰等。

线条粗犷，帘凹凸分明，立体感强

帘呈不规则散状，随意休闲

3. 带帘

概念界定

带帘，是将布带缝制在窗帘上，然后固定在帘杆上，故称带帘。

带帘分为：挂带帘（带比较宽）、扎带帘（像绳扎一样）、吊带帘（带极细且较长）。

带帘虽然名不见经传，却是欧美别墅中的常客。带帘设计注重以人为本的环境营造，善于打造轻松、休闲、舒适的生活空间，而不是一味地追求装饰感。

特点描述

①具有随意、细腻、休闲的特点，小资情调很浓。

②制作成本低。

③陈设形态不规则、不严谨，稍有凌乱感。

材质

一般为轻质单薄面料，单色较多。

适用范围

带帘可用于不太正式的场所，如休闲睡房、客卧、小型餐厅、儿童房、卫浴、床架装饰、户外休闲场所等。

挂带帘男女皆宜

吊带帘适合成年女性

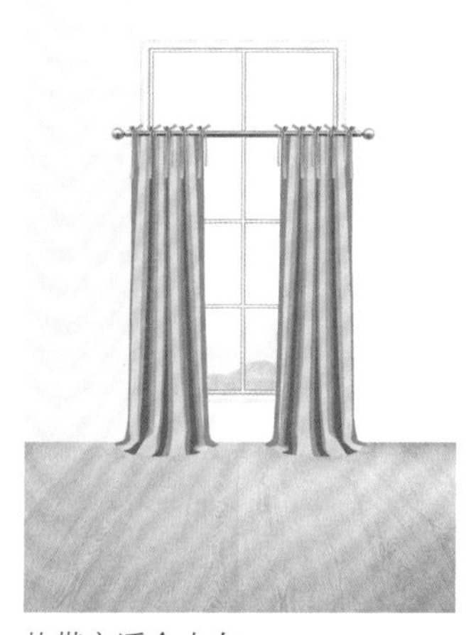

扎带帘适合少女

4. 抽杆帘

概念界定

所谓抽杆帘是以抽褶的形式，让帘杆穿过帘头，故称抽杆帘。

特点描述

①抽杆帘是一种造型帘，以装饰性为主，是一种欧式传统窗帘。

②偏田园风，半遮半开，具有欲露还遮的美感。

③抽杆帘的基本陈设有两种：一种是八字陈设，上部遮蔽，中部用帘带收身固定，形成八字形；另一种是直式陈设，常态是半开半闭，无帘带绑定。

材质

以轻薄柔软质地面料为主，如含棉麻轻布和纱类。

适用范围

抽杆帘既可以出现在正规场合，作装饰之用（如商业空间），又可以用于非正式场合，如非正式睡房、儿童房等。

居室、商业空间背景帘

非正式休闲空间

5. 绷纱帘

概念界定

绷纱帘是固定在门窗上的窗帘，窗帘的上下两端被两根帘杆绷紧后，固定在门窗框上，故名绷纱帘。绷纱帘在常态下是帘布上下绷紧，遮挡隐私；也可中间用帘带扎起，可见部分窗外景观。绷纱帘与咖啡帘是一对姊妹帘。

特点描述

①帘随门窗而动，不占空间，开启方便。

②帘态简洁，实用性强，且成本低廉。

③拆装容易，便于清洗。

④雅俗兼顾，具小资情调。

材质

以纱帘或轻薄素色化纤质料为主。

适用范围

主要用于可开启的门窗上。

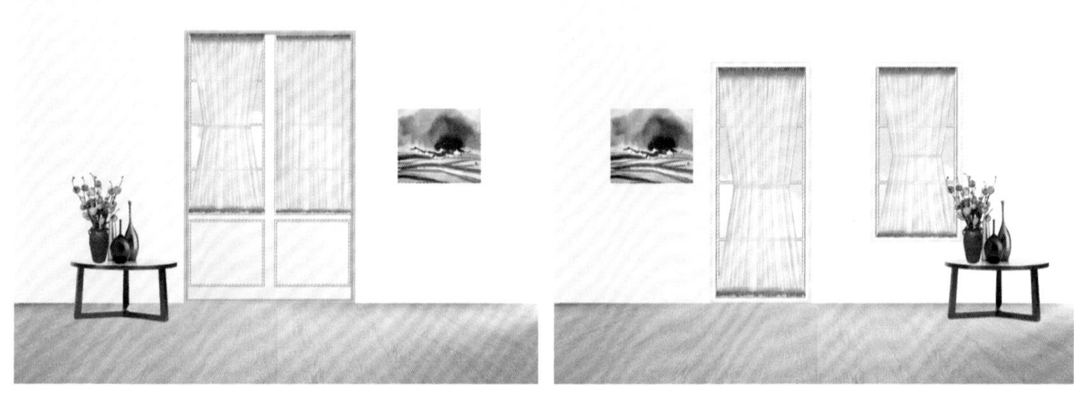

中间可扎起，拆洗方便

6. 咖啡帘

概念界定

咖啡帘是一种半挂式（半遮）双开或单开的小帘。咖啡帘的形式有无幔和有幔两种，有幔咖啡帘具有更好的装饰感。咖啡帘主要用在小中窗，也有用在较大窗的，但不适合内开窗。

特点描述

①咖啡帘采用半留白、半遮挡陈设。上部采光，能确保光的射入。

②下部掩饰，能遮人视线，设计非常合理。

③咖啡帘是典型的美式乡村风格小帘，形态小巧可爱，帘材轻盈。

④既有平民化的朴实无华，又有小资情调。

材质

①以纱或轻薄的花色化纤质料为主。

②挂杆以金属如铁艺为主，杆身纤细，颇显精致。

适用范围

用于卧室、客厅、餐厅、书房、休闲区、卫生间等区域的小中型窗。

卫浴空间的采光（隐私遮饰）

书房休闲区的采光（遮饰）

7. 蛇形帘

概念界定

窗帘帘布缝制在特制波浪形胶片上，帘布收放时宛如蛇形，故名蛇形帘，又称波形帘。

特点描述

①蛇形帘用定型片固定帘波距离，免去了普通窗帘需要帘褶固定烫贴等处理，保持永久定形。当窗帘收缩时，不会产生凌乱感。

②蛇形帘美观时尚，具有普通窗帘不具备的圆润、饱满、流畅的线条美感。

材质

轨道是特制滑轨配定型片，布帘材质以轻质纱帘或轻布为主。

适用范围

常用于空间的隔断设计、背景墙设计；适合单独使用，不宜做布纱结合的设计。

蛇形帘线条整齐，形态自然

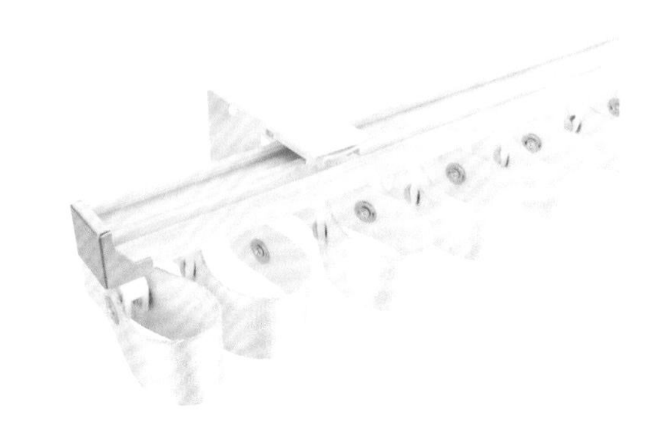

定型片结构

8. 弯轨帘

概念界定

弯轨帘，因窗帘轨道弯曲得名。

特点描述

弯轨帘是装饰性窗帘，基本陈设分为半开合陈设和全闭合陈设。开启靠帘带固定，以静态陈设为主，当有帘带绑定时，其形态如抽杆帘八字陈设；无帘带绑定时，处于全闭合状态，类似背景装饰帘。

材质

弯轨帘的材质，轨道以金属轨为主，帘材以轻质面料为主。

适用范围

弯轨帘只适用于特种窗型，以圆拱窗型为主。这种圆拱窗有一个特点就是窗户顶面不平，呈拱形，弯轨帘是为这种窗定制的。

静态弯轨装饰帘

静态弯轨背景帘

16.2 帘态类

1. 水波帘

概念界定

水波帘有多层褶皱，且形态宛如荡漾水波，故名水波帘。水波帘分为古典型和现代型两种。

特点描述

①古典水波帘，其特点是：水波状的线条结构非常复杂、气质高贵、雍容大气，极具王者气概，常见于欧式古典风格的建筑。

②现代水波帘波纹褶皱比较少，帘面呈不规则平抛状，线条结构简单，帘面简洁，通透感好。

水波帘是一种美感度极高的帘，常态下是半开启状态，开启幅度一般为帘高度的一半左右，呈半遮半掩状，通常不拉到底，既有装饰感，又有实用性。

材质

水波帘以薄纱或轻薄透景帘材为主，透光性好，装饰感强，兼具纱的遮饰功能。

适用范围

水波帘主要用于大中窗，也适用于中小窗，多运用在卫浴、客厅、楼道、卧室。

古典水波帘

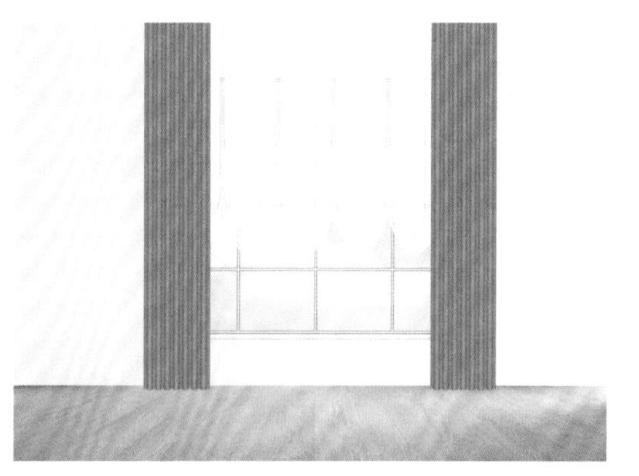

现代水波帘

2. 扇形帘

概念界定

扇形帘是布百叶帘的特征造型帘，因其开启状态像扇形，故名扇形帘。

特点描述

①扇形帘以展示帘面图案和形态为主，是一种装饰性较强的实用帘。

②打开呈扇形，关闭呈方形。扇形帘分为有幔和无幔两种形式。有幔装饰感更强，但整体感稍弱；无幔整体感强，装饰感稍弱。

材质

扇形帘以棉、麻、绒、呢，花色，较厚质料为主，不宜使用轻透、单色面料。

适用范围

适用于中小窗。

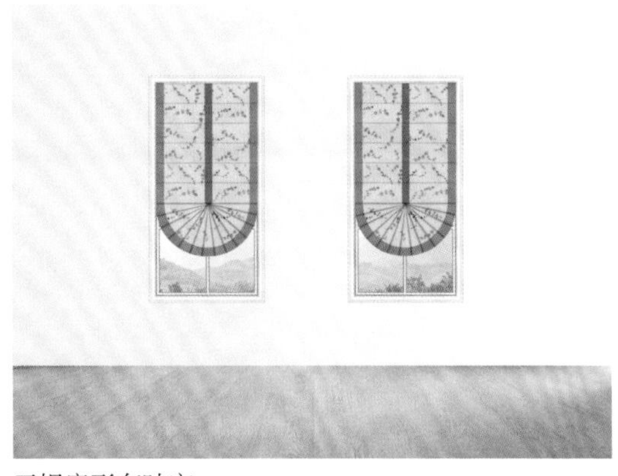

无幔扇形布叶帘

有幔扇形布叶帘

3. 燕尾帘

概念界定

把窗帘一角外翻固定，形成反拉弧线，颇像燕尾服造型，故称为燕尾帘。

特点描述

①燕尾帘是一种反拉弧线的造型装饰帘。

②在制作工艺上，正反两面都可以对外展示。

③燕尾帘的陈设形态，酷似燕尾服，是一种绅士的形象，具有优雅男士的风度。

材质

奢华感较强的丝质、高精密面料。

适用范围

欧式装饰风格的客厅、餐厅、卧室等。

高腰燕尾帘

低腰燕尾帘

4. 三重帘

概念界定

窗帘的结构由装饰帘、实用帘、纱帘三层帘构成。

特点描述

①制作极为讲究，工艺复杂。

②帘态雍容华贵，多层而密实，欧式贵族气息浓郁。三重帘是欧式古典风格窗帘，但在现代风格建筑中也被大量运用。

材质

面料不限。

适用范围

空间容量较大的卧室、客厅、餐厅等正室。

居室装饰性与实用性可兼顾

商业空间可做大面积背景装饰

16.3 环艺类

1. 太阳帘

概念界定

太阳帘是室内天顶装饰帘，其形状自中心向四周呈圆形散开，很像太阳，故得其名。

特点描述

太阳帘是将布艺用于环境装饰，不属窗帘之列。太阳帘大气、庄重、奢华，极具王者气概。

材质

以柔软丝质或耐洗化纤质料为主。

适用范围

天花板较高的大厅、私人会所、隐秘场所、豪华型卧室等。

大空间穹顶装饰

2. 背景帘

概念界定

布艺用于窗墙立面的装饰，称为背景帘。背景帘的形式有全遮饰（即全覆盖）和局部遮饰两种。装饰作用有二：一是立面修饰效果，二是营造环境氛围效果。

特点描述

展示面大，帘态形象相对比较固定。

材质

纱、绒、棉、麻质料，厚薄均可。

适用范围

客厅、卧室、休闲区、私密场所、商业场所等。

床背景装饰

窗墙背景装饰

3. 隔断帘

概念界定

布艺用于室内外空间的分隔，称为隔断帘。

特点描述

隔断帘是对区域空间的功能划分和分隔，是流动的屏障。隔断帘的优点：可移动，不固守空间，不耗占空间，可以轻易改变空间布局。

多个房间之间的布艺隔断

单个大空间的布艺隔断

材质

纱、绒、棉、麻质料，厚薄均可。

适用范围

室内廊道、门道、起居室、卧室、客厅、卫浴等区块分隔。

4. 影院帘

概念界定

布艺用于影院室（娱乐影像视听室）的立面装饰，称为影院帘。

特点描述

①可以帮助营造浪漫、安静、神秘的视听氛围。

②可以利用布艺这种吸声材质，有效改善环境的音响效果。

材质

吸声效果比较好的绒、呢等厚重质料。

适用范围

家庭或商业视听影音娱乐厅室等。

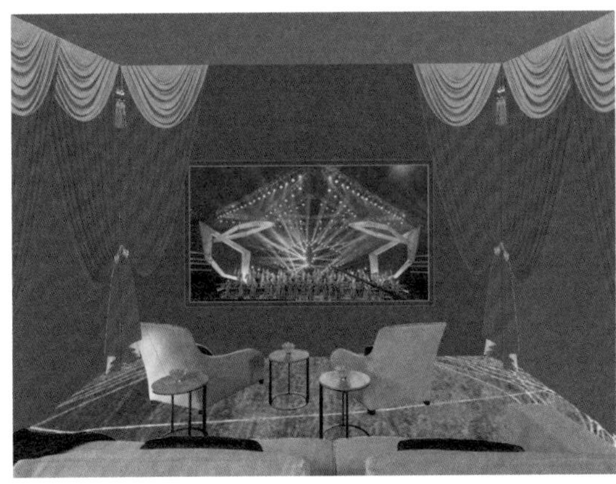

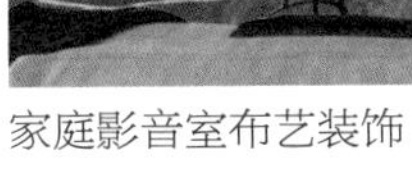

家庭影音室布艺装饰

5. 廊院帘

概念界定

廊院帘是指将布艺用于户外的环境装饰。

特点描述

具有户外的装饰用途，常用在檐廊、走道、院落、亭阁、内庭、泳池等处，兼具遮饰的作用。廊院帘能增加户外环境的生活情趣，具有艺术风情和实用功能。

材质

轻薄、耐污、易洗、化纤成分质料。

适用范围

户外院落、庭院等休闲区域。

庭院休闲区的遮饰与隔断

6. 床饰帘

概念界定

床饰帘是指将布艺用于睡床的空间装饰。床饰帘以床为中心，装饰分为两部分：一是床背部分的背景装饰，二是床顶、床架及床周围的装饰。

特点描述

床饰帘最能体现卧室主人的生活情趣和格调，床饰是软装饰中的一个重要设计内容。

材质

以丝质、织绣等高级质料为主。

适用范围

别墅、大宅或度假休闲会所等大空间的卧室。

床架装饰及隔断

睡眠区隔断

7. 屏风帘

概念界定

屏风帘是指窄幅平展的遮饰布帘，功能跟中式屏风十分相似。屏风帘分为中式和西式两种。

特点描述

①门幅偏窄（50 ~ 90 cm），平展无褶皱或少褶皱，包边设计，以有图案和单色展示为主。

②屏风帘是装饰性布帘，可饰窗，但通常用于空间的隔断、遮饰。

③中式屏风帘平展无褶皱，西式屏风帘有褶皱。

材质

轻薄棉麻，以轻布为主。

适用范围

室内空间的隔断、遮饰。

西式屏风帘

中式屏风帘

8. 书画帘

概念界定

书画帘又称画轴帘，以嫁接中式长条书画形式而得名。

特点描述

①书画帘是将中式书画轴形式从纸质转为布质，尺寸相比前者更大更高，用中式木轴杆固定。

②书画帘是纯中式装饰形式，设计元素以字、图案或拼色为主，包边设计。

③功能与屏风帘相似，但仅限中式装饰用。

材质

轻薄棉、麻、丝，以轻布为主。

适用范围

室内空间窗墙的隔断、遮饰。

双层书画帘

单层书画帘

16.4 功能类

1. 蜂巢帘

概念界定

蜂巢帘，采用蜂窝式结构设计，故名蜂巢帘，其形状像手风琴箱，又称风琴帘。

特点描述

①蜂巢帘具备良好的隔热保温性能，夏季外面热量较难透入，冬季室内热量较难外散，故有夏隔热、冬保温之效。

②蜂巢帘具有抗菌防霉、吸声降噪作用。

③蜂巢帘帘面经防静电处理不易吸附灰尘，便于安全使用与维护保养。

材质

聚酯纤维无纺布。

适用范围

阳光房、飘窗、天窗等有隔热需求的窗户。

蜂巢帘

可上下开启的遮阳蜂巢帘

2. 柔纱百叶帘

概念界定

用合成纤维制成的纱质百叶帘。

特点描述

①双层透光帘布设计，可自由控光，并保护隐私，可达到透光与遮光闭合两种效果。

②柔纱百叶帘有布艺的轻柔质感，帘布经防紫外线处理，可有效阻挡紫外线。

③柔纱百叶帘有内顶槽设计，收拢时整个帘身完全隐藏于槽内，保护帘布。

材质

聚酯纤维无纺布。

适用范围

中小、中大型窗户。

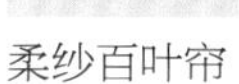

柔纱百叶帘

柔纱百叶帘与布艺结合

3. 调光百叶帘

概念界定

通过帘面伸缩调节光线的百叶帘。

特点描述

①调光百叶帘采用收缩帘面方式调光，调光间距最小可微调到几毫米。小角度调光是其最大特点，随着调光角度的不同，帘面的造型也会发生各种变化，美观性极高。

②调光百叶帘同时具备阻隔紫外线的作用，能像百叶帘一样升降自如。

③有内顶槽设计，收拢时整个帘身完全隐藏于槽内，保护帘布。

材质

聚酯纤维无纺布。

适用范围

中小、中大型窗户。

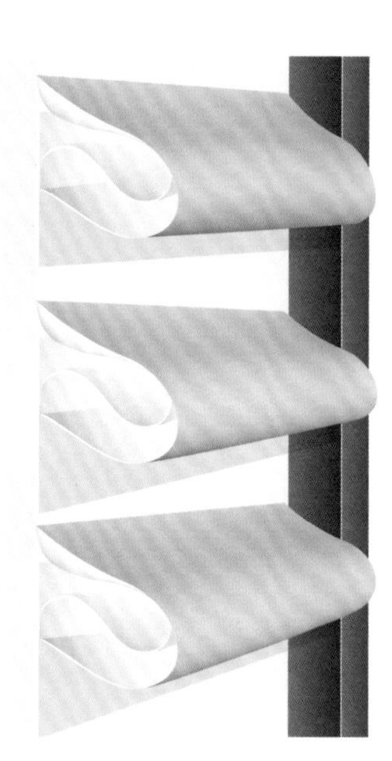

可微间距调光百叶帘

4. 木百叶帘

概念界定

由木质帘材制成的百叶帘。

特点描述

①现代木百叶帘的帘材经技术合成处理，保留了木材固有的密度高、韧性好、强度大的特性，具备较好的耐温、耐寒、防霉、防蛀性能，户内外都可使用。

②木百叶帘更容易与各种风格搭配。

材质

合成木质材料。

适用范围

中小窗户。

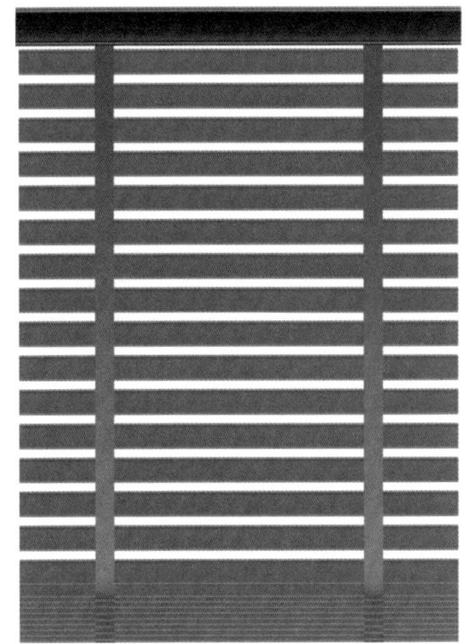

合成木百叶帘

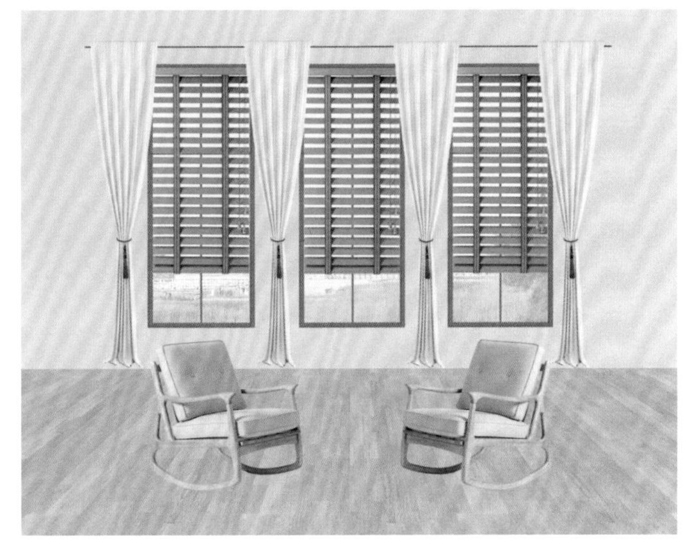

木百叶帘与布艺帘结合

精要提炼

①帘如衣，窗如身，搭配要妥当。

②仅仅熟念窗帘产品特点远远不够，还要深知加工工艺，了解并掌握相关技术，才能增强设计的竞争力。

第 17 章

布艺窗帘色彩要素及其组合类型分析

布艺窗帘的色彩概念是一个泛概念，不仅仅指颜色。布艺窗帘的色彩内涵包含了三个方面的要素：颜色、图纹、形态。

布艺窗帘色彩搭配，主要是这三大基本要素与窗帘以外的软硬装饰发生色彩关系的组合变化。主要组合类型有：

色色配，单色搭配；

花色配，图纹搭配；

形色配，形态与颜色搭配；

花形配，图纹与形态搭配；

混色配，颜色、图纹、形态混合搭配；

无搭配，窗帘花色不搭，在空间孤独存在。

17.1 布艺窗帘色彩基本要素分析

1. 颜色

布艺窗帘的色彩美感，首先是颜色的美感。相较于其他装饰物，布艺窗帘因其品类、帘材、织造工艺的多样性，颜色的表达也更为丰富。单色布是布艺窗帘最基本的色元素。布艺窗帘色彩的组合，单色布占据主导地位。

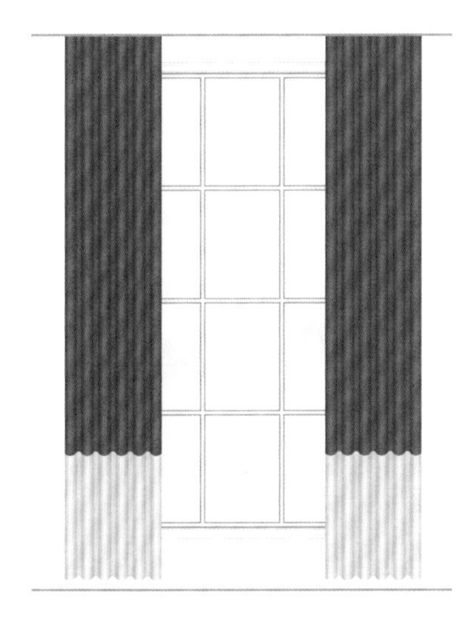

色帘（以颜色为主要表现元素，一般由 1 ~ 3 个颜色构成）

2. 图纹

布艺窗帘的色彩美感，也是图纹的美感。布艺图纹可以改变空间的视觉效果和空间构成。花色布，是布艺窗帘图纹的具体表现形式。花色布是环境装饰素材，与壁纸（布）有异曲同工之妙，但与壁纸（布）的固态性不同，花色布具有更好的动态性、可变性、柔美感、层次感、立体感等，艺术感染力也更为强烈。

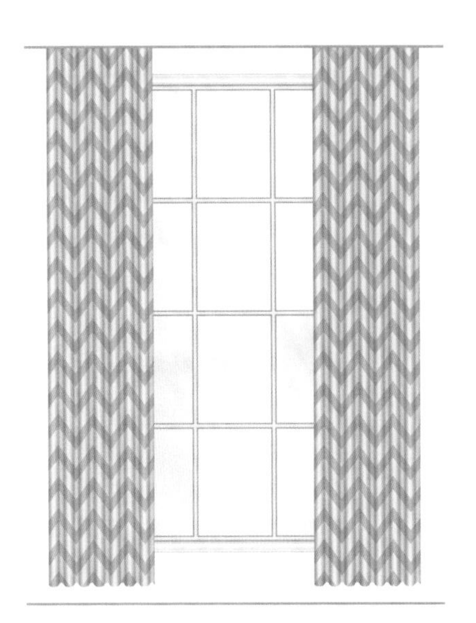

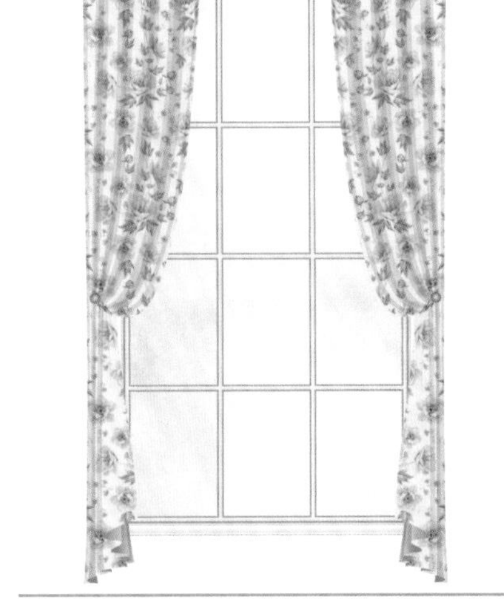

花色帘（以图纹为主要表现元素）

3. 形态（造型）

窗帘的形态主要是线条或线条构成的造型。

布艺窗帘的色彩美感，包含了形态造型的美感。形态是布艺窗帘的结构性元素，是布艺窗帘颜色、图纹在空间的立体表达。

布艺窗帘的形态千姿百态，有自己独特的审美语言、方式和体系。这也使得布艺窗帘比其他装饰具备更丰富的内涵和表现力，在整体空间装饰中占有举足轻重的地位。

造型帘（以窗帘特有形态造型为表现元素）

17.2 布艺窗帘色彩要素组合类型分析

1. 单色搭配

单色搭配是单个或多个色彩的组合，是一种简单、直观、明了的搭配方式。单色搭配的设计风格偏现代，颜色是主要的搭配元素。

窗帘 + 抱枕 + 地毯单色简单组合

窗帘 + 沙发双色简单交错组合

2. 花色搭配

花色搭配是以花色图纹为主要元素的搭配方式，兼有颜色的呼应。花色搭配将同一种材质运用于不同的装饰物，如将窗帘和壁布、沙发布、床品布等进行同材同质的搭配设计。

早期的欧美软装设计就是以传统布艺系材质（窗帘、壁布、沙发布、床品布）为主线，以花色纹理为主要装饰元素进行搭配组合。今天所谓的整体软装，就是从整体布艺搭配演化而来，因此布艺装饰也就成为软装的早期代名词。

花色搭配是以整体布艺搭配为核心。传统搭配严谨而繁复，后经发展和演进，逐渐被分化和简化。

早期的花色搭配“四布合一”，即窗帘布、壁布、沙发布、床品布（图片中未展示）

变化从墙布开始，墙布最早从“四布”中分离出来

然后是沙发布的局部分离（局部搭配）

沙发布或抱枕的纹样变得更活泼、更随意

3. 形态搭配

形态搭配是窗帘与其他装饰物以线条造型为形态特征的结构性组合，兼有颜色和图纹的呼应。形态搭配是整个空间色彩搭配的架构和脉络，形态结构的美感是装饰设计重要的表达议题。

窗帘的褶皱线条、帘杆与其他装饰物（灯、立面框、椅角、地毯边线）的形态搭配

窗帘与其他装饰物（沙发、灯）造型的形态搭配。

4. 混色搭配

混色搭配是颜色、图纹、形态混合在一起的搭配组合。混色配与花色配相比较，颜色与图纹既相互关联又相对独立，各有展示，纹理表达更醒目，色彩表达更明晰，不像花色配那样令人眼花缭乱。

以地毯为主轴，窗帘、沙发、抱枕、画饰的颜色与图纹的搭配

以沙发为主轴，地毯、窗帘、画饰的颜色、图纹、几何形态的搭配

5. 不搭色配

不搭色配，也叫单极色。在一个单独空间里，布艺窗帘抑或其他装饰物的颜色，没有进行关联搭配组合而单列出现，谓之单极色。

单极色又是主动色，是室内色彩板块带有主导性的颜色，它最有可能改变室内装饰的色彩效果。单极色以颜色表达为主题，设计内涵表达明确，色彩关系比较简单。必须指出：在整体装饰色彩关系中，窗帘成为单极色的概率较低，家具要比窗帘略高些。

以窗帘为单极色

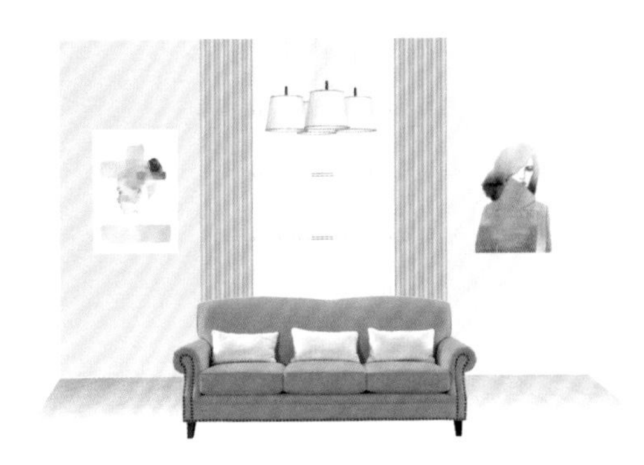

以沙发为单极色

以地毯为单极色

精要提炼

①布艺窗帘的色彩概念包含了三个要素，不仅仅是颜色。

②布艺窗帘的色彩搭配是三要素的搭配。

④设计师对布艺窗帘色彩概念认知度有偏差（重颜色搭配，轻形态设计），这是要竭力改变的现状。

第 18 章

布艺窗帘与软硬装饰色彩搭配关系分析

布艺窗帘的色彩搭配，首先需要了解布艺窗帘与其他软硬装饰的主副关系，以及布艺窗帘内在三要素的主副关系。其次需要掌握布艺窗帘色彩搭配的组合手法，并运用这些手法将各单项装饰要素进行组合搭配。最后在搭配过程中，处理好各种装饰元素之间的色彩平衡关系。

18.1 布艺窗帘与软硬装饰的主副关系分析

1. 软硬装饰色彩序列划分

窗幔的形态结构及在整体软硬装饰色彩关系中，各装饰要素的主副关系排列，可以分为三个序列：

序列	品项	说明
第 1 序列	硬装饰、家具、窗帘、灯具	硬装有空间容量，家具有体量，灯具有高度，窗帘有面（高度和宽度），这是整个空间色彩四大主体性结构要素
第 2 序列	壁纸（布）、地毯、床品	在局部空间发挥重要作用
第 3 序列	画饰、花植、饰品	影响力相对弱些

序列划分的作用在于：

第 1 序列，色彩比例关系和架构脉络的确定；

第 2 序列，局部空间要素搭配关系的确定；

第 3 序列，点缀色与空间过渡色关系的确定。

色彩比例：硬装饰（顶、地、墙）+ 窗帘组合≥ 60%

色彩比例：家具 + 窗帘组合 =30%

色彩搭配架构脉络：如果将窗户的硬装结构作为设计表达的主题，那么整屋的色彩组合以形态搭配为主，即线条的立体搭配。

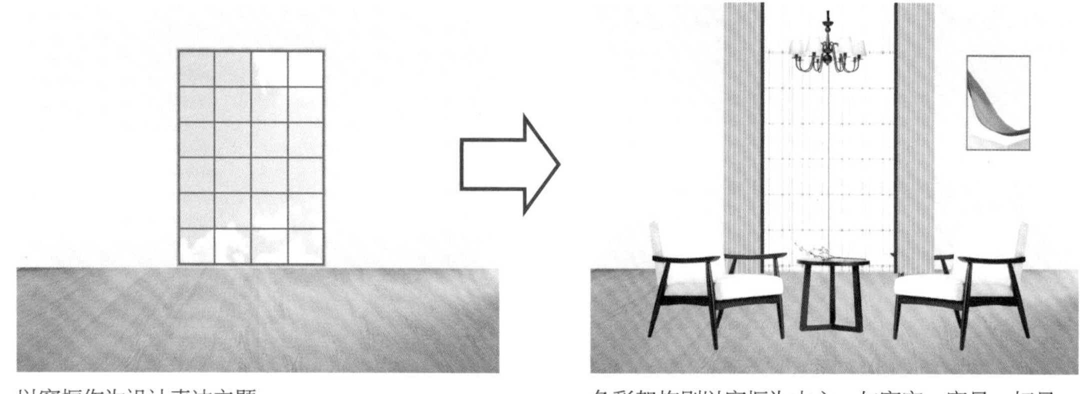

以窗框作为设计表达主题

色彩架构则以窗框为中心，与窗帘、家具、灯具、画框构成线条形态搭配

2. 窗帘颜色在不同量比中的角色

按6∶3∶1分割色彩比例，窗帘的颜色量比在不同序列中，扮演的角色是不同的，作用也不同。

窗帘在“60%”的色彩序列中，常与背景色为伍，副轴角色较多；窗帘面积越大，成为主轴的概率越低

窗帘在“30%”的色彩序列中，常与主动色互动，扮演主轴角色的机会较多

3. 窗帘色彩要素之间的主副关系

窗帘色彩三要素之间的关系并不是始终处于对等的状态，更多的是此强彼弱的状态，主副关系也在不断地发生变化。

窗帘以颜色为主，颜色为显，形态为简（副）

窗帘以图纹花色为主，花纹为显，形态为简（副）

窗帘以形态（线条）为主，形态为显，颜色为弱（副）

窗帘以颜色与形态（造型）为主，颜色、形态为显，花纹为副

4. 窗帘拼接组合色彩的主副关系

单色布的侧拼接设计

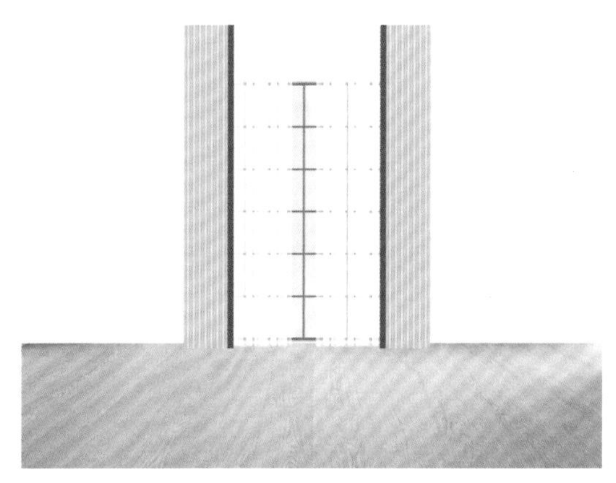

拼布为主（显），主布为副（藏），拼接效果最佳

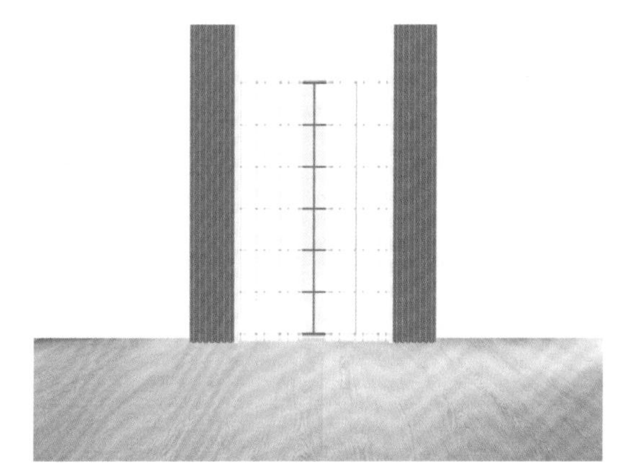

主布为主（显），拼布为副（藏），拼接效果要弱些

主布、拼布均为主（显），主副关系不明，窗帘成为空间的绝对主轴。窗帘与其他装饰物搭配时会出现复杂关系。搭配元素不宜过多，否则容易引起空间色彩错乱，主题不明，没有重点。此法技巧性太强，初学者不宜盲目采用

花色布的拼接设计

主布、拼布无论取什么花色，窗帘一定是设计表达的主轴。

主布、拼布均为主轴，主副关系不明

窗帘强势主导空间，技巧性强，初学者慎用

上下拼接设计

单色拼接部分有主副关系，花色、混色拼接主副关系不确定。主副关系越不确定，搭配难度越大。

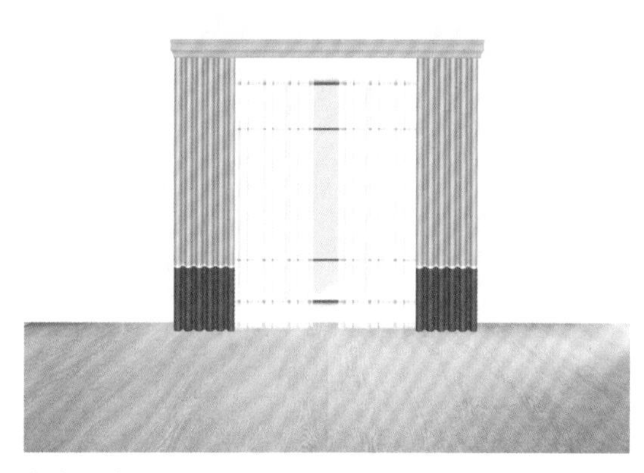

有主副关系

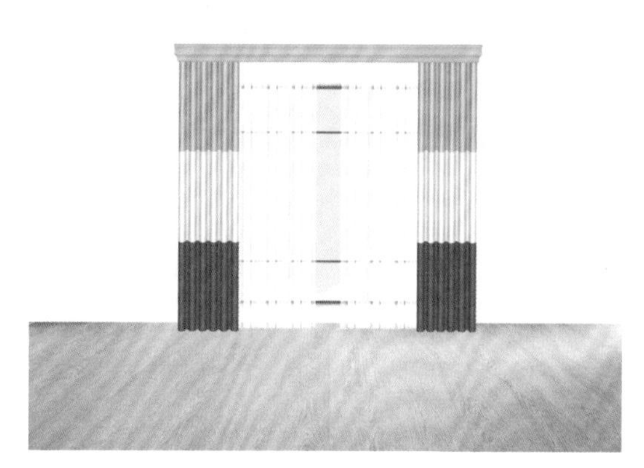

主副关系不确定

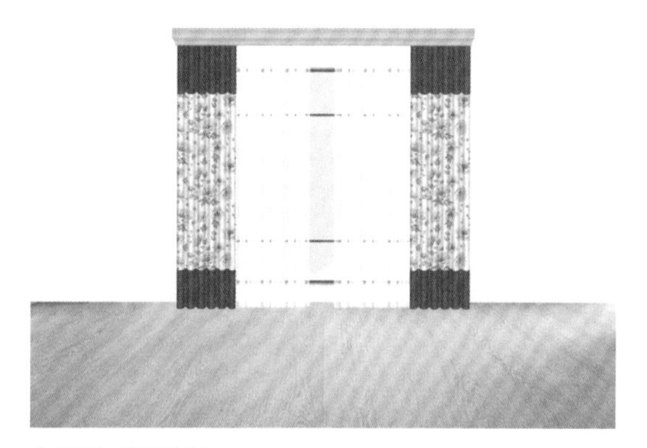

主副关系不确定

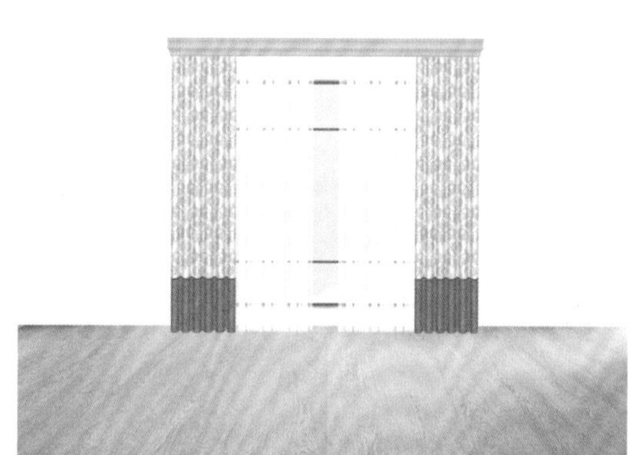

主副关系不确定

5. 窗帘与窗幔色彩的主副关系

帘幔的主副关系只有一种，即幔主（显）帘副（藏），大多数情况下，帘幔一体色，不分主副关系。

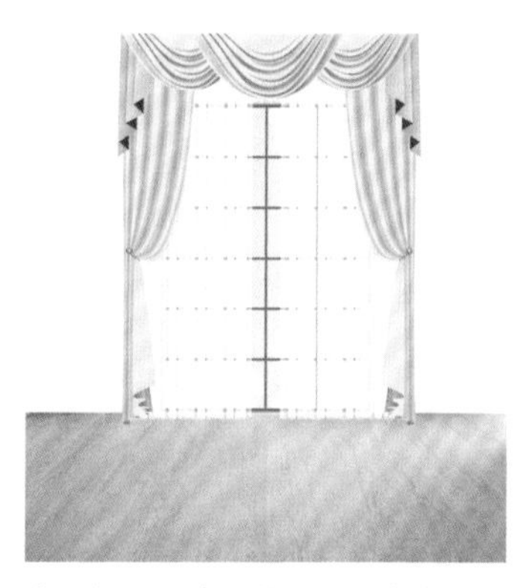

帘与幔可同色一体化，不分主副，关系对等

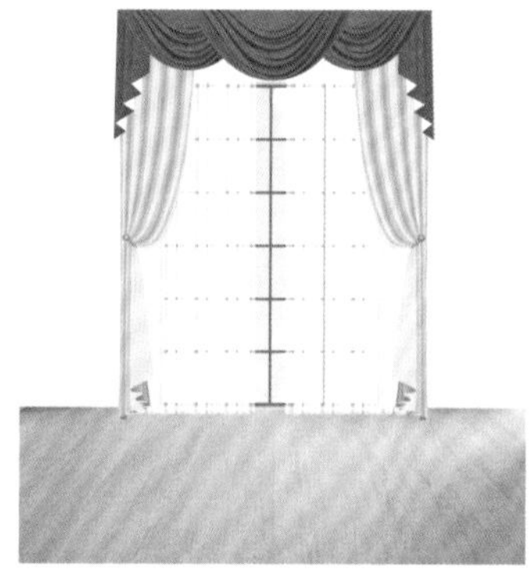

帘色可弱于幔色，幔主（显），帘副（藏）

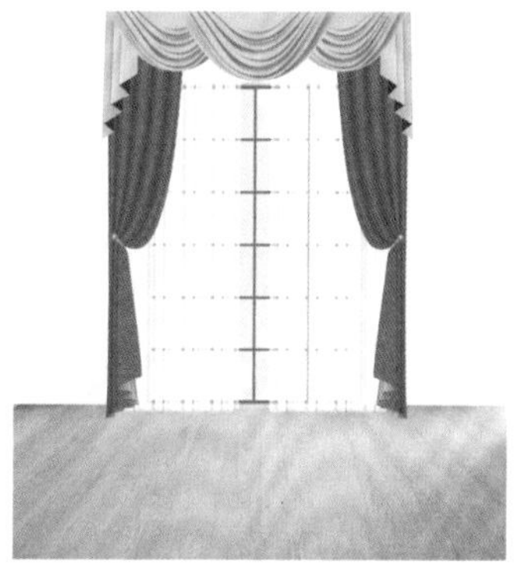

帘色不可重于幔色，帘主（显）幔副（藏）不可取

18.2 布艺窗帘与软硬装饰的色彩结构组合手法

色彩结构组合是色彩搭配主要构件（天、立、地）的组合。

天是指天顶、灯；立是指硬装背景、家具、窗帘；地是指地面装饰，如地砖、地板、地毯。

对窗帘色彩搭配来说，组合关系最紧密的构件是家具，其次是立面背景装饰、灯饰、地面装饰。

1. 轴心法

轴心法，是指在一个独立空间中，只有一个最活跃、最突出的色彩轴心点，它是空间的色彩灵魂，其他装饰围绕轴心点展开色彩搭配组合设计。

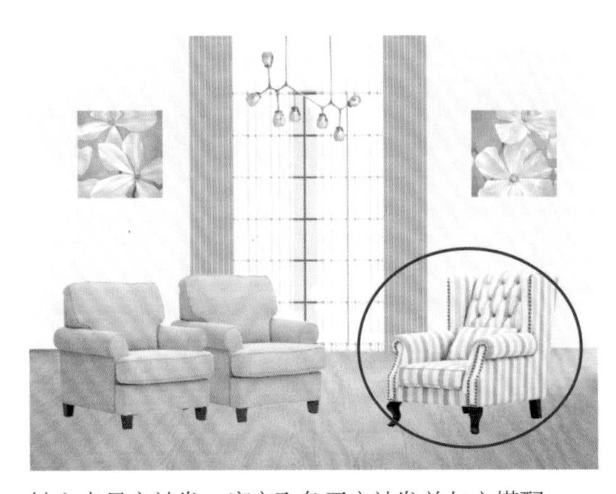

轴心点是主沙发，窗帘取色于主沙发并与之搭配

轴心点是地毯，窗帘、沙发取色于地毯并与之搭配

2. 线性法

线性法，是指在一个独立空间中，色彩轴心点不止一个，有两个或两个以上。每个点都可以构成一条串线，因而形成线性关系。

协调色是最明显的线性搭配法。

窗框、灯架、画框、沙发，每一个装饰物都是一个轴心点，这是色彩的形态（线条）组合

以图纹为元素做色彩的串线，以窗帘、沙发、地毯为轴心点，灯的形态搭配、画作是空间过渡

3. 全组法

全组法，是指在两个或两个以上的主体结构性搭配关系中，窗帘与主体搭配对象的颜色、图纹和形态全部对应配搭。

结构性搭配主体：窗帘和沙发颜色全部对应

结构性搭配主体：窗帘、沙发和地毯的颜色、形态、线条全部对应

4. 半组法

半组法，是指在两个或两个以上的主体结构性搭配关系中，窗帘与主体搭配对象的颜色、图纹和形态局部对应配搭。

结构性搭配主体：窗帘和沙发的颜色局部对应

5. 正比法

正比法，是指在两个或两个以上的主体结构性搭配关系中，主色与副色多搭多、少配少，即主色搭主色、副色配副色。

结构性搭配主体：窗帘和沙发的颜色，少配少（窗帘拼边配沙发角线）、多对多（窗帘主布对沙发主布）

6. 反比法

反比法，是指在两个或两个以上的主体结构性搭配关系中，主色与副色多搭少、少配多，即主色搭副色、副色配主色。

窗帘主布、拼布与沙发的主布、抱枕，主副色互为反比　窗帘主布、拼布、幔与沙发组合，主副色互为反比

注：在实际运用中，可以在一个设计构图中同时应用几种手法来进行窗帘与软硬装饰色彩结构搭配。

本案同时运用了轴心法、全组法和正比法三种结构组合手法

18.3 布艺窗帘与单项软硬装饰的色彩搭配分析

1. 硬装饰

概念描述

硬装饰，简称硬装，主要指对天、地、墙的装饰。

特点描述

硬装饰是一个大环境，有足够空间容量。硬装奠定了整个空间的色彩基调，其他的软饰物要围绕硬装的基调而展开。

关系描述

窗帘与硬装立面墙的关系最密切，两者同处于背景位置，距离最贴近。因此窗帘的色彩搭配，首先会受到立面装饰色彩的影响。立面硬装和窗帘在多数情况下作为背景色，以藏为主，为副轴角色;当立面硬装色彩比较丰富时，窗帘色彩可以有突显性的设计表达。

窗帘取立面硬装（单色壁纸 + 硬包）组合颜色，上下拼接设计很好地控制了主布与拼布的色彩比例

窗帘取立面硬装条块色，陈设比例与条块比例相当，并将中间的米黄色做了分隔

2. 家具

概念描述

这里的家具主要指沙发、餐椅和少量的桌柜。

特点描述

家具有庞大的体量，平面占位大，但在立面空间不占优势，可谓身材壮硕、个子不高。家具跟窗帘在一起窗帘处于居高临下的状态，家具往往被打压，被盖住风头。

关系描述

窗帘与家具的组合是两个体量庞大的软饰物在三维空间里的立体展示，并成为室内空间里仅次于硬装的绝对主宰。

窗帘与家具色彩搭配，要以家具为主轴线。家具的色彩无论是显还是藏，窗帘都要以衬托、昭显家具为己任，避免色彩上的“盛气凌人”。

以餐椅桌的形态结构为表达主题，帘色为藏，做背景色；帘杆为显，与家具搭配

以沙发组（含抱枕）为轴心，将高（窗帘）、中（挂画）、低（地毯）装饰物串连在一起

3. 地毯

概念描述

地毯，主要指大型块毯。

特点描述

地毯具有扁平化的特点，展示面虽然较大，但常常被家具遮盖，展示面不够完整。所以有时为了表达地毯色彩的完整性，地毯会有“独居”现象（即跟谁都不搭），这是其特点使然。

关系描述

窗帘与地毯，高低差悬殊，犹如巨人与侏儒。窗帘与地毯搭配，窗帘的色彩力度不可超过地毯。如果是图纹花色地毯，窗帘应以单色、浅色为主，窗帘为副，地毯为主。不仅窗帘如此，甚至沙发、桌椅都要让位于地毯。

窗帘、沙发乃至悬垂灯都要让位于大型花色地毯

窗帘与地毯互为反比色，床品做过渡

4. 床品

概念描述

床品包括床背、床托、床前几、床柜、床裙、床盖、床被、床枕等。

特点描述

床品是布艺与家具的结合体，是卧室软装色彩搭配的主轴点。每一个细项都可以和窗帘构成搭配关系。

关系描述

窗帘与床品同属布艺系，材质相同，易配色。

窗帘跟床品搭配分为两部分：一是床品布艺，二是床品家具，如床背、床托、床前几等。另外需要提醒的是：作为布艺系成员，床品与地毯的关系也很密切，在卧室，窗帘、床品、地毯构成一个大三角关系。

床品为主轴，床盖与地毯花色搭配，窗帘居其次，主布单色，拼布与床架形态搭配

床架为主轴，窗帘、地毯、灯具、挂画形态搭配

5. 壁饰

概念描述

壁饰包含壁纸、壁布、彩涂。

特点描述

壁饰展示立面大，面积超过窗帘，影响力也超过窗帘；颜色、图纹均不逊于窗帘。

关系描述

窗帘与壁饰色彩关系，既亲又疏，既近又远，从某种意义上说是竞争的关系。

首先，窗帘与壁饰同在一个立面，色彩会相互干扰。

其次，窗帘在壁饰的前面，会在不经意中遮掉部分立面壁饰效果。

因此，窗帘与壁饰搭配，要有一定区隔，组合手法的运用很重要。

花色的壁饰、单色的帘，即花色壁纸配单色帘

单色的壁饰、花色的帘，即单色壁纸配花色帘

花色的壁饰、花色的帘，是传统欧式田园风格的搭配方式，具有明显的地域性（欧美流行）

单色的壁饰、单色的帘，即单色壁纸配单色帘，属于现代风格窗帘的搭配方式

6. 灯饰

概念描述

这里的灯饰主要指中大型悬垂灯，中大型悬垂灯才具备结构性色彩搭配的作用，其他立灯仅有配饰作用。

特点描述

灯饰有空间高度，有形态造型。

关系描述

灯饰与窗帘有一个共性，即两者都有空间高度。两者不同的是，灯饰只具有点的高度，窗帘则具有面的高度。当灯饰与窗帘以外的其他饰物搭配时，需要通过窗帘来串接过渡。灯饰是以形态造型为设计表达，因此窗帘与灯饰的色彩搭配主要是形态的搭配。

灯饰与窗帘、窗户、座椅的简约线条形态搭配

灯饰与窗帘、座椅的复杂结构形态搭配

7. 画饰

概念描述

画饰包括装饰画、挂毯画、挂布。

特点描述

画饰的空间高度，低于窗帘、高于家具，略低于灯饰的高度。

关系描述

窗帘与画饰有三层色彩关系：

①形态关系，主要是画框与窗帘及其他饰物线条形态搭配。

②空间平衡过渡关系，画饰可以在空间中起到承高迎低、左右平衡的作用。

③颜色图纹搭配关系，画饰与窗帘及其他饰物颜色图纹搭配。

画框、窗帘、帘杆、灯饰、座椅的线条形态搭配

画饰与窗帘的图纹搭配，画饰与座椅的线条形态搭配

画饰在立面空间中平衡左右空间

画饰在立面空间中垂直过渡

18.4 布艺窗帘与软硬装饰的色彩空间平衡分析

窗帘的空间特性如下：

窗帘位置靠后，紧贴于立面背景墙，所以窗帘往往扮演背景装饰帘的角色，窗帘要处理好空间的前后平衡关系。

窗帘的高度仅次于立面天花板。窗帘高度加上颜色、图纹和造型，很容易抢其他饰物的风头，稍一不慎，便成一家独大。窗帘设计要处理好空间的高低平衡关系。

窗帘有宽度，展示面宽，宽到可以把整面窗墙都占满，收缩时又变成“线”，容易出现左右不平衡的立面视觉效果，设计时要处理好空间的左右平衡关系。

窗帘色彩空间平衡，要处理好前后关系、高低关系、左右关系。

1. 前后平衡关系

窗帘色彩的前后平衡关系之一：

室内装饰物体的色彩前后关系，即背景色（窗帘）与前景色的搭配关系。

窗帘与前景色搭配，空间的视线变短了

若再加幔饰，则变得一家独大众皆小

窗帘与背景色或背景沙发搭配，空间视线延伸了

若再加幔饰，影响较小，空间不被干扰

窗帘色彩的前后平衡关系之二：

室内装饰物与室外景物的色彩前后关系，即窗帘与户外景观的色彩搭配关系。当以户外景观为设计表达时，窗帘的色彩宜为中性色，切不可抢景观的戏。

以景观为表达主体时，此窗帘色彩过于抢戏，不仅颜色抢戏，形态造型更是喧宾夺主

窗帘以中性色为主，前景色、背景色和户外景观色三点一线，视线逐渐延伸，聚焦于户外

2. 左右平衡关系

通过窗帘色彩的“显”与“藏”，改变空间的左右平衡关系。

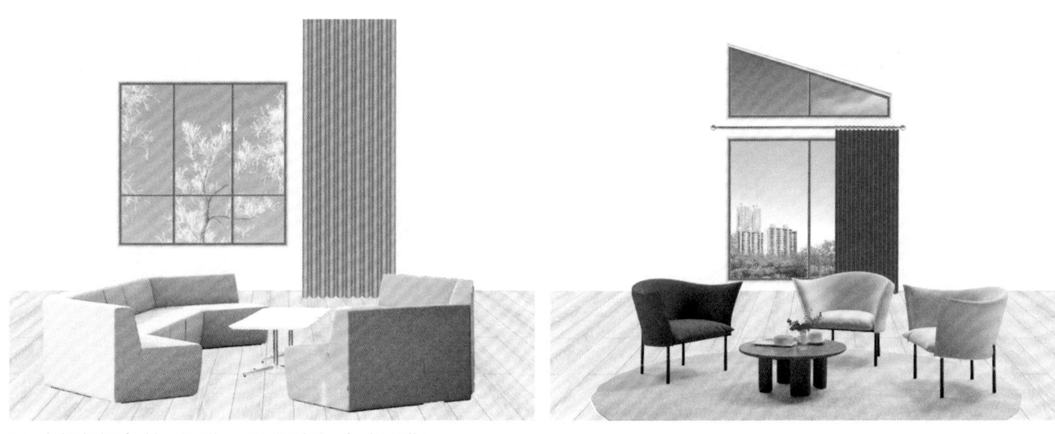

通过窗帘颜色的“显”，取得空间左右平衡

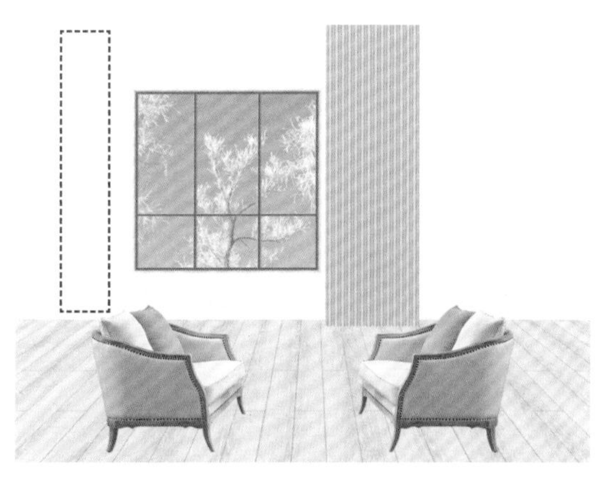

偏窗，窗帘颜色“显”，对称陈设会加重左右窗墙不平衡，不对称陈设才有改观

偏窗，窗帘颜色“藏”，需通过与其他立面装饰物的搭配方能取得空间左右平衡

3. 高低平衡关系

窗帘色彩的高低平衡关系需关注两点：

一是不同高度的装饰物之间要有过渡物的色彩衔接，高低错落；

二是窗帘色彩高度的调控，特别是重色调的高度控制，避免重色调的高举高压破坏整个空间的色彩平衡。

窗帘与地毯之间，灯饰、饰品、花植分别在不同高度搭线过渡

窗帘与地毯之间，抱枕起到了四两拨千斤的色彩衔接作用，灯饰做辅饰

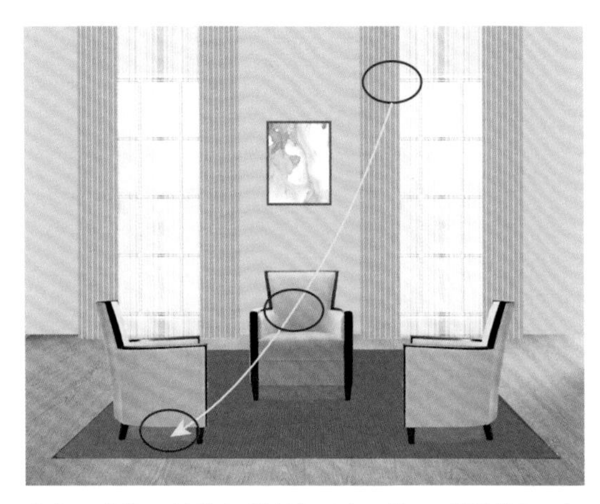

窗帘、座椅、地毯色彩高度三点一线，平滑过渡，色度自低到高逐渐变化，挂画做辅饰

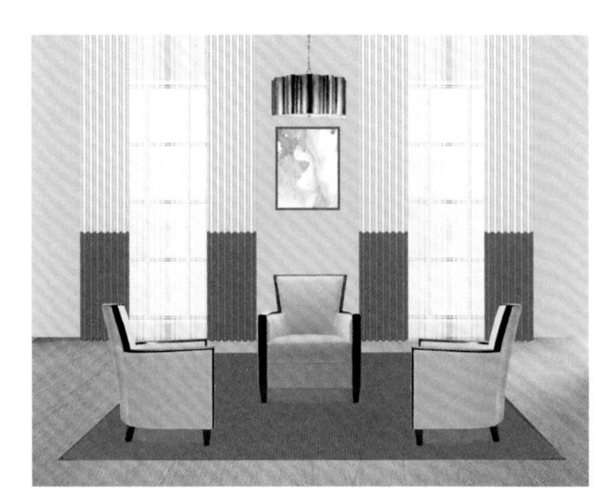

窗帘的上下拼接，很好地解决了窗帘自身的色彩高度问题，把色彩的高点让位于灯和画框

精要提炼

①窗帘色彩搭配是软硬装饰要素的综合搭配，窗帘仅是其中一项，要正确处理窗帘与其他装饰的主副关系。窗帘是主体，但未必总是主题，副轴的角色多于主轴，不要事事都以窗帘为中心。

②窗帘的色彩搭配手法是窗帘与软硬装饰主要对象（硬装、家具、窗帘、灯具）的架构设计法，不仅仅是色彩搭配方法。

③设计师做窗帘色彩搭配时必须精准掌握各单项装饰的特点、优势与劣势。如何扬其长避其短，才是决定窗帘色彩搭配成败的关键。

④ 窗帘的色彩搭配也是色彩的空间搭配。而色彩的空间搭配，绝不止前后、高低、左右这三个概念，但这三个空间关系处理不好，其他无从谈起。